U0658159

正弦交流介质阻挡放电等离子体流动控制研究

张 鑫　王勋年　黄 勇

唐 坤　阳鹏宇　李 昌　著

王万波　马志明　左峥瑜

西北工业大学出版社
西 安

【内容简介】 正弦交流介质阻挡放电等离子体流动控制技术是基于等离子体激励的主动流动控制技术，具有响应时间短、结构简单、能耗低、不需要额外气源装置等优点，在飞行器增升减阻、抑振降噪、助燃防冰等方面具有广阔的应用前景。本书以解决无人机高原起飞问题为背景，以正弦交流介质阻挡放电等离子体流动控制技术为核心，以"激励器特性研究—风洞实验—飞行验证"为主线，介绍等离子体激励器诱导流场的研究进展，阐明机翼分离流等离子体流动控制机理，描述基于等离子体激励的飞行实验情况，并提出下一步研究的重点，为突破等离子体流动控制技术瓶颈，打通"概念创新—技术突破—演示验证"的创新链路，实现工程应用提供支撑。

本书可作为高校本科生和研究生的阅读参考用书，也可作为航空航天领域的工程师和科技工作者的参考资料。

图书在版编目(CIP)数据

正弦交流介质阻挡放电等离子体流动控制研究/张鑫等著. --西安:西北工业大学出版社,2024.11.
ISBN 978 - 7 - 5612 - 9670 - 7

Ⅰ.053

中国国家版本馆 CIP 数据核字第 2024PD6767 号

ZHENGXIAN JIAOLIU JIEZHI ZUDANG FANGDIAN DENGLIZITI LIUDONG KONGZHI YANJIU

正 弦 交 流 介 质 阻 挡 放 电 等 离 子 体 流 动 控 制 研 究

张鑫 王勋年 黄勇 唐坤 阳鹏宇
李昌 王万波 马志明 左峥瑜   著

责任编辑:王 水	策划编辑:杨 军
责任校对:朱辰浩	装帧设计:高永斌 李 飞

出版发行:西北工业大学出版社
通信地址:西安市友谊西路 127 号   邮编:710072
电 话:(029)88493844,88491757
网 址:www.nwpup.com
印 刷 者:西安五星印刷有限公司
开 本:787 mm×1 092 mm   1/16
印 张:10.5
字 数:256 千字
版 次:2024 年 11 月第 1 版   2024 年 11 月第 1 次印刷
书 号:ISBN 978 - 7 - 5612 - 9670 - 7
定 价:79.00 元

　　飞行器是引领未来战争形态、获取战争胜利的决定性因素。当前,大国博弈处于关键阶段,空天制权的争夺进一步白热化。近年来,我国飞行器的发展取得了系列重大突破,这些飞行器在未来战争中可与敌"平分秋色",但要形成非对称反压制优势,还远远不够,迫切需要下一代飞行器在概念、理论、方法上实现颠覆性创新。具体而言,下一代飞行器要突破常规布局设计,拓展现有服役状态,适应高原、沙漠等复杂战场环境,在机动飞行、隐身突防等能力方面有质的提升。

　　正弦交流介质阻挡放电等离子体流动控制技术作为流体力学研究的热点与前沿,通过其激励器诱导产生的扰动与飞行器绕流流场的相互作用,调控飞行器受力与姿态,从而达到增升减阻、抑振降噪等目的,为解决飞行器气动问题、大幅提升飞行器综合性能、突破飞行边界、推动下一代飞行器实现颠覆性创新提供了新的技术途径。

　　中国空气动力研究与发展中心张鑫研究员、王勋年研究员、黄勇研究员等聚焦正弦交流介质阻挡放电等离子体流动控制研究,以机翼分离流控制问题为牵引,以"激励器特性研究—风洞实验—飞行验证"为研究路线,历经20余年,从理论、技术和应用多维度开展了创新研究,发现了"等离子体诱导超声波与声流"的新现象,在200万雷诺数下实现了机翼分离流等离子体控制,首次在真实大气环境下定量考核了等离子体激励器控制效果。

　　基于上述创新成果,形成了《正弦交流介质阻挡放电等离子体流动控制研究》一书。该书各章内容既相对独立又融为一体,深入浅出,丰富翔实,兼顾了不同学科领域的读者。相信该书一定能对流动控制的发展起到重要引领和积极推动的作用。

前　　言 PREFACE

　　流动控制技术是一种通过其激励器诱导产生的扰动与飞行器内外流相互作用，调控飞行器受力与姿态情况，从而达到增升减阻、抑振降噪、助燃防冰等目的的技术。国内著名空气动力学家庄逢甘院士曾指出："流动控制技术是飞行器创新发展的重要源头和新的技术制高点。"正弦交流介质阻挡放电等离子体流动控制技术是基于等离子体激励的主动流动控制技术，具有响应时间短、结构简单、能耗低、不需要额外气源装置等优点。目前，已有超过 10 个国家、100 多个科研院所的研究人员在这个研究方向上开展了近 20 年的研究。本书以超临界机翼分离流等离子体控制为主线，介绍了团队在等离子体流动控制领域 17 年的研究工作，希望能起到抛砖引玉的作用，以促进我国等离子体流动控制领域发展。

　　本书共 6 章。第 1 章由张鑫、王勋年、黄勇完成，主要介绍本书研究背景及意义，论述等离子体流动控制技术的研究现状及发展趋势。第 2 章由张鑫、唐坤、阳鹏宇完成，主要介绍静止空气下等离子体激励器的各种物理特性，重点介绍团队在等离子体激励器声学特性方面的研究进展。第 3 章由张鑫、王万波、李昌完成，主要介绍来流条件下等离子体激励器诱导流场特性。第 4 章由张鑫、唐坤、左峥瑜完成，主要介绍基于等离子体激励的二维超临界翼型分离流控制研究，重点分析分离流等离子体控制机理。第 5 章由张鑫、王万波、马志明完成，主要介绍三维超临界翼型分离流等离子体控制研究，着重阐述高雷诺数下机翼分离流控制效果及能耗比情况。第 6 章由张鑫、黄勇、阳鹏宇完成，主要介绍无人机飞行验证，以及飞行平台的搭建过程、飞行实验的方案及结果。

　　本书的研究工作得到了国家自然科学基金项目"基于等离子体气动激励的汽车标准模型尾部流场控制机理研究"（编号：11902336）、四川省杰出青年基金项目"高原极端环境下无人机等离子体流动控制增升机理研究"（编号：2022JDJQ0022）、部委级青年科技英才项目"低雷诺数层流分离等离子体自适应控制研究"等项目的支持。

　　在写作本书的过程中，笔者曾参阅了大量相关文献和资料，在此谨向其作者深表感谢！

　　等离子体流动控制技术研究如火如荼。本书内容只是等离子体流动控制技术研究领域的沧海一粟，加上笔者的水平有限，难免存在不足和疏漏之处，真诚希望读者和专家批评指正。

著　者

2024 年 5 月

目 录 CONTENTS

第 1 章

绪　　论

1.1　流动控制技术

1.1.1　研究背景

多样性、复杂性的现代战争对飞行器的综合性能提出了更高要求,尤其是在山地、高原等复杂地形,在暴雨、风沙、低温等极端天气下实现稳定飞行的迫切需求给飞行器设计带来了巨大挑战。机翼作为飞行器的核心部件,其气动性能与飞行器综合性能密切相关。机翼最大升力系数的高低、失速特性的好坏直接影响着飞行器的起降距离、爬升率、滑行率以及航高上限等。为了进一步提高最大升力系数,改善失速特性,研究人员不断改进、优化高升力系统(机械增升装置),设计出了克鲁格襟翼和多段缝翼等。这些装置通过增加机翼面积、增大机翼弯度、延缓气流分离等方式,增加了飞机的可用升力,改善了飞机性能。

但传统的高升力系统存在明显的缺点:一是系统复杂,多段翼结构的高升力装置运行需要较为复杂、昂贵、精密的系统作为支撑;二是噪声较大,多段翼的缝道使得上翼面的流场较为复杂,其中包括气流分离、转捩、激波边界层干扰及边界层交混等,这些复杂的流场降低了上翼面的流场品质,带来了较大噪声;三是油耗升高,复杂的系统增加了飞机质量。此外,活动舵面和铰链间隙会产生附加阻力。Corke 教授的研究表明,消除铰链间隙能降低飞机 5% 的阻力。以大型运输机为例,降低 1% 的阻力,有效负载可提升 5%～10%。流动控制技术作为流体力学的基础分支与研究前沿,为提升机翼气动性能、解决传统高升力系统问题提供了重要支撑。

1.1.2　基本概念

流动控制技术是一种通过其激励器诱导产生的扰动与飞行器内外流相互作用,调控飞行器受力与姿态情况,从而达到增升减阻、抑振降噪、助燃防冰等目的的技术。自 20 世纪初以来,流动控制技术的发展经历了上百年的历史。1904 年,普朗特采用吸气的方式成功抑制了圆柱绕流的流动分离。尽管历史悠久,但流动控制技术仍是一项常做常新的课题。时至今日,各国仍投入大量的人力、财力去开展流动控制技术研究,力争摆脱传统飞机气动设计的固有束缚,取得革新。根据有无主动向边界层注入能量的划分标准,流动控制技术可分为被动控制技术及主动控制技术。被动控制技术主要有边条翼、涡流发生器、沟槽、格尼襟翼等;主动控制技术包括合成射流、脉冲吹气、声激励等。从国内外研究现状来看,目前,实现工程应用的流动控制技术大多是被动控制技术。实际上,在真实飞机上采用被动控制技术是一种折中的方法。因为被动控制技术在发挥作用的同时,会改变飞机外形,无法适应复杂环境。大多数主动流动控制技术还不能完全投入工程化应用的原因主要有以下几点:一是部分主动控制技术需要额外的气源装置,比如吹气激励;如何将发动机尾气引到机翼或襟翼表面,实现吹气激励,是吹气流动控制技术实现应用的关键难点。二是激励器可控的雷诺数较低,无法满足实际应用;真实飞机的飞行雷诺数多在百万甚至千万以上,但大部分激励器可控的雷诺数范围在百万以下,提高激励器的控制能力是主动控制技术投入使用的重要问题。三是消耗功率较大,经济性较差;部分激励器在产生激励效果时,需要注入大量能量,投入与产出不成比例。

1.2 等离子体流动控制技术

1.2.1 基本概念

等离子体作为物质的第四态,大量存在于宇宙中。由于其宏观电中性、局部电导性的重要特征,被广泛应用于医学、能源、环境及信息等领域。在航空方面,等离子体作为一种重要的流动控制手段,被广泛研究。与传统吹吸气等机械式激励方法相比,等离子体激励是电激励,没有机械运动部件,具有响应快(<0.1 ms)、频带宽(0~100 kHz)等显著优势,有望为先进飞行器发展提供突破性技术支撑。目前,已有超过 10 个国家、100 多个科研院所的研究人员在这个研究方向上开展了近 20 年的研究。

在开展等离子体流动控制研究时,研究人员将一对或多对电极组布置在机翼或翼型表面。在高电压激励下,电极组之间会产生等离子体,从而改变电极附近的温度场、速度场等物理场,形成扰动。借助等离子体激励器诱导产生的扰动,能够有效控制机翼绕流边界层的转捩或分离,实现增升、减阻的控制目标。产生等离子体的气体放电方式主要有电晕放电(Corona Discharge,CD)、介质阻挡放电(Dielectric Barrier Discharge,DBD)、火花放电(Spark Discharge,SD)以及电弧放电(Arc Discharge,AD)等。介质阻挡放电等离子体激励器因其工作状态稳定、响应时间快、控制位置灵活、结构简单、不需要额外气源装置等优点,逐渐成为研究焦点。

典型的介质阻挡放电等离子体激励器布局方式如图 1-1 所示,激励器主要包括激励电极、绝缘介质以及高压激励电源三部分。上、下两层电极由绝缘介质隔开,并与高压电源两端相连。其中,上层电极暴露在空气中,下层电极被绝缘介质覆盖。在高电压的激励下,上层电极周围的空气被电离,从而产生等离子体。在绝缘介质的作用下,上层电极周围形成自持放电,产生稳定的辉光。目前,常用的激励电源主要有正弦及纳秒脉冲电源两种。电压范围从几千伏到 50 kV(电压幅值与所用绝缘介质的介电常数及厚度密切相关),频率范围从几百赫兹到几十千赫兹;常用的绝缘介质有树脂玻璃、聚酰亚胺、聚四氟乙烯以及陶瓷等,其厚度从 0.1 mm 到几毫米;常用的电极有铜箔电极、铝电极等。在不同高压电源的激励下,上层电极周围的气流会产生不同的变化。

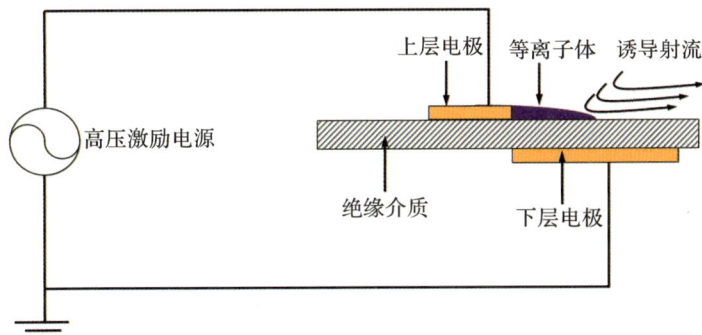

图 1-1　典型的非对称布局介质阻挡放电等离子体激励器布局示意图

1.2.2　国内外发展现状

1. 总体情况

在国外,美国、俄罗斯等航空大国有固定的研究人员持续开展该领域研究。在美国,美国航空航天局(NASA)、空军研究院、田纳西州立大学、圣母大学、普林斯顿大学、密苏里科学技术大学、托莱多大学、俄亥俄州立大学等科研机构的研究人员在等离子体流动控制领域开展过各式各样的基础及应用研究。其中,田纳西州立大学的 Roth 教授是 DBD 等离子体流动控制技术研究的先驱。早在 20 世纪 90 年代末,Roth 教授就开展了 DBD 等离子体激励器激励特性研究,获得了激励参数对诱导气流速度的影响规律。圣母大学的 Corke 教授带领研究团队在该领域开展了持续、系统、深入的研究,并积极与空军研究院合作,努力将该技术推向工程应用。Corke 教授曾在 *Annual Review of Fluid Mechanics* 杂志上发表了一篇关于该领域研究的综述性文章。他从气体放电理论开始,回顾了该技术十几年的发展历程,深入分析了激励器激励特性实验结果与数值模拟结果之间的差异及其产生原因,指出了建立完善、准确的理论模型是实现激励器优化的基础,并提出了下一步发展方向。2009 年,美国航空航天学会将以等离子体激励为代表的主动流动控制技术列为十项航空航天前沿技术的第五项。2011 年,美国国防高级研究计划局(DARPA)和普林斯顿大学召开了等离子体在能源技术、流动控制和材料处理中的应用研讨会。2009—2013 年,北大西洋公约组织(简称北约)实施了等离子体提升军用飞行器性能的研究计划。在俄罗斯,高温热物理研究所、莫斯科物理技术研究院等科研院所一直关注等离子体高超声速飞行控制。代表性的研究工作有:一是在高超声速等离子体减阻方面积累了大量的实验数据;二是对电弧放电、纳秒脉冲放电、微波放电等离子体流动控制进行了深入研究。

在欧洲,流动控制专委会专门成立了等离子体流动控制技术研究小组,集中了英国、法国、德国、荷兰等国的高校力量,固化研究目标,细化研究计划,深入开展机理研究,力争掌握该技术核心。

在国内,该领域攻关呈现出百家争鸣、百花齐放的良好局面。数十家单位、上百位研究人员对该技术的发展与应用,做出了重大贡献。空军工程大学是国内率先开展该领域研究的单位之一。在李应红院士的带领下,研究团队不断壮大,研究方向不断拓展。2010 年,空军工程大学成立了航空等离子体动力学国家级重点实验室,集中了近 50 名研究人员,深入开展了等离子体、磁流体流动控制技术研究,获得了丰硕成果。2015 年,空军工程大学的吴云教授在《航空学报》上对该技术进行了总结,详细分析了正弦、纳秒、射频及电弧放电等激励器的优势与不足,指出了国内外研究差距,并针对如何提高该技术成熟度提出了建议。2020 年,李应红院士在《中国科学:技术科学》上从基础问题、内外流控制、点火助燃等方面回顾了空军工程大学近 20 年取得的研究成果,对基于等离子体激励的流动与燃烧调控技术发展进行了展望。国防科技大学罗振兵教授等一直致力于等离子体合成射流技术研究。经过近 10 年的研究,课题组掌握了合成射流产生机理,研制了新型合成射流激励器,提高了激励器控制能力。中国空气动力研究与发展中心从 2003 年开始对该流动控制技术进行研究。团队以工程应用为研究目标,从电晕放电等离子体到介质阻挡放电等离子体,从低风速实验到高风速验证,系统开展了翼型分离流控制研究,总结归纳了激励参数对控制效果的影响规律,为该技术的工程应用积累了技术基础。北京航空航天大学王晋军教授关注翼型等离子体环量控制机理研究,通过优化电极布置方式,使等离子体激励器实现了虚拟格尼襟翼的功能,有效提高了翼型线性段升力。2013 年,王晋军教授在 *Progress in Aerospace Science* 杂志上以等离子体激励器的发展为线索,梳理了该技术的发展脉络。航天工程大学聂万胜教授带领团队开展了基于等离子体激励器的临近空间飞行器流动控制技术研究,通过数值模拟及风洞实验,提出了一种采用地面实验装置模拟不同海拔高度的方法,并获得了大气压力对激励特性的影响规律。2012 年,聂万胜教授在《力学进展》上介绍了该领域研究的最新进展。西北工业大学孟宣市教授以大迎角非对称涡控制为切入点,通过“马蹄形”等离子体激励器,实现了对圆锥-圆柱组合体侧向力和力矩的成比例控制。近年来,团队通过积极调研与探索,提出了多种电极布局形式,成功将等离子体研究领域拓展到防除冰、湍动能控制以及大迎角翼型分离流控制研究。南京航空航天大学史志伟教授等以无舵面小型无人机姿态角控制为研究方向,通过在飞行器表面不同位置布置激励器,实现了对无人机滚转、偏航及俯仰力矩的控制,并成功开展了飞行验证实验。厦门大学林麒教授带领团队研制了多种激励器,并联合中国航空工业空气动力研究院开展了等离子体控制翼尖涡的实验研究,分析了控制机理,获得了较为显著的控制效果。中国科学院工程热物理研究所以压气机叶栅为研究对象,研究了激励位置对控制效果的影响。

总结国内外研究现状可以发现:一是不同科研院所的研究各有侧重。有的高校主要关注发动机内流控制,有的实验室侧重于机翼外流控制,有的研究所侧重于工程应用研究,有的学校积极开展机理探索。二是团队间的合作日趋频繁。不管是国内还是国外,高校与高校之间,高校与研究所之间的合作更加紧密。等离子体流动控制技术是一门交叉学科,涉及电磁学、空气动力学等多学科知识,仅靠单打独斗难有作为,需紧紧依靠各个团队的力量集智攻关。三是研究方向不断拓展。从传统的增升减阻到防除冰、点火助燃等,等离子体流动控制的应用领域在不断扩大。

2. 激励器激励特性研究

激励器作为等离子体流动控制的关键部件,一直是等离子体流动控制研究的出发点和落脚点。掌握激励器激励特性与几何参数、激励参数之间的相互关系,深入分析激励器诱导流场情况,是开展流动控制应用研究的重要基础。对于介质阻挡放电等离子体流动控制研究来说,目前,最常用的激励器为正弦交流激励器(Alternating Current‐Dielectric Barrier Discharge Plasma Actuator,AC‐DBD)以及纳秒脉冲激励器(Nanosecond Pulse‐Dielectric Barrier Discharge Plasma Actuator,NS‐DBD)。不少研究人员认为:AC‐DBD 激励器的控制机理主要是动量效应,即通过产生诱导射流,向边界层注入能量;而 NS‐DBD 激励器主要是通过在激励电极周围诱导形成压缩波,对周围流体产生较强扰动。

(1)NS‐DBD 激励器激励特性研究

在国外,美国俄亥俄州立大学、俄罗斯莫斯科物理技术研究院、法国普瓦捷大学等科研院校都开展过 NS‐DBD 激励特性研究,获得了诱导压缩波与激励参数之间的关系;在国内,空军工程大学、中国人民解放军装备学院、南京航空航天大学、西北工业大学、中国科学院电工研究所等结合数值模拟与实验研究两种手段,深入分析了诱导压缩波的演化过程。由于本书主要针对 AC‐DBD 激励器激励特性及控制能力的研究,因此这里不再对 NS‐DBD 激励特性研究进行详细归纳与总结。

(2)AC‐DBD 激励器激励特性研究

与传统吹气激励器相比,等离子体激励器具有声学、电学、光学、热力学、诱导流场等多种物理特性。各种特性相互关联,对流动控制都有间接或直接的作用。激励器特性研究包括四部分(见图1‐2):一是光学与电学特性研究,主要关注放电强度、放电电流以及激励器消耗功率等与几何参数、激励参数间的关系;二是诱导流场特性研究,主要包括启动涡、诱导速度以及体积力三部分内容;三是热力学特性研究,主要包括热效应对气体加热与对绝缘介质加热两个方面;四是声学特性研究。

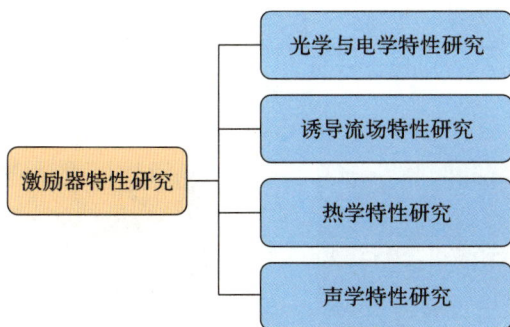

图1‐2 激励器特性研究内容

1)光学与电学特性研究

(a)放电强度

激励器放电强度是定性判断等离子体密度分布、电场强度高低的标准之一,是认识等离子体激励器的第一步。如图1‐3所示,法国普瓦捷大学的 Forte 等通过相机拍摄到等离子体辉光。辉光均匀地覆盖在激励器表面。辉光强度从上、下两层电极搭接处往下层电极延伸的方向逐渐变弱。

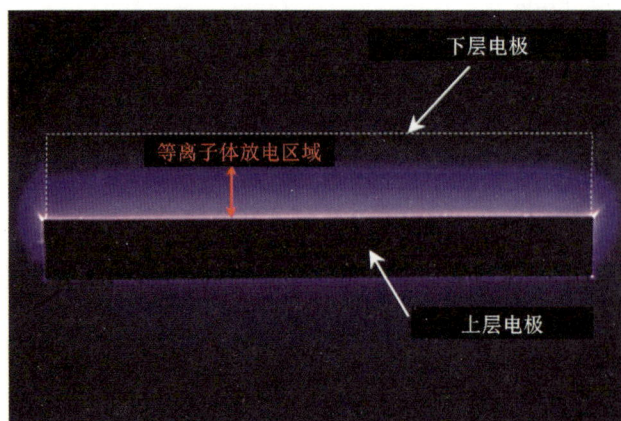

图 1-3 等离子体放电图(相机曝光时间为 5 s)

因为相机的曝光时间较长,所以图 1-3 只是激励器放电的积分效果。法国普瓦捷大学 Benard 教授的研究表明,激励器的电流特性[见图 1-4(a)]与光学特性[见图 1-4(b)]在正弦交流电压的正半周期与负半周期的表现是不同的。在正半周期,激励器诱导产生一系列幅值较高的脉冲电流[见图 1-4(a)],同时产生树枝状的流光放电[见图 1-4(b)];在负半周期,激励器产生一系列幅值较低的脉冲电流[见图 1-4(a)],形成较为均匀的准辉光放电[见图 1-4(c)]。激励器的电学特性与光学特性是紧耦合的。

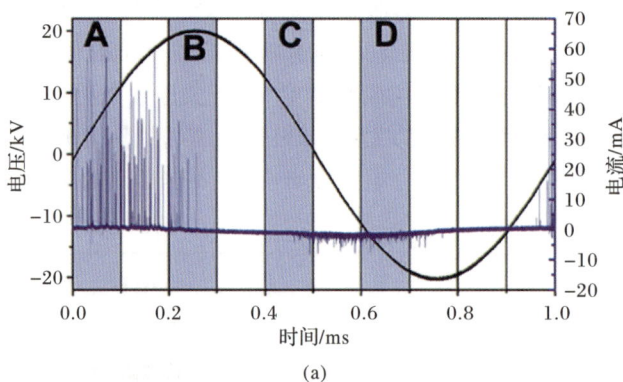

(a)

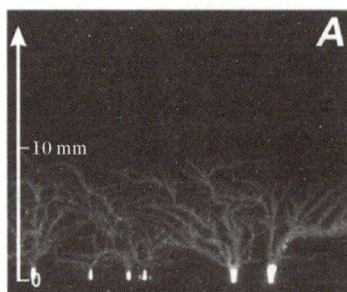

(b)

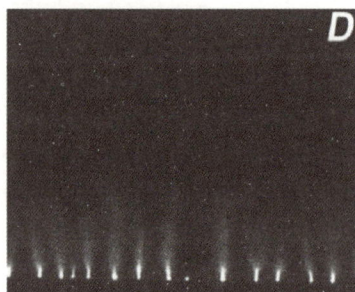

(c)

图 1-4 等离子体激励器电压电流特性与放电特性(相机曝光时间为 100 μs)
(a)激励器电压电流特性;(b)流光放电;(c)辉光放电

Enloe 等首先分析了激励器放电区域与电压幅值之间的关系(见图 1-5)。Kriegseis 分析了频率对放电区域大小的影响(见图 1-6),研究结果表明,当绝缘介质厚度达到 10 mm 时,等离子体放电区域能达到 20 mm。

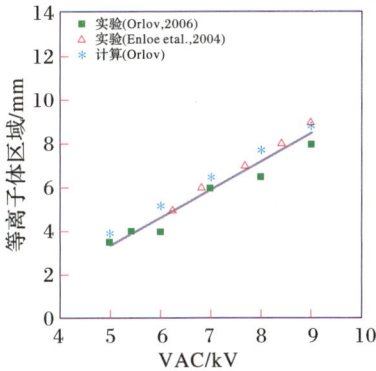

图 1-5　放电区域长度随电压变化情况

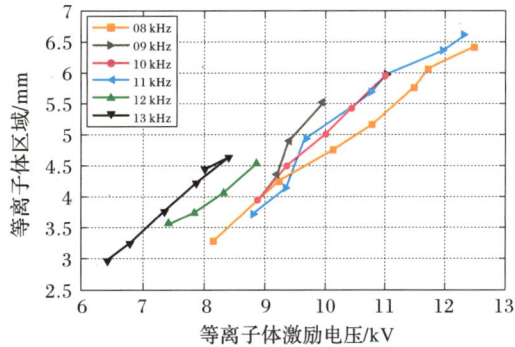

图 1-6　不同频率下放电区域长度随电压变化情况

此外,数值模拟作为流体力学研究的三大手段之一,为获得放电强度、电子密度等信息,提供了重要支撑。在国内,中国人民解放军战略支援部队航天工程大学的车学科教授等采用数值模拟方法,对气体放电过程、体积力产生机制等问题进行了详细研究。空军工程大学的吴云教授开展了不同尺度激励器对放电强度的影响研究,进一步揭示了放电过程中电学参数的变化情况。该校的苏长兵等研究了等离子体激励系统中电感与电容对放电强度的影响。通过对激励器放电强度开展大量研究,研究人员对电场强度及电子密度分布有了初步认识,为下一步提升激励器控制能力找准了方向。

(b)放电电流

图 1-7 给出了典型的激励器放电电流随时间变化情况。激励器为传统的非对称布局激励器,绝缘介质为 3 mm 厚的亚克力(PMMA)板。图中的红色曲线表示电压幅值随时间变化情况,黑色曲线表示单个周期内放电电流变化情况,蓝色曲线代表 60 个周期,平均电流随时间变化情况。t^* 表示无量纲时间($t^* = tf_{AC}$,其中 t 为放电时间,f_{AC} 为激励频率)。由图 1-7 可知:在正半周期内,由流光放电产生了幅值较高的放电尖峰,电流峰值达到了 200 mA,这些电流峰值与放电功率密切相关;在负半周期,激励器诱导产生了一些幅值较低的脉冲电流,电流值约 10 mA。

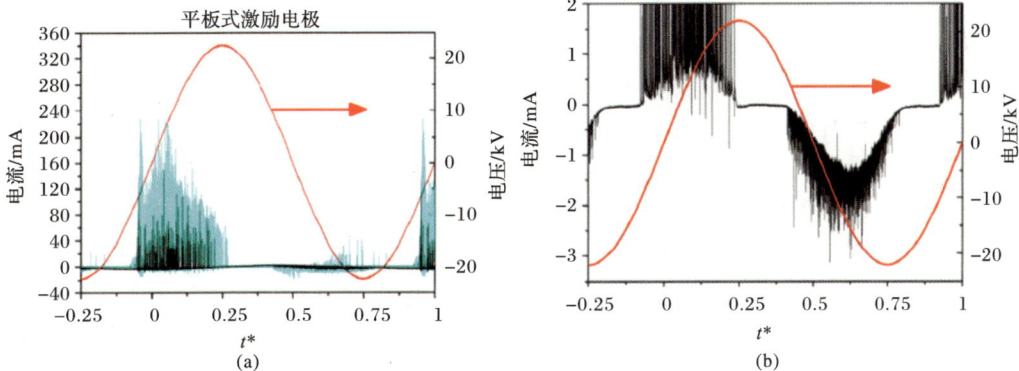

图 1-7　典型的电流随时间变化图 ($U_{AC} = 22$ kV,$f_{AC} = 1.5$ kHz)

(a)全局图(电流范围为 $-40 \sim 360$ mA);(b)局部图(电流范围为 $-3.5 \sim 2$ mA)

如图 1-8 所示,实验时,将激励器与无感电容 C 串联。因此,放电电流包括三个部分:

一是由激励器产生的电容电流;二是准同步电流;三是电流尖峰。图 1-7 中所画的电流已去除了由激励器产生的电容电流。

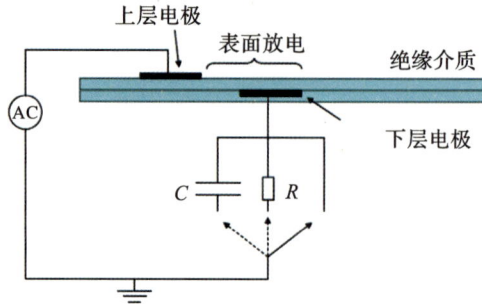

图 1-8 电压、电流测试方案图

法国普瓦捷大学的 Laurentie 等对放电电流与激励参数之间的相互关系进行了深入分析,指出增加电压幅值就能增加流光放电的个数。主流光的持续时间约为 30 ns,由电流转换成的电荷量相当于 35 pC。

此后,不少研究人员开展了几何参数(电极形状及尺寸、上下两层电极边缘的搭接距离、绝缘介质的厚度)、电学参数(电压、频率)、环境参数(温度、湿度、气压)对放电电流的影响研究,力争掌握放电电流与体积力分布、射流速度高低的确定关系,搭接起激励器电学特性与诱导流场特性的桥梁。

(c)消耗功率

测量、分析、减少激励器消耗功率,是推动等离子体流动控制技术发展、提高激励器能耗比、实现工程应用的关键。不少研究人员针对该问题开展了深入广泛的研究。通过归纳发现,该问题主要有两个关注点,一是计算方法探讨,二是参数影响规律研究。

a)计算方法

目前,主流的计算方法有两种。一种是基于瞬时电压、瞬时电流值计算获得的一个周期内的平均功率。公式如下:

$$P_{avg} = \frac{1}{T_{AC}} \int_0^T u_{AC}(t) * i(t) \mathrm{d}t = f_{AC} \int_0^T u_{AC}(t) * i(t) \mathrm{d}t \tag{1-1}$$

式中:P_{avg}——平均功率;

$\quad T_{AC}$——放电周期;

$\quad u_{AC}$——瞬时电压;

$\quad i_{AC}$——瞬时电流;

$\quad f_{AC}$——放电频率。

该方法的优点是简单方便,普适性较好。测量时,只需要高带宽的示波器记录瞬时电压、电流值即能获得激励器消耗的平均功率。缺点是电流、电压的同步性较差。主要原因是电压、电流的时间尺度相差较大。电压的周期时间一般为微秒量级,而电流尖峰的时间尺度一般为几十纳秒。测量时,两者可能存在一定的相位差。但通过多个周期叠加的方法,可以消除相位差的影响。

另一种方法是对一个周期内的放电电荷及电压值进行积分,从而获得消耗功率。图 1-9

给出了正弦交流放电的电荷-电压放电曲线,图中曲线面积代表了单位周期内放电能量。

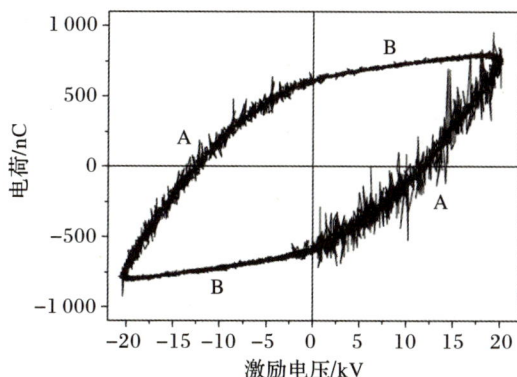

图 1 - 9 单位周期内电荷随电压变化曲线

具体公式如下:

$$P_{avg} = f_{AC} \int_{cycle} u_{AC}(t) \mathrm{d}Q \tag{1-2}$$

式中:Q——单位周期内的电荷。

该方法解决了电压、电流同步的问题,但对测试设备要求较高,并且只适用于标准正弦电压。

Ashpis 等对比了通过两种方法获得的计算结果,分析了两次计算结果出现差异的原因。结果表明,当测试时间超过 20 个周期时,采用两种方法获得的激励器消耗功率差异较小,一般不超过 4 mW。

b)激励参数对消耗功率的影响

法国普瓦捷大学的 Forte 等研究了激励频率、激励电压对消耗功率的影响(见图 1 - 10)。实验时,绝缘介质的厚度为 2 mm,电极长度为 200 mm。由图 1 - 10 可知,随着激励电压或激励频率的提高,激励器消耗功率不断增加。

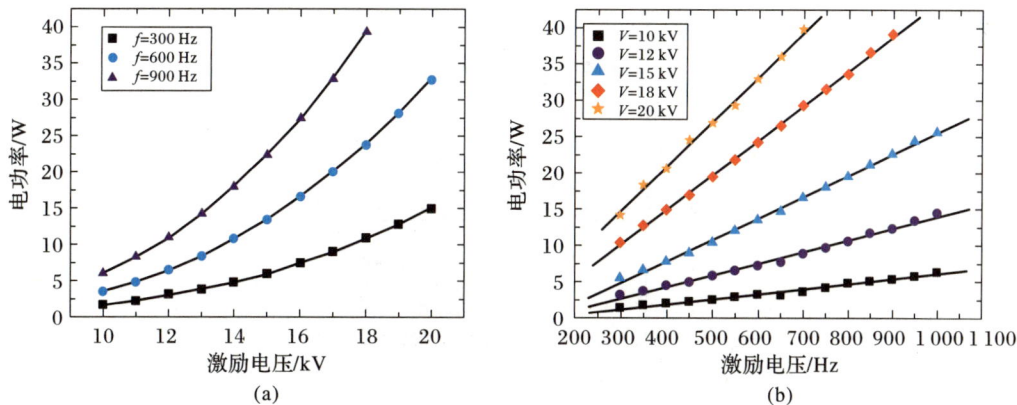

图 1 - 10 激励电压及激励频率对激励器消耗功率的影响
(a)激励电压;(b)激励频率

Pons 及 Dong 在 Forte 的研究结果上,提炼出了经验公式,描述了消耗功率与电压、频率之间的关系。公式如下:

$$P_{avg} = K f_{AC} (U - U_0)^2 \tag{1-3}$$

式中:K——定常系数,该值与激励器几何形状、绝缘介质材料及环境参数有关。

随后,一些研究学者对此公式进行深入分析,结果表明,当激励电压较高时,激励器出现丝状放电,该公式失效。

Roth 教授及 Enloe 教授提出了消耗功率与电压之间的幂函数关系式:$P_{avg} \propto U^n$,其中 n 值范围为 2~3.5。图 1-11 给出了 Enloe 教授的实验结果。从图中可以看出:一是随着频率的提高,功率与电压之间幂函数的指数项增加;二是电压高低决定了激励器放电状态以及消耗功率与电压之间的关系式。

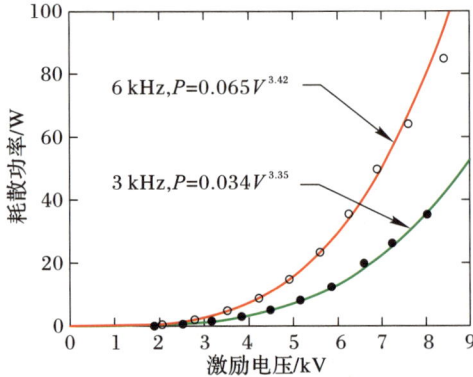

图 1-11 两种频率下消耗功率随激励电压变化情况

此外,Roth 教授将激励器消耗功率分为两类:一类是电场产生等离子体消耗的功率;另一类是由绝缘介质热效应产生的功率。研究结果表明:由绝缘介质热效应消耗的功率与 $f_{AC}U_{AC}^2$ 成正比;随着电压升高,绝缘介质发热消耗的功率占总消耗功率的比例在降低(见图 1-12)。

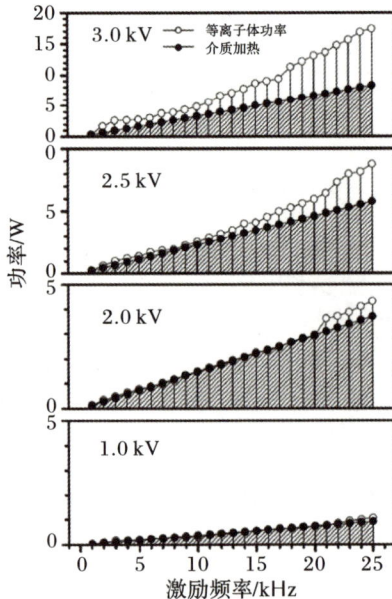

图 1-12 不同频率下等离子体消耗功率与绝缘介质热效应产生的功率

2）诱导流场特性研究

（a）平均射流

自等离子体流动控制技术进入研究人员的视野以来，专家及学者对激励器诱导流场的研究就从未停止过。从公开文献来看，最早发现介质阻挡放电等离子体能产生诱导射流的是日本东京大学的 Masuda，而最早测量等离子体诱导射流速度的是美国田纳西大学的 Roth 教授。1998 年，Roth 团队采用皮托管在等离子体激励器下游，离壁面几毫米处测量了诱导射流速度。Roth 发现，施加激励后，激励器能将电极上方的气流"拉"到壁面附近，如图 1-13 所示。

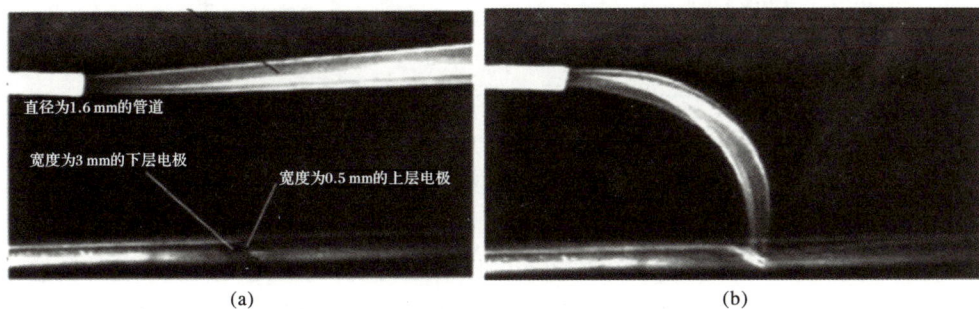

直径为1.6 mm的管道
宽度为3 mm的下层电极
宽度为0.5 mm的上层电极

（a）　　　　　　　　　　　　（b）

图 1-13　施加控制前后射流的变化情况

（a）控制前；（b）控制后

由于 Roth 采用的是金属皮托管，因此，为了防止皮托管对放电产生干扰，Roth 教授只获得了激励器下游的诱导流场速度。2004 年，法国普瓦捷大学 Pons 等通过自制的玻璃皮托管获得了激励器附近的诱导射流速度，数据精度优于 0.05 m/s。

英国航空公司的 Johnson、美国兰利研究中心的 Wilkinson 等通过热线获得了激励器下游不同位置的速度剖面。美国圣母大学的 Corke 教授及其研究成员采用粒子图像测速法（PIV）技术，获得了等离子体诱导流场的空间分布，如图 1-14 所示。

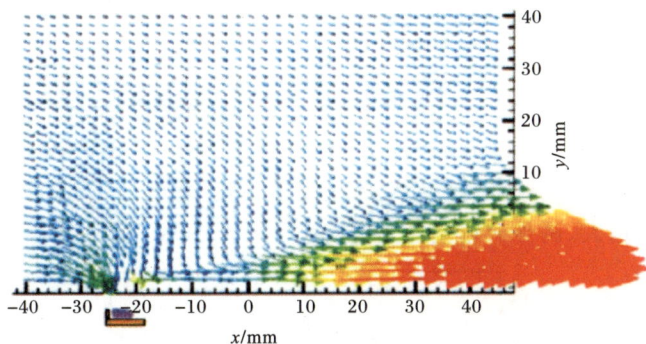

图 1-14　等离子体激励器诱导速度场

Roth 教授等总结归纳了最大诱导射流速度、射流宽度与切向距离 x 之间的函数关系。2004 年，英国诺丁汉大学的 Choi 教授通过将诱导射流速度剖面进行无量纲化，获得了等离子体平均诱导射流与经典层流射流的速度剖面类似的研究结果（见图 1-15，其中 U_{max} 表示诱导射流最大速度，$\delta_{1/2}$ 表示诱导速度达到 $0.5U_{max}$ 时的法向位置）。但与经典射流不同的是，在整个封闭空间里，并没有额外质量流量注入到流场中，而是通过等离子体产生的压力差，将上层电极上方的空气吸引到壁面，从而在壁面产生一股切向射流。该结果与 Corke 教授的研究结论吻合较好。

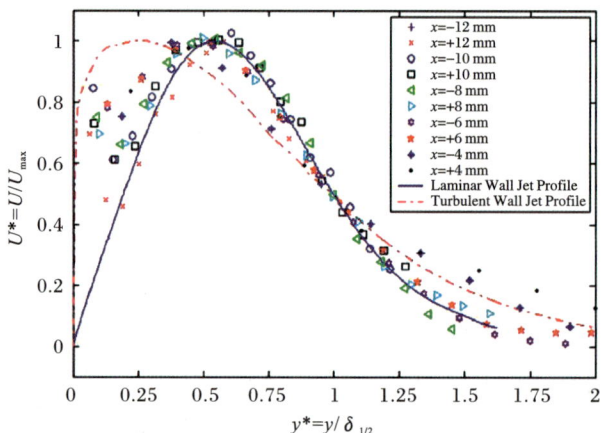

图 1－15　诱导射流无量纲速度剖面

日本丰桥技术科学大学的 Jolibois 等研究了诱导射流速度最大值出现的流向位置与电压之间的关系。由图 1－16 可知：首先，随着电压的升高，诱导射流最大值出现的位置离激励器越远；其次，绝缘介质厚度越大，激励器受承受的电压幅值越高，诱导射流的宽度越大。

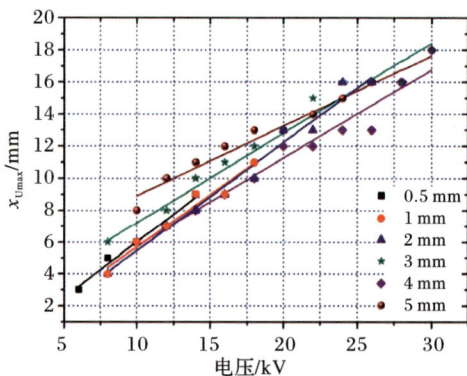

图 1－16　诱导射流速度最大值出现的流向位置随电压变化情况

此外，Jolibois 等还研究了诱导射流速度随激励器消耗功率的变化情况。由图 1－17 可知：当功率一定时，绝缘介质厚度对诱导射流速度影响较小；此外，当消耗功率超过 2 W/cm 时，随着消耗功率的增大，诱导射流速度变化较小。

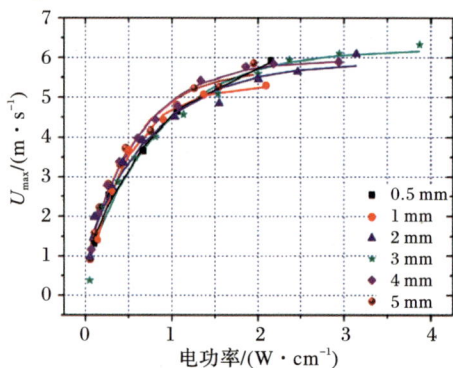

图 1－17　诱导射流速度随激励器消耗功率的变化

从1998年开始,经过十几年的大量研究和探索,研究人员对等离子体激励器形成了一个共识:等离子体激励器是一种不需要外界气源,能产生类似于经典壁面射流的激励装置。因此,提高诱导射流速度成为了大部分研究学者努力的目标。从公开文献来看,激励器射流速度提升研究主要分为几何参数优化、激励参数优化、布局方式优化、环境参数研究等四部分内容(见图1-18)。

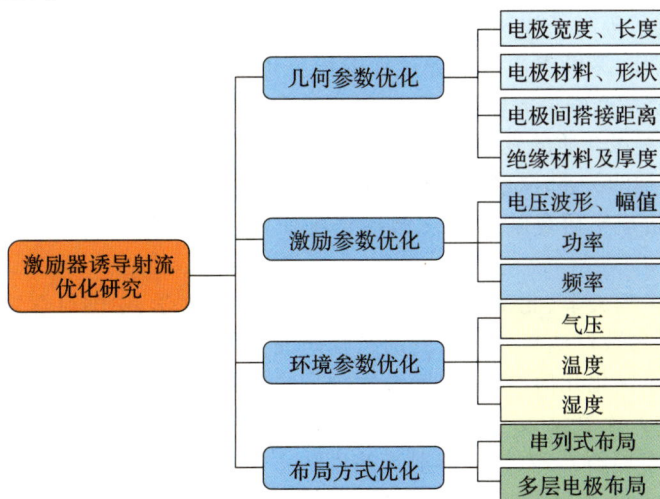

图1-18　激励器诱导射流优化研究

在几何参数优化方面,法国普瓦捷大学的Forte等采用皮托管及激光多普勒测速仪(LDV)两种测量方法详细研究了电极宽度、电极间搭接距离、绝缘介质厚度以及激励器个数对诱导速度的影响(见图1-19)。

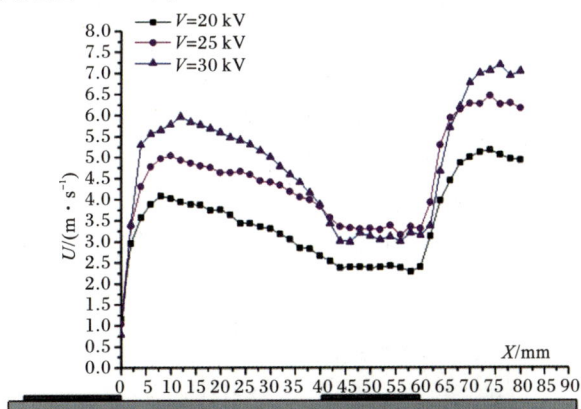

图1-19　诱导速度在切向方向上的变化情况

在绝缘介质影响研究方面,Roth教授研究发现,绝缘介质材料会影响等离子体密度、电场分布以及绝缘介质的发热量。研究结果表明:与石英相比,采用聚四氟乙烯作为绝缘介质,能够显著提高诱导射流速度,延长激励器寿命。美国空军研究院的VanDyken等通过激励器参数优化实验研究,发现了每一种绝缘介质存在一种最优的激励频率,使得诱导速度达到最大。美国威斯康星大学的Hoskinson等研究了电极材料、绝缘介质材料对诱导射流速度的影响。

大量研究结果表明:一是电极间存在一个最优的搭接量,使得诱导射流速度达到最大;二是绝缘材料对诱导速度的影响超过电极材料对诱导速度的影响。

在激励参数优化方面,Roth 教授研究发现,随着电压的增加,诱导射流速度逐渐增大,当电压达到一定阈值,诱导射流速度不随电压升高而发生变化。美国空军研究院的 Enloe 教授以及美国圣母大学的 Corke 教授通过大量研究,总结出了诱导射流速度分别与激励电压、激励器消耗功率之间的函数关系式。英国航空公司的 Johnson 分析了激励频率对诱导射流速度的影响。

美国圣母大学的 Orlov 等在考虑了空气电容、绝缘电容以及等离子体电阻等基础上,采用集中元素法开展了等离子体诱导射流数值模拟研究,分析了激励电压对射流速度的影响。

与几何参数相比,激励参数对诱导速度的影响更大。一是增加电压幅值能够提高诱导射流速度,但激励器承受的最大电压与绝缘材料的介电常数、厚度以及电极形状等都有关系。过大的电压会使得绝缘介质的发热量大幅增加,激励器的寿命缩短。二是诱导射流速度随激励频率并非线性增加的关系,激励器的布局不同,产生最大射流速度的最优频率不同。

此外,日本宇宙航空研究院的 Abe 教授详细研究了大气压力、气体种类等对诱导射流速度的影响。

在国内,空军工程大学、北京航空航天大学、西北工业大学、中国科学院工程热物理研究所等都开展过激励参数对诱导气流速度的影响研究。

总的来看,仅靠优化几何参数、激励参数的方式来提高诱导射流速度的作用是有限的。因此,许多专家和学者尝试改变激励器布局方式去提高射流速度。法国普瓦捷大学的 Forte 等采用串联布局的方式,将诱导射流速度从 7 m/s 提高到 8 m/s。英国曼彻斯特大学 Erfani 等通过增加预埋电极的个数,显著提高了诱导射流速度。法国普瓦捷大学的 Moreau 等通过在典型 DBD 激励器非对称布局的基础上,额外增加一根连接直流电的电极,成功拓展了射流沿水平方向的影响范围并提高了射流速度。

(b)瞬时射流

除了提高诱导射流速度外,深入分析射流速度的时空演化过程,是进一步挖掘激励器扰动能力的重点。2005 年,法国普瓦捷大学的 Forte 等率先采用 LDV 技术开展了诱导射流速度随时间变化情况的研究。实验时,激励电压为 18 kV,激励频率为 700 Hz,来流风速为 1 m/s。由图 1-20 可知:一是当激励器工作时,随着时间的推移,射流速度出现大幅度震荡;二是从激励器开启到射流速度发生变化的时间约为 10 ms;三是在正负周期内,诱导射流速度的平均值不同。由于 Forte 等开展实验时,数据采集的时间与激励器放电启动的时间并不完全同步,因此,无法确切分辨出激励器诱导射流速度在哪半个周期内的值更大。

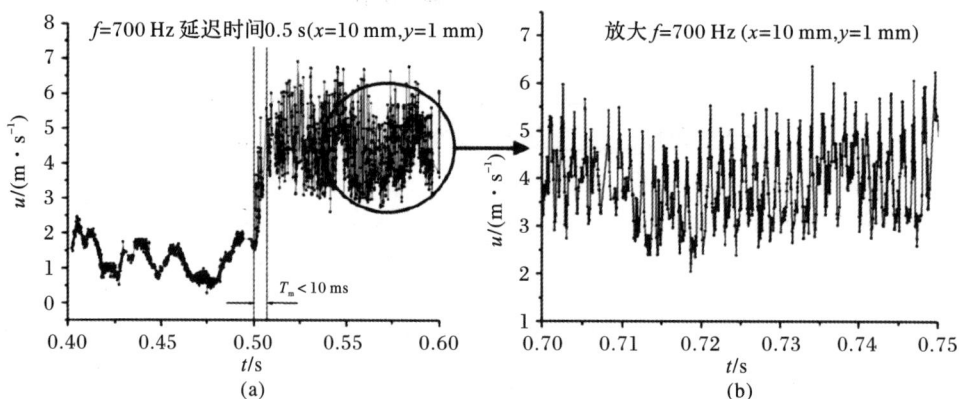

图 1-20 诱导射流速度随时间变化情况
(a)全局图;(b)局部图

在 2005 年实验的基础上,Forte 等将激励器开启与数据采集实现了同步,获得了多个周期内,射流速度随时间的变化情况。由图 1-21 可知,激励器在负半周期内的性能更佳。当激励器工作在正半周期,诱导射流速度的平均值为 2.4 m/s;而当激励器在负半周期内工作,诱导射流速度的平均值为 3.6 m/s。

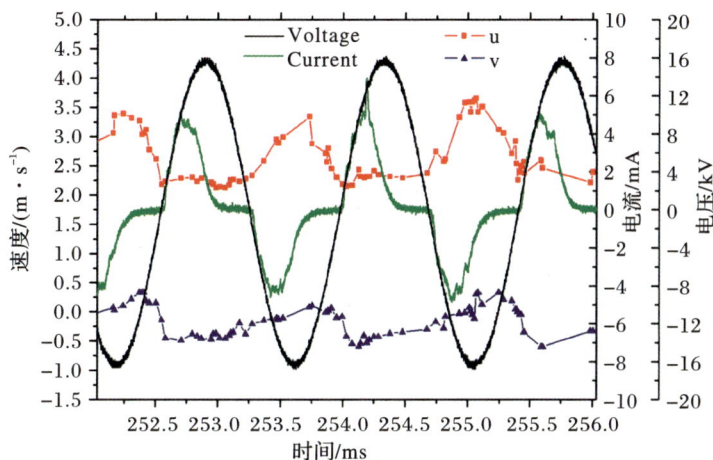

图 1-21 诱导射流速度、电压幅值及电流随时间变化情况

2012 年,法国普瓦捷大学的 Debien 等采用高频 PIV 技术验证了 Forte 的实验结果。实验时,激励器电压为 24 kV,激励频率为 1 kHz。图 1-22 给出了不同时刻下激励器诱导流场分布。其中,$t^*=0.3$ 为正半周期内的诱导流场,$t^*=0.5$ 为负半周期内的速度分布。由图 1-22 可知,与正半周期内的流场相比,当激励器在负半周期内工作时,诱导射流的速度更高,射流的宽度更广。

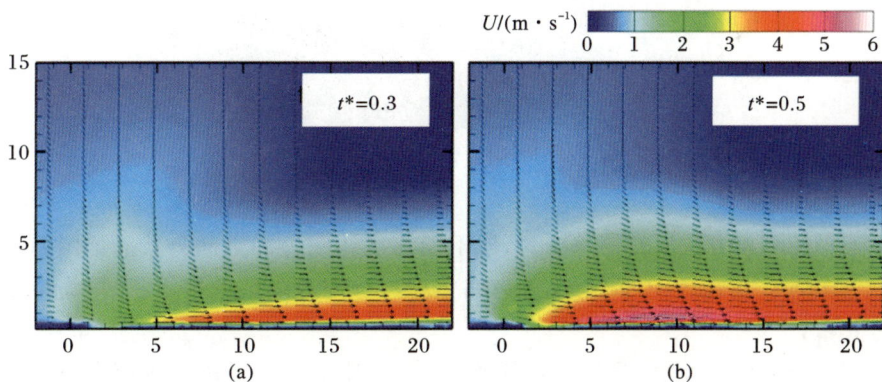

图 1-22 不同时刻的诱导流场速度矢量图

(c)体积力研究

除了用诱导速度高低去评价等离子体激励器控制能力的强弱外,另一个重要参数是体积力。等离子体激励器在产生诱导射流的同时,会诱导产生一个与射流方向相反的体积力。

a)天平测量

最初,研究人员用高精度电子天平获得一个电压周期内体积力的平均值。这种测试方法简单、可靠。2006 年,美国空军研究院 Porter 等详细研究了电压、频率对体积力的影响,发现了在一个正弦电压周期内,等离子体对周围气流存在"推-拉"两种不同的作用。2008年,该院的 Enloe 教授借助数值模拟手段,分析了绝缘介质表面的电荷堆积与体积力之间的相互关系。

日本宇宙科学研究所的 Abe 教授等研究了气体种类、气压等环境参数对体积力的影响。

澳大利亚阿德莱德大学的 Greig 等研究了上层电极与下层电极之间的几何角度对体积力的影响(见图1-23)。结果表明:随着角度的增大,体积力非线性地增加。该研究结果为不同种类翼型的流动控制实验提供了技术支撑。

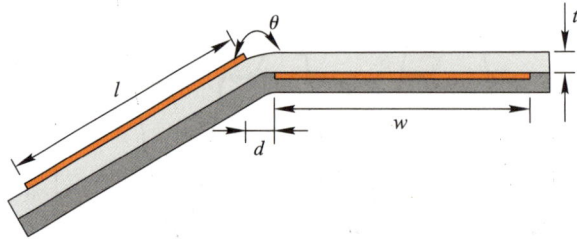

图 1-23   电极布局示意图

美国密苏里科技大学 Emanuel 等通过自行研制的机械谐振装置,提高了体积力的测量精度,获得了体积力随时间变化的动态过程(见图1-24)。此外,该校的 Ferry 等分析了体积力与激励器消耗功率之间的关系,并针对体积力在微型飞行器上的应用问题进行了理论分析。

图 1-24   机械谐振装置

b)非接触测量

基于天平的测量方法虽然简单有效,但不能给出体积力的空间分布。德国德雷斯顿研究中心的 Albrecht 等基于 PIV 结果,在忽略体积力法向分量的前提下,采用涡量方程求解出体积力分布。

德国德雷斯顿理工大学 Neumann 等通过 LDV 技术揭示了诱导体积力与电压相位角之间的关系,验证了体积力在一个正弦周期内的"推-拉"变化过程。

美国加利福尼亚大学的 Baughn 教授通过在上层电极的上游、下游等不同位置进行诱导速度剖面测量,获得了体积力分布。美国空军研究院的 Enloe 教授以及圣母大学的 Orlov 等通过数值计算,分析了体积力随正弦电压的变化情况。研究结果表明:体积力的产生主要集中在负电压周期;正电压周期产生大量的丝状放电,伴随着大量的电流尖峰,对体积力及诱导速度的产生,贡献较小。美国圣母大学的 Thomas 教授等通过增加绝缘介质的厚度,提高激励电压的方式,增大了体积力。美国普林斯顿大学 Opaits 等通过采用脉冲波形的激励方式,增大了体积力。

在得出体积力主要集中在负半周期的重要结论之后,美国佛罗里达大学 Zhao 等通过改变电压零位,将整个周期内的电压幅值设置为负电压,显著提高了体积力的量值。

荷兰代尔夫特理工大学 Kotsonis 等采用 PIV 及测力相结合的方法,深入分析了电极宽度、电极长度、电极间搭接距离、电压及频率等参数对体积力的影响规律,优化了激励器的布局方式,提高了体积力的量值,降低了激励器消耗功率。此外,该校的 Rogier 等提出了基于 PIV 实验结果计算体积力的新方法,并对比分析了不同方法获得体积力的误差情况。

在国内,空军工程大学等离子体研究团队率先开展了体积力测量,分析了激励电压、激励频率等参数对体积力的影响。中国科学院工程热物理研究所李钢等对比了单摆装置、天平、数值模拟三种方式获得的体积力。西北工业大学流动控制研究团队较为细致地开展了等离子体诱导体积力研究,获得了体积力分布,分析了载波频率对体积力的影响规律。中国人民解放军战略支援部队航天工程大学临近空间飞行器研究团队采用数值模拟与实验研究相结合的方法,分析了气体压力对体积力分布的影响。厦门大学的林麒教授等通过串列式多组电极的方式,有效提高了体积力的量值。

(d)启动涡研究

在静止空气下,等离子体激励器不仅能产生较为稳定的射流,而且能诱导产生涡结构。自 1998 年 Roth 教授发现等离子体诱导射流开始,时隔 6 年,在 PIV、LDV 等非接触测量技术的发展推动下,2004 年圣母大学的 Post 等采用 PIV“锁相”技术,发现了等离子体诱导启动涡。等离子体激励器在刚触发的一瞬间,会在壁面附近产生大量的等离子体。等离子体“挤开”壁面空气,从而在电极附近形成了压力差;暴露电

图 1-25　激励器诱导流场纹影图

极上方的空气补充到壁面附近,从而形成了涡结构。由于涡结构是在稳定射流形成之前产生,因此,这种诱导涡被称为启动涡。与诱导射流的研究相比,启动涡的研究文献相对较少。2009 年,法国普瓦捷大学 Moreau 等采用纹影显示技术,观察到了启动涡(见图 1-25)。

2013 年,英国诺丁汉大学的 Choi 教授等采用 PIV 与烟流相结合的方法,深入研究了启动涡的发展轨迹,总结出了涡核位置、诱导环量等参数随时间变化规律(见图 1-26)。

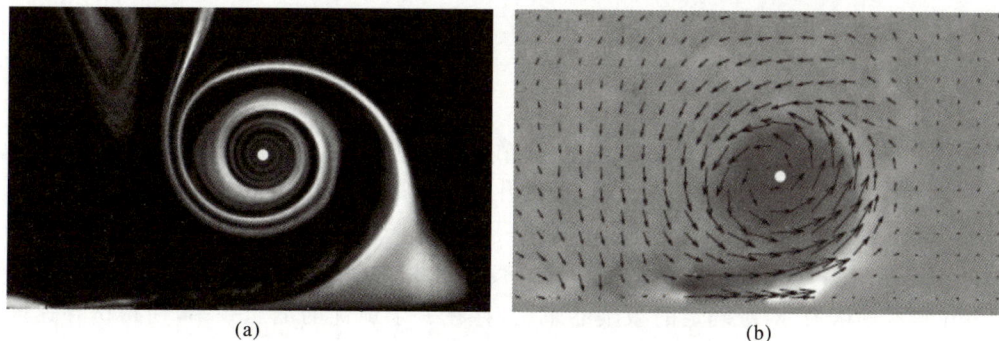

(a)　　　　　　　　　　　　　　　　　(b)

图 1-26　启动涡的烟流图像及速度流场图

(a)烟流图像;(b)PIV 速度流场

美国圣母大学的 Mertz 等采用集中元素法,数值模拟了启动涡的时空演变过程,对比分析了 Post 的实验结果。在国内,中国人民解放军战略支援部队航天工程大学的程钰锋等研究了大气压力对启动涡形态的影响。上海交通大学张屹等采用 PIV 技术进一步分析了主涡与二次涡之间的关系。

随着研究的不断深入,研究人员发现,启动涡能增强激励器的掺混能力,但停留时间较短,无法长时间工作。因此,为了提高等离子体激励器的掺混能力,研究人员通过改变激励器布局、施加非定常激励以及调整输入电压形式等方式,延迟了启动涡的破碎时间,提升激励器的控制效果。空军工程大学梁华教授研究了不同放电方式对启动涡的影响。中国人民解放军战略支援部队航天工程大学车科教授等采用脉冲激励的方式使单个激励器产生了一系列启动涡。

(e)小结

经过十几年的努力,在诱导射流、体积力、启动涡的认识上已取得重要进展。从公开发表的文献可以看出,不管是优化激励参数,还是调整几何形状,研究人员聚焦的中心还是围绕如何提高激励器控制能力上,即提高诱导速度、提升体积力,如图 1-27 所示。研究人员试图寻找到不同参数之间一脉相承的关系,建立准确、完善的理论模型,为提升激励器控制效果积累基础。在优化的过程中重新认识激励器诱导特性,在认识的过程中提高激励强度,形成了认识、优化、再认识、再优化的一个反复迭代过程。

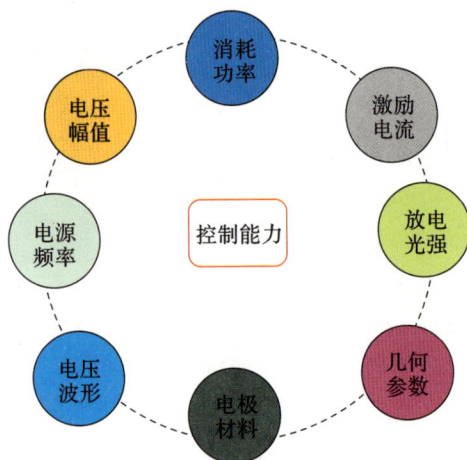

图 1-27 参数与控制能力的关系图

研究结果表明:与调整电极几何尺寸相比,优化激励参数能更有效提高激励器诱导速度、增强体积力。

(a)电压幅值

对于电压幅值,研究人员已形成共识,在绝缘介质可承受的范围内,提高电压幅值,增强电场强度,能够提高激励器诱导射流速度、提升体积力量值。

(b)电压频率

不少学者开展过电压频率对诱导射流速度或体积力的影响,但结论存在分歧。Orlov及 Roth 教授等认为,对于确定的激励器来说,存在一个最优的电压频率,使得诱导速度最大;而法国普瓦捷大学的 Forte 等认为,在一定频率范围内,诱导速度随频率呈抛物线增长。出现分歧的原因有三点:一是 Orlov 与 Forte 研究的频率范围有差异。Orlov 研究的频率范围是 1~8 kHz,而 Forte 研究的范围是 0.1~2 kHz。两个范围有交集,但却不尽相同。二是激励电源的不同造成了两者出现差异。就电源本身来说,每一种电源的输出功率是一定的。当频率增大到一定程度时,势必会降低激励器两端的电压,造成诱导速度降低,体积力减小。Orlov 研究的频率范围较大。因此,在高频率时,激励器两端的电压可能已经降低。三是在参数一定的情况下,单位周期内,输运电荷的个数是一定的。从简化的体积力公式 $F_b = \rho_e E$(其中 ρ_e 表示电荷密度,E 为电场强度)可以看出,增加频率相当于增加了输运电荷的个数,从而增加了带电粒子与中性分子碰撞的概率。因此,增加频率即提高了电荷密度 ρ_e。而当电荷密度 ρ_e 增加到一定程度时,电荷没有足够的时间进行释放、移动,并逐渐积累到绝缘介质上。当绝缘介质表面的电荷积累到一定数量时,激励器产生丝状放电,消耗了大量电能,因此,电场强度 E 降低,诱导速度增加的幅度变缓。

(c)电压波形

通过电学特征参数研究发现,对于正弦交流激励来说,电流强度、发光强度、体积力等物理量在正、负周期内的表现是不同的。部分研究人员认为:在一个正弦周期内,体积力出现"推-拉"两个过程。如何突出"推力效应",回避"拉力作用",是提高激励器控制作用的关键途径。Enloe 等从电压波形入手,研究了方波、三角波、锯齿波等对体积力的影响。结果表明:锯齿波放电波形能显著提高体积力的大小。

(d)绝缘介质

绝缘介质的两个属性影响着激励器的控制能力:一是单位厚度下绝缘介质所能承受的最大电压;二是介电常数。圣母大学的 Thomas 等将 AC-DBD 激励器看作为一个电容。电容的大小与 ε/b 成正比。其中 ε 表示介电常数,b 表示绝缘介质的厚度。激励器在绝缘介质上消耗的功率与 $f_{AC}\varepsilon/b$ 成正比,其中 f_{AC} 表示电压频率。在输入功率一定的情况下,为了提高激励器诱导速度,应进一步减小激励器在绝缘介质上消耗的功率。因此,在频率一定的情况下,提高绝缘介质的厚度、降低绝缘介质的介电常数是提高激励器控制能力的有效方法。

3)热学特性研究

随着基于等离子体激励的防/除冰研究的不断深入,对等离子体激励器热特性研究的需求日趋迫切。研究表明,激励器形成的热效应主要用于对气体加热与对绝缘介质加热。当激励器连续工作 140 s 以后,绝缘介质的表面温度可以达到 60 ℃ 以上。通过红外照相机发现,介质表面温度较高的区域主要集中在上层电极与下层电极的搭接处,如图 1-28 所示。

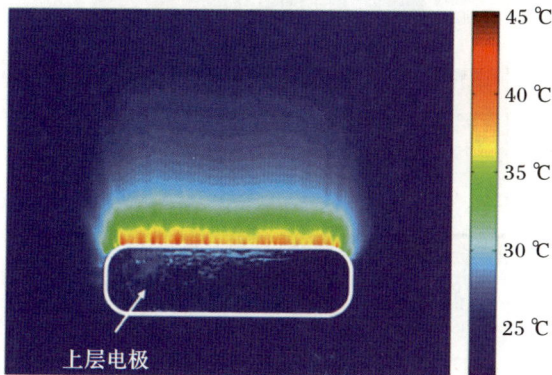

图 1-28　等离子体激励器介质表面温度分布情况

激励器的三种特性(电学特性、光学特性、热学特性)是相互关联的。部分学者通过将激励器介质表面的红外热成像图像与放光图像进行对比(见图1-29),发现在负半周期内,激励器产生的辉光放电区域与介质表面的高温区域吻合。因此,研究人员认为,辉光放电是激励器绝缘介质表面产生温升的主要机制。

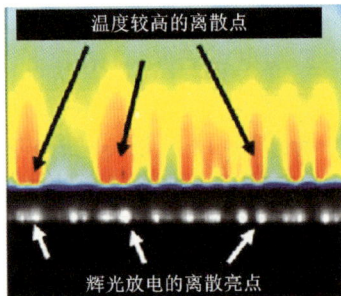

图1-29 等离子体激励器介质表面温度分布与辉光放电区域

激励器形成的热效应主要用于气体加热与介质加热。介质表面的温升只是激励器诱导热效应的一部分。当激励器工作时,激励器在壁面附近会形成高电场,对温度传感器的测量产生干扰或对传感器本身造成损坏。因此,近壁区气体温度的时空分布测量具有较大挑战,正弦交流等离子体诱导热的产生机理仍不明确。

激励器的热特性与流场特性是相互关联的。英国曼彻斯特大学的Erfani等在不同绝缘介质表面温度的情况下,利用PIV技术研究了激励器诱导流场情况。结果表明,当绝缘介质表面温度升高,激励器的最大诱导速度会提高,诱导流场的流线会发生偏转,如图1-30所示。此外,由于激励器的热特性会改变激励器的诱导流场特性,因此,在来流情况下,激励器的热特性通过改变激励器诱导流场会影响边界层的流动特性。最新的研究表明,激励器放电产生的热量通过改变激励器附近的气体密度,产生扰动,成为流动控制的潜在机理。

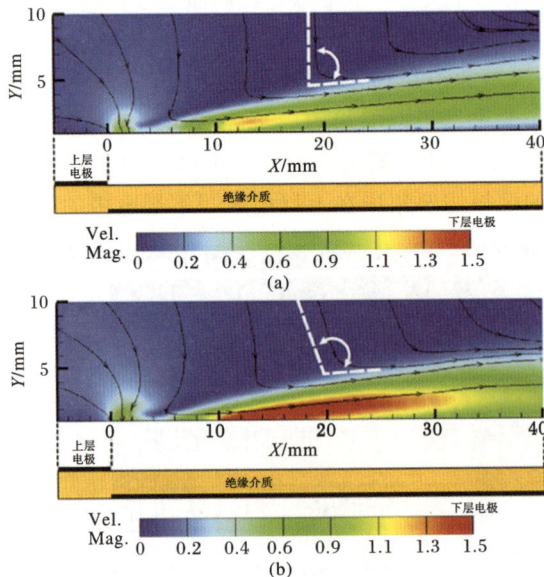

图1-30 不同温度下激励器诱导流场分布

(a)激励器介质表面温度为常温;(b)激励器介质表面温度达到120 ℃

4）声特性

相比于前面三种特性，针对激励器声学特性的研究相对较少。美国科罗拉多大学的 Baird 等采用麦克风传感器测量了激励器诱导声学特性［见图 1-31(a)］。结果表明，激励器诱导压力的主频与正弦交流电压的频率相同［见图 1-31(b)］。由于麦克风传感器的截止频率为 22 kHz，因此，Baird 等未能发现正弦交流激励器诱导产生的超声波。此外，由于未采用纹影显示技术，Baird 等未能观察到正弦交流激励器诱导产生的平面波。

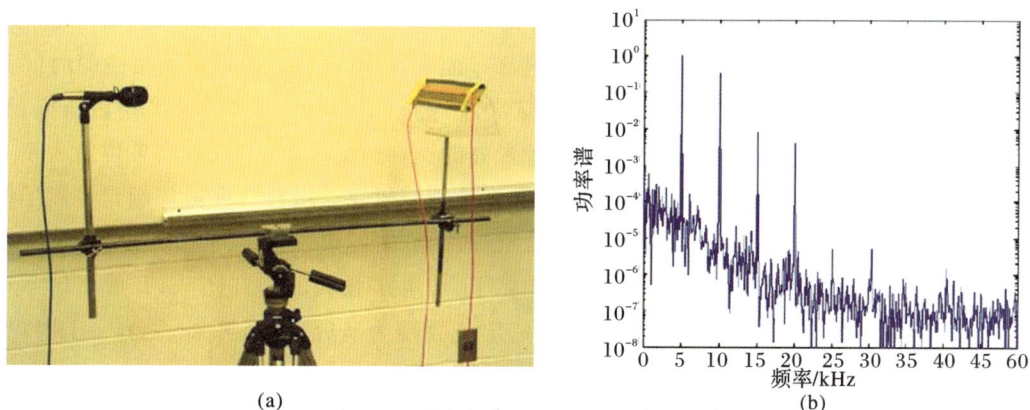

图 1-31　激励器的诱导声特性(激励电压有效值为 5 kV，激励频率为 5 kHz)
(a)激励器声特性研究实验照片；(b)激励器诱导压力的频谱图

3. 机翼分离流控制研究

众所周知，在较大迎角下，由于黏性的作用，机翼上表面的逆压梯度迅速增加，使得边界层无法克服逆压梯度，绕流流场在壁面附近形成回流，从而发生流动分离。由此带来了升力降低，阻力增加；同时，由于机翼表面的压力分布发生变化，俯仰平衡遭到破坏，使得机身、尾翼、舵面等发生振动。

自普朗特提出边界层理论以来，抑制机翼分离流的研究就从未停止过。1920 年，Lachmann 采用定常吹吸气的激励方式，开展飞行试验研究，并通过控制将升力系数提高了 60%。1947 年，Taylor 引入涡流发生器的概念。通过在机翼表面布置涡流发生器，增加了边界层与外流之间的掺混，抑制了机翼失速分离。1978 年，Viets 等采用声激励方式抑制了翼型失速分离。进入 20 世纪 80 年代末 90 年代初，不少专家学者将研究重心从定常激励逐渐过渡到非定常激励，从而出现了脉冲吹气控制等激励手段。但复杂的引气管道以及庞大的气源使得脉冲吹气技术的应用道路举步维艰。随着科学技术的不断进步，研究人员研制、发展了小型的声激励器，即零质量射流激励器。南京航空航天大学的明晓教授率先采用该技术进行圆柱绕流分离控制研究。这里需要说明的是，1978 年 Viets 使用的声激励与零质量射流不同。Viets 使用的声激励是将激励器布置在远离模型的位置，利用激励器产生的扰动，改变来流条件；而零质量射流激励器是将扬声器或振动薄膜预埋在模型内，通过启动扬声器或振动薄膜，产生吹吸气的作用。一直到今天，不少研究人员对零质量射流的研究仍保持高度热情。在国外，美国乔治-华盛顿大学、纽约应用理工学院、佐治亚理工学院、NASA 兰利研究中心、英国谢菲尔德大学、澳大利亚悉尼科技大学等都对零质量射流的发展做出了重要贡献。在国内,南京航空航天大学、清华大学、国防科技大学、西北工业大学、上海大学都开展过该领域研究,获得了丰硕的研究成果,涌现出不少杰出人才。关于零质量射流的综述文章较多,这里不再赘述。

(1)AC-DBD 激励控制

在零质量射流控制技术研究如火如荼开展的同时,另一种新型的流动控制技术——DBD 等离子体流动控制技术逐渐进入研究人员的视野。早在 1973 年,东京大学的 Masuda 就发现了 DBD 等离子体激励器能产生诱导射流。而真正引起气动人员广泛关注的时间是 1998 年。美国田纳西州立大学的 Roth 教授首次开展了 DBD 激励器诱导速度定量研究,通过皮托管测量了在激励电极下游,距壁面几毫米处的诱导速度。此后,数百家单位投入了大量人力物力,持续跟踪该领域研究现状,深入开展该领域研究。机翼分离流控制是等离子体流动控制研究领域中研究人数最多、研究程度最深、研究时间最长的方向之一。

在国外,圣母大学在美国空军研究院的支持下,成立了强大的研究团队,开展了一系列机翼分离流控制研究。2007 年,Post 等以高速层流翼型为研究对象,开展了 AC-DBD 等离子体流动控制研究,分析了控制机理,如图 1-32 所示。

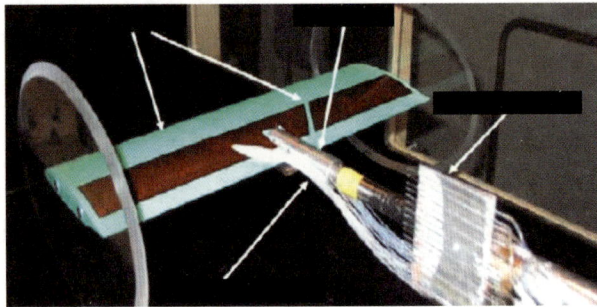

图 1-32 等离子体抑制翼型失速分离的测压实验

2009 年,圣母大学的 He 等开展了 NACA0015 翼型前缘失速分离控制的实验研究,并首次提出了“等离子体虚拟缝翼”的理念。实验中,通过将激励器布置在翼型前缘,抑制了 NACA0015 翼型失速分离,延迟了失速迎角,提高了最大升力系数,使等离子体激励器实现了前缘缝翼的功能,如图 1-33 所示。

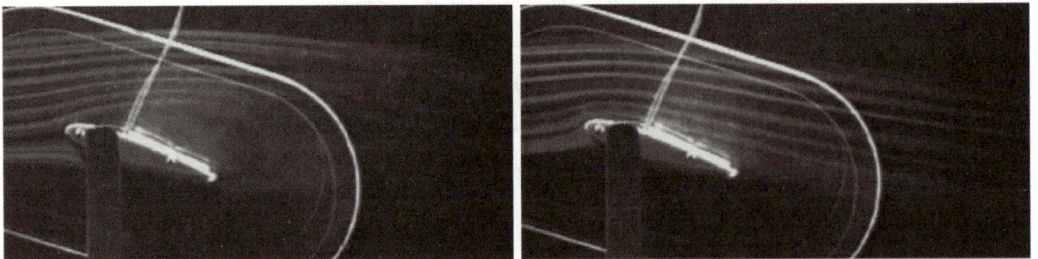

(a)   (b)

图 1-33 等离子体抑制翼型失速分离的烟流实验

(a)控制前;(b)控制后

此外,该校的 Jr 等通过在模型前缘及后缘布置等离子体激励器,成功抑制了风力机翼型失速分离(见图 1-34),为提升风力机气动性能积累基础。

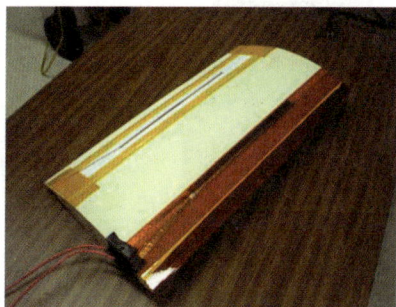

图 1-34 S827 翼型

美国普渡大学 Huu 等开展了等离子体抑制 NACA0012 翼型失速分离的实验研究,分析了激励位置对控制效果的影响,如图 1-35 所示。结果表明:当激励器布置在分离点前方时,控制效果较好。

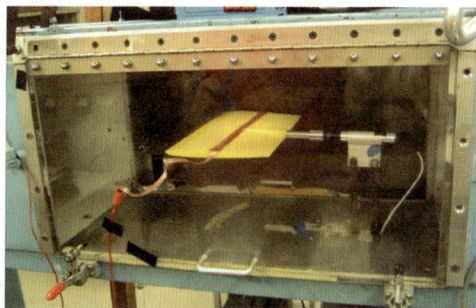

图 1-35 等离子体抑制 NACA0012 翼型失速分离的风洞实验

美国俄克拉荷马州立大学 Fleming 等以 Liebeck La203a 翼型为研究对象,开展了绝缘材料对控制效果的影响研究,如图 1-36 所示。

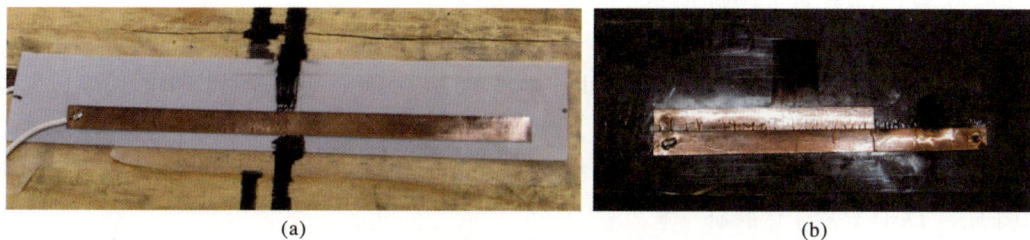

(a)　　　　　　　　　　　　　(b)

图 1-36 不同绝缘材料的 DBD 等离子体激励器
(a)聚四氟乙烯;(b)丙烯酸

随着研究的不断深入,实际应用的需求促使研究内容从二维翼型转向三维机翼。圣母大学的 Kwak 等通过在不同后掠角的三角翼表面布置等离子体激励器,使得激励器延迟了脱体涡破碎,增加了机翼升力,如图 1-37 所示。

圣母大学的 Nelson 等通过将等离子体激励器布置在 1303 无人机前缘,实现了大迎角下对无人机滚转力矩的控制,如图 1-38 所示。

图 1-37 等离子体推迟三角翼前缘涡破碎的风洞实验

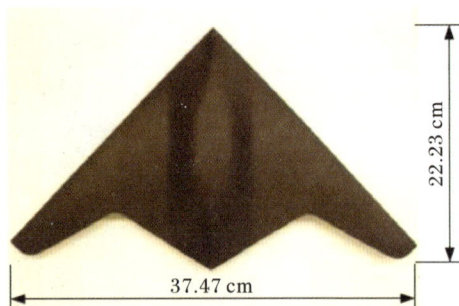

图 1-38 1303 无人机

在国内,西北工业大学的孟宣市等通过改变激励器位置实现了低雷诺数下对翼型升力系数的控制,显著提高了翼型的气动性能,如图 1-39 所示。

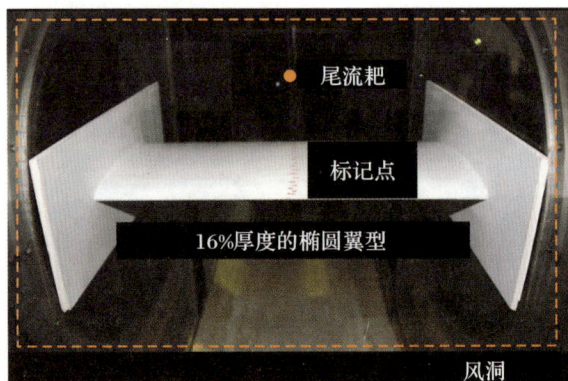

图 1-39 低速椭圆翼型

中国空气动力研究与发展中心黄勇等开展了等离子体抑制 NACA0015 翼型失速分离的 PIV 实验,积极探索了控制机理。

(2)NS-DBD 激励控制

经过十几年的研究,不少学者认为由于传统的 AC-DBD 等离子体产生的诱导速度较低(最大速度一般不超过 10 m/s),因此,该激励器向边界层注入的动量或产生的扰动不足以在高风速或高雷诺下抑制翼型的失速分离。部分学者将研究重心逐渐转向能产生较强扰动的 NS-DBD 等离子体的研究上。

2009 年,俄罗斯莫斯科物理技术研究院率先采用 NS-DBD 激励方式(见图 1-40),成功在 $Ma=0.85$ 下抑制了翼型绕流分离,引起了国际上对 NS-DBD 激励的广泛关注。

2010 年,美国俄亥俄州立大学的 Little 等采用 PIV 锁相技术,深入分析了 NS-DBD 抑制翼型失速分离的控制机理(见图 1-41)。Little 认为:当迎角接近失速迎角时,激励器能产生类似于转捩带的作用,促进边界层转捩,从而抑制分离;当迎角超过失速迎角后,激励器能产生一系列的展向涡结构,增强边界层与主流之间的掺混,减小分离区域。在 Little 的研究基础上,2011 年,该校的 Rethmel 等建立了 NS-DBD 闭环控制技术。

图 1-40　C-141 跨声速翼型

图 1-41　NASA EET 翼型

2011 年，代尔夫特理工大学的 Correale 等研究了 NS-DBD 对三种不同翼型分离流的控制，获得了最佳的激励频率及激励位置。2014 年，日本庆应义塾大学在低雷诺数下开展了 NS-DBD 控制 Go387 翼型绕流分离的实验研究，揭示了控制机理。

在国内，空军工程大学率先开展了纳秒脉冲等离子体流动控制研究。从纳秒脉冲激励特性到翼型分离流控制，从机理探索到工程应用，该校深入分析了该领域研究现状，认真梳理了发展中存在的各种问题，提出了下一步发展方向。

南京航空航天大学的史志伟等以大迎角分离流为研究对象，在低雷诺数下分析了控制频率对控制效果的影响规律，揭示了纳秒脉冲等离子体产生拟序结构的控制机理，如图 1-42 所示。

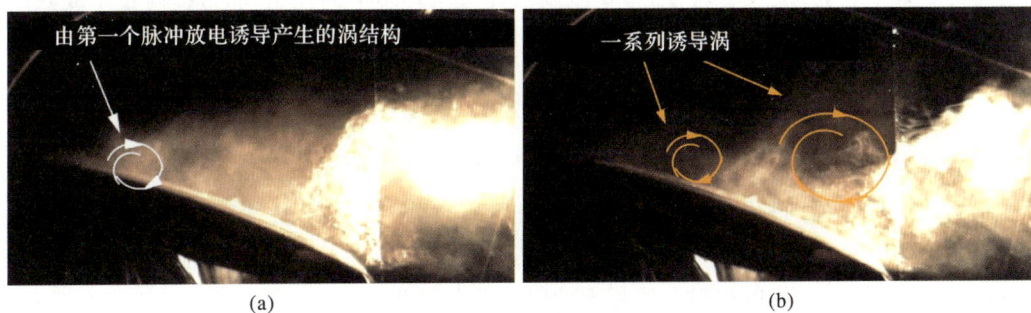

(a)　　　　　　　　　　　　　　　　　(b)

图 1-42　纳秒脉冲抑制翼型失速分离的烟流实验

(a) $t=12$ ms；(b) $t=272$ ms

(3) 小结

经过十几年的发展，基于等离子体激励器的机翼分离流控制研究已逐渐成熟。研究内容涵盖了二维翼型及三维机翼，风速范围从 $Ma=0.1$ 拓展到 $Ma=0.85$。近几年，NS-DBD 激励器的研究逐渐占据了该领域研究的中心，高能量的 NS-DBD 激励貌似解决了如何在高风速下提高激励器控制能力的问题。但从工程应用角度分析，NS-DBD 与 AC-DBD 哪种激励器的应用前景更宽广，目前尚无定论。原因有以下两点：一是从控制效果来看，NS-DBD 与 AC-DBD 哪种激励器控制能力更强，研究人员对此还存在争议。已有文献表明，在低风速下，AC-DBD 较 NS-DBD 控制效果更好。而对于高风速，圣母大学的研究结果表明：AC-DBD 与 NS-DBD 的控制效果相当，甚至在某些工况下，AC-DBD 的控制效果超过了 NS-DBD 激励器；从整个激励系统实现难易程度来分析，AC-DBD 的优势较为明显。目前,传统的交流电源已经实现小型化生产。在国外,德国达姆斯塔特工业大学、美国斯坦福大学已经开展了基于 AC-DBD 激励器的无人机飞行验证实验。在国内,南京航空航天大学也开展过类似研究。而对于 NS-DBD 激励器产生的电磁干扰,庞大、笨重的纳秒脉冲电源,较大的瞬间功率都制约着该技术在飞行器上的应用。

为了提高该技术成熟度,尽快实现工程应用,AC-DBD 与 NS-DBD 两种激励器都面临着如下问题:一是如何进一步减小激励器消耗功率,提高激励器能耗比(激励器产生的控制效果/消耗功率),是实现工程化应用的关键。二是虽然激励器可控的风速提高了,但实验的雷诺数较低,一般不超过百万。因此,如何提高激励器在较高雷诺数下的控制能力,是激励器在真实飞行器上实现控制的基础。

1.3　本书框架

本书结合国内外研究进展,以超临界机翼分离流控制为主线,基于基础研究,面向工程需要,深入研究激励器激励特性,精细刻画出激励器诱导气流随时空演化过程,进一步分析诱导流场的拟序结构,掌握诱导射流的运动规律;以超临界机翼为研究对象,从二维翼型到三维机翼,从低雷诺数到高雷诺数,开展分离流控制研究,优化激励参数,提高激励器控制能力,分析激励器诱导气流与边界层相互耦合发展的变化规律,探索控制机理,掌握技术核心;搭建飞行验证平台,开展飞行验证,考核激励器在大气环境下的控制能力,提高技术成熟度。具体内容如下:

第 1 章,绪论。介绍本书的研究背景及意义,论述等离子体流动控制技术的研究现状及发展趋势,介绍本书研究的目的及主要内容。

第 2 章,静止空气下激励器激励特性研究。从电学特性及诱导流场两个方面,对传统非对称布局及对称布局两种 AC-DBD 激励器进行研究分析。电学特性研究主要侧重于激励器消耗功率与电极长度、宽度等几何参数,电压幅值等激励参数之间的相互关系;诱导流场分析主要关注诱导气流、启动涡及体积力的时空演化过程。此外,介绍团队近年来在激励器声学特性方面的研究进展。

第 3 章,来流条件下激励器激励特性研究。引入来流作为影响量,对比有无来流情况下,启动涡、诱导射流以及体积力随时间的变化情况,分析诱导流场与来流的耦合发展过程,为掌握等离子体流动控制机理积累基础。

第 4 章,二维超临界翼型等离子体流动控制。通过测力、流场显示等手段,对比非对称布局及对称布局两种激励器的控制效果,借助高速 PIV 深入探索两种激励器的控制机理,分析两种激励器能耗比情况。

第 5 章,三维超临界机翼等离子体流动控制。在较高雷诺数下,通过测力、荧光丝线流场显示及 PIV,验证对称布局激励器控制效果,进一步分析控制机理。

第 6 章,无人机飞行验证。通过改造小型化激励电源、研制采集电路板、编写采集控制程序等措施,搭建飞行验证平台,考核激励器在真实环境下的控制效果,提高技术成熟度,为等离子体流动控制技术工程化应用提供重要支撑。

参 考 文 献

[1] BRUNET V,DANDOIS J,VERBEKE C. Recent onera flow control research on high lift configuration[J]. Aerospace Lab,2013,6(6):1 - 12.

[2] CORKE T C. Design of aircraft[M]. New York:Prentice-Hall,2002.

[3] 马汉东,崔尔杰.大型飞机阻力预示与减阻研究[J].力学与实践,2007,29(2):1 - 8.

[4] PRANDTL L. Motion of fluids with very little viscosity[J]. Natl Tech Inf Serv Tech Memo,1927:484 - 491.

[5] 吕志咏,祝立国.边条翼前缘涡非定常涡场特性研究中 PIV 技术的应用[J].流体力学实验与测量,2003,17(2):15 - 18.

[6] 郝礼书,乔志德,宋文萍.基于涡流发生器的翼型失速流动控制及雷诺数效应影响研究[J].实验力学,2011,26(3):323 - 328.

[7] 张进,张彬乾,阎文成,等.微型涡流发生器控制超临界翼型边界层分离实验研究[J].实验流体力学,2005,19(3):58 - 60.

[8] 石清,李桦.控制超临界翼型边界层分离的微型涡流发生器数值模拟[J].空气动力学学报,2011,29(4):508 - 511.

[9] 王晓娜,耿兴国,臧渡洋.一维周期与准周期排列沟槽结构的流体减阻特性研究[J].物理学报,2013,62(5):254 - 261.

[10] 王晋军,蔡泽明,刘铁中,等.Gurney 襟翼增升技术在三翼面布局飞机模型上应用的实验研究[J].实验流体力学,2006,20(2):30 - 35.

[11] 王晋军,李亚臣.Gurney 襟翼对双三角翼气动特性影响的低速风洞实验研究[J].空气动力学学报,2007,25(2):216 - 219.

[12] 郝礼书,乔志德,宋文萍,等.Gurney 襟翼对翼型气动特性影响的风洞实验研究[J].飞行力学,2011,29(4):53 - 55.

[13] 张勇刚,崔钊,韩东,等.加装格尼襟翼旋翼的直升机飞行性能[J].航空学报,2016,37(7):2208 - 2217.

[14] 罗振兵,夏智勋.合成射流技术及其在流动控制中应用的进展[J].力学进展,2005,35(2):221 - 234.

[15] 王晋军,冯立好,徐超军.合成射流控制圆柱分离及绕流结构的实验研究[J].中国科学(E 辑:技术科学),2007,37(7):944 - 951.

[16] 史志伟,张海涛.合成射流控制翼型分离的流动显示与 PIV 测量[J].实验流体力学,2008,22(3):49 - 53.

[17] 左伟,顾蕴松,程克明,等.斜出口合成射流控制机翼分离流实验研究[J].实验流体力学,2014,28(6):45 - 50.

[18] 刘小波,张伟伟,蒋跃文,等.尾缘合成射流影响翼型非定常气动特性的数值研究[J].空气动力学学报,2012,30(5):606 - 612.

[19] 贾敏,梁华,宋慧敏,等.纳秒脉冲等离子体合成射流的气动激励特性[J].高电压技术,

2011,37(6):1493 - 1498.

[20] 王艳平,郭昊,刘沛清,等.高频吹气扰动影响近壁区拟序结构统计特性的实验研究
[J].力学学报,2015,47(4):571 - 579.

[21] 刘沛清,马利川,屈秋林,等.低雷诺数下翼型层流分离泡及吹吸气控制数值研究[J].
空气动力学学报,2013,31(4):518 - 524.

[22] 刘杰,刘沛清,曹硕.非共面近距耦合鸭式布局鸭翼展向脉冲吹气增升特性[J].实验流
体力学,2011,25(4):37 - 41.

[23] 汤冰,朱旻明,刘明侯,等.声激励对圆射流流场结构控制的大涡模拟[J].中国科学技
术大学学报,2015,45(2):159 - 167.

[24] 侯跃龙,卢奇正,王开春,等.声激励增升机理研究[J].流体力学实验与测量,1998,12
(4):9 - 15.

[25] HYUN K T,CHUN C H. The wake flow control behind a circular cylinder using ion
wind[J]. Exp Fluids,2003,35(6):541 - 552.

[26] MAGNIER P,HONG D P,LEROY-CHESNEAU A,et al. Control of separated flows
with the ionic wind generated by a DC corona discharge[J]. Exp Fluids,2007,42(5):
815 - 825.

[27] COLAS D F,FERRET A,PAI D Z,et al. Ionic wind generation by a wire-cylinder-plate
corona discharge in air at atmospheric pressure[J]. 2010,108(10):103306.

[28] 李应红,梁华,马清源,等.脉冲等离子体气动激励抑制翼型吸力面流动分离的实验
[J].航空学报,2008,29(6):1429 - 1435.

[29] WU Y,LI Y H,JIA M,et al. Experimental investigation into characteristics of plasma
aerodynamic actuation generated by dielectric barrier discharge[J]. Chin J Aeronaut,
2010,23(1):39 - 45.

[30] 李钢,李轶明,徐燕骥,等.介质阻挡放电等离子体对近壁区流场的控制的实验研究
[J].物理学报,2009,58(6):4026 - 4033.

[31] 赵光银,李应红,梁华,等.纳秒脉冲表面介质阻挡等离子体激励唯象学仿真[J].物理
学报,2015,64(1):174 - 184.

[32] 李汉明,李钢,李英骏,等.绝缘阻挡放电等离子体发光光谱的特性[J].物理学报,
2008,57(2):969 - 974.

[33] 安治永,李应红,吴云,等.对称等离子体激励器系统电场仿真研究[J].物理学报,
2007,56(8):4778 - 4784.

[34] 韩孟虎,李军,梁华,等.不同布局等离子体激励器的纳秒脉冲放电特性与流动控制效
果[J].高电压技术,2015,41(6):2060 - 2065.

[35] 王林,夏智勋,罗振兵,等.两电极等离子体合成射流激励器工作特性研究[J].物理学
报,2014,63(19):227 - 238.

[36] 王林,罗振兵,夏智勋,等.等离子体合成射流能量效率及工作特性研究[J].物理学报,
2013,62(12):400 - 409.

[37] 刘汝兵,牛中国,王萌萌,等.等离子体射流控制机翼气动力矩的实验研究[J].工程力

学,2016,33(3):232－238.

[38] 王健,李应红,程邦勤,等. 等离子体气动激励控制激波的机理研究[J]. 物理学报,2009,58(8):5513－5519.

[39] 程钰锋,聂万胜. 电弧放电等离子体诱导激波的计算[J]. 计算物理,2012,29(2):213－220.

[41] ENLOE C L,MCLAUGHLIN T E,FONT G I,et al. Parameterization of temporal structure in the single-dielectric-barrier aerodynamic plasma actuator[J]. AIAA J,2006,44(6):1127－1136.

[42] ROTH J R,SHERMAN D M,WILKINSON S P. Electrohydrodynamic flow control with a glow-discharge surface plasma[J]. AIAA J,2000,38:1166－1172.

[43] PATEL M P,NG T T,VASUDEVAN S,et al. Plasma actuators for hingeless aerodynamic control of an unmanned air vehicle[J]. J Aircr,2007,44(4):1264－1274.

[44] JORNS B,CHOUEIRI E. A plasma propulsion ConceptBased on direct ion acceleration with beating electrostatic waves[C]//46th AIAA/ASME/SAE/ASEE Joint Propulsion Conference & Exhibit. Nashville:AIAA,2010:AIAA2010－7107.

[45] AHOLT J,FINAISH F. Active flow control strategy of laminar separation bubbles developed over subsonic airfoils at low Reynolds numbers[C]//49th AIAA Aerospace Sciences Meeting including the New Horizons Forum and Aerospace Exposition. Orlando:AIAA,2011:AIAA2011－733.

[46] LOPERA J,NG T,PATEL M,et al. Aerodynamic control of 1303 UAV using windward surface plasma actuators on a separation ramp[C]//45th AIAA Aerospace Sciences Meeting and Exhibit. Reno:AIAA,2007:AIAA2007－636.

[47] LITTLE J,NISHIHARA M,ADAMOVICH I,et al. High-lift airfoil trailing edge separation control using a single dielectric barrier discharge plasma actuator[J]. Exp Fluids,2010,48(3):521－537.

[48] ROTH J,SHERMAN D,WILKINSON S. Boundary layer flow control with a one atmosphere uniform glow discharge surface plasma[C]//36th AIAA Aerospace Sciences Meeting and Exhibit. Reno:AIAA,1998:AIAA1998－328.

[49] CORKE T C,POST M L,ORLOV D M. SDBD plasma enhanced aerodynamics：concepts,optimization and applications[J]. Prog Aerosp Sci,2007,43(7/8):193－217.

[50] PATEL M P,NG T T,VASUDEVAN S,et al. Plasma actuators for hingeless aerodynamic control of an unmanned air vehicle[J]. J Aircr,2007,44(4):1264－1274.

[51] CORKE T C,POST M L,ORLOV D M. Single dielectric barrier discharge plasma enhanced aerodynamics：physics,modeling and applications[J]. Exp Fluids,2009,46(1):1－26.

[52] THOMAS F O,CORKE T C,IQBAL M,et al. Optimization of dielectric barrier discharge plasma actuators for active aerodynamic flow control[J]. AIAA J,2009,47(9):2169－2178.

[53] HE C,CORKE T C,PATEL M P. Plasma flaps and slats：an application of weakly

ionized plasma actuators[J]. J Aircr,2009,46(3):864 – 873.

[54] POST M L. Plasma actuators for separation control on stationary and oscillating airfoils[D]. Notre Dame:University of Notre Dame,2004.

[55] CORKE T C,ENLOE C L,WILKINSON S P. Dielectric barrier discharge plasma actuators for flow control[J]. Annu Rev Fluid Mech,2010,42:505 – 529.

[56] LEONOV S,FALEMPIN F,YARANTSEV D,et al. Active steering of shock waves in compression ramp by nonuniform plasma[C]//48th AIAA Aerospace Sciences Meeting Including the New Horizons Forum and Aerospace Exposition. Orlando: AIAA,2010:AIAA2010 – 260.

[57] ROUPASSOV D V,NIKIPELOV A A,NUDNOVA M M,et al. Flow separation control by plasma actuator with nanosecond pulsed-periodic discharge[J]. AIAA J, 2009,47(1):168 – 185.

[58] ERFANI R,ZARE-BEHTASH H,HALE C,et al. Development of DBD plasma actuators:the double encapsulated electrode[J]. Acta Astronaut,2015,109:132 – 143.

[59] ERFANI R, ERFANI T, UTYUZHNIKOV S V, et al. Optimisation of multiple encapsulated electrode plasma actuator[J]. Aerosp Sci Technol,2013,26(1):120 – 127.

[60] LABERGUE A,LEGER L,MOREAU E,et al. Effect of a plasma actuator on an airflow along an inclined wall:P. I. V. and wall pressure measurements[J]. J Electrost, 2005,63(6/7/8/9/10):961 – 967.

[61] GRUNDMANN S,TROPEA C. Experimental transition delay using glow-discharge plasma actuators[J]. Exp Fluids,2007,42(4):653 – 657.

[62] CORREALE G,POPOV I,RAKITIN A,et al. Flow separation control on airfoil with pulsed nanosecond discharge actuator[C]//49th AIAA Aerospace Sciences Meeting including the New Horizons Forum and Aerospace Exposition. Orlando:AIAA,2011: AIAA2011 – 1079.

[63] 李应红. 航空等离子体动力学与技术的发展[J]. 航空工程进展,2011,2(2):127 – 132.

[64] 李应红,吴云,梁华,等. 提高抑制流动分离能力的等离子体冲击流动控制原理[J]. 科学通报,2010,55(31):3063 – 3071.

[65] LI Y H,WANG J,WANG C,et al. Properties of surface arc discharge in a supersonic airflow[J]. Plasma Sources Sci Technol,2010,19(2):025016.

[66] LI Y H,WU Y,ZHOU M,et al. Control of the corner separation in a compressor cascade by steady and unsteady plasma aerodynamic actuation[J]. Exp Fluids,2010, 48(6):1015 – 1023.

[67] LI Y H,WU Y,JIA M,et al. Optical emission spectroscopy investigation of a surface dielectric barrier discharge plasma aerodynamic actuator[J]. Chin Phys Lett,2008, 25(11):4068 – 4071.

[68] WU Y,LI Y H,JIA M,et al. Influence of operating pressure on surface dielectric barrier discharge plasma aerodynamic actuation characteristics[J]. Appl Phys Lett,2008,

93(3):031503.

[69] 吴云,李应红.等离子体流动控制与点火助燃研究进展[J].高电压技术,2014,40(7):2024-2038.

[70] 吴云,李应红,朱俊强,等.等离子体气动激励扩大低速轴流式压气机稳定性的实验[J].航空动力学报,2007,22(12):2025-2030.

[71] 吴云,李应红,朱俊强,等.等离子体气动激励抑制压气机叶栅角区流动分离的仿真与实验[J].航空动力学报,2009,24(4):830-835.

[72] 梁华,李应红,贾敏,等.等离子体气动激励的能量转化过程分析[J].高电压技术,2010,36(12):3054-3058.

[73] 梁华,吴云,李军,等.等离子体气动激励改善增升装置气动性能的试验[J].航空学报,2016,37(8):2603-2613.

[74] 梁华,李应红,程邦勤,等.等离子体气动激励抑制翼型失速分离的仿真研究[J].航空动力学报,2008,23(5):777-783.

[75] 魏彪,梁华,韩孟虎,等.等离子体气动激励抑制机翼失速分离的实验[J].航空动力学报,2015,30(8):1862-1868.

[76] 化为卓,李应红,牛中国,等.低速三角翼纳秒脉冲等离子体激励实验[J].航空动力学报,2014,29(10):2331-2339.

[77] 宋慧敏,张明莲,贾敏,等.对称布局等离子体气动激励器的放电特性与加速效应[J].高电压技术,2011,37(6):1465-1470.

[78] 李益文,李应红,张百灵,等.锯齿等离子体气动激励器放电特性与加速效应[J].高电压技术,2008,34(1):83-86.

[79] 韩孟虎,李军,梁华,等.不同布局等离子体激励器的纳秒脉冲放电特性与流动控制效果[J].高电压技术,2015,41(6):2060-2065.

[80] 吴云,李应红.等离子体流动控制研究进展与展望[J].航空学报,2015,36(2):381-405.

[81] 李应红,吴云.等离子体激励调控流动与燃烧的研究进展与展望[J].中国科学:技术科学,2020,50(10):1252-1273.

[82] 杨瑞,罗振兵,夏智勋,等.高超声速导弹等离子体合成射流控制数值研究[J].航空学报,2016,37(6):1722-1732.

[83] 张宇,罗振兵,王澈,等.两电极等离子体高能合成射流流场及其冲量实验研究[J].实验流体力学,2014,28(6):39-44.

[84] 周岩,刘冰,王林,等.两电极等离子体合成射流性能及出口构型影响仿真研究[J].空气动力学学报,2015,33(6):799-805.

[85] 张鑫,黄勇,黄宗波,等."高压放电"对空气作用的试验研究[J].实验流体力学,2011,25(1):88-91.

[86] 王万波,黄勇,黄宗波,等.介质阻挡放电等离子体对 NACA0015 翼型流动控制的 PIV 实验研究[J].实验流体力学,2012,26(2):1-5.

[87] 王勋年,王万波,黄勇.介质阻挡放电等离子体对翼型流动分离控制的实验研究[J].实验流体力学,2012,26(2):1-5.

[88] 张鑫,黄勇,沈志洪,等.高风速下介质阻挡放电等离子体气动激励抑制翼-身组合体失速分离的试验研究[J].实验流体力学,2012,26(3):17-20.

[89] 冯立好,王晋军,Choi Kwing-So.等离子体环量控制翼型增升的实验研究[J].力学学报,2013,45(6):815-821.

[90] FENG L H,JUKES T N,CHOI K S,et al. Flow control over a NACA 0012 airfoil using dielectric-barrier-discharge plasma actuator with a Gurney flap[J]. Exp Fluids,2012,52(6):1533-1546.

[91] ZHANG P F,YAN B,LIU A B,et al. Numerical simulation on plasma circulation control airfoil[J]. AIAA J,2010,48(10):2213-2226.

[92] WANG J J,CHOI K S,FENG L H,et al. Recent developments in DBD plasma flow control[J]. Prog Aerosp Sci,2013,62:52-78.

[93] 车学科,聂万胜,田希晖,等.SDBD 等离子体中正、负离子的动量传递效率[J].高电压技术,2014,40(4):1222-1228.

[94] 陈庆亚,田希晖,姜家文,等.螺旋桨等离子体流动控制的增效实验[J].航空动力学报,2016,31(5):1205-1211.

[95] 车学科,聂万胜,侯志勇,等.地面试验模拟高空等离子体流动控制效果[J].航空学报,2015,36(2):441-448.

[96] 聂万胜,程钰锋,车学科.介质阻挡放电等离子体流动控制研究进展[J].力学进展,2012,42(6):722-734.

[97] 孟宣市,郭志鑫,罗时钧,等.细长圆锥前体非对称涡流场的等离子体控制[J].航空学报,2010,31(3):500-505.

[98] 孟宣市,李华星,唐花蕊,等.不同迎角下前体涡流动的等离子体控制特性[J].西北工业大学学报,2012,30(3):402-406.

[99] 孟宣市,王健磊,蔡晋生,等.不同形式等离子体激励对细长体分离涡的控制[J].空气动力学学报,2013,31(5):647-651.

[100] 王健磊,孟宣市,李华星,等.等离子体控制下前体分离涡的研究[J].空气动力学报,2015,33(6):740-746.

[101] MENG X S,CAI J S,TIAN Y Q. Experimental study of deicing and anti-icing on a cylinder by DBD plasma actuation[C]//47th AIAA Plasmadynamics and Lasers Conference,Washington,D. C:AIAA,2016:1-14.

[102] 王斌,李华星.等离子体对流动湍动能的控制[J].航空学报,2015,36(12):3809-3821.

[103] 王健磊,李华星,孟宣市,等.大迎角分离流场在等离子体控制下的特性研究[J].实验流体力学,2010,24(2):34-38.

[104] 史志伟,范本根.不同结构等离子体激励器的流场特性实验研究[J].航空学报,2011,32(9):1583-1589.

[105] 杜海,史志伟,耿玺,等.等离子体激励器对微型飞行器横航向气动力矩控制的实验研究[J].航空学报,2012,33(10):1781-1790.

[106] 何伟,牛中国,潘波,等.等离子抑制翼尖涡实验研究[J].工程力学,2013,30(5):277-281.

[107] 李钢,徐燕骥,林彬,等.利用介质阻挡放电等离子体控制压气机叶栅端壁二次流[J].中国科学(E辑:技术科学),2009,39(11):1843-1849.

[108] 李钢,黄卫兵,朱俊强,等.平板附面层等离子体流动控制的数值模拟[J].航空动力学报,2007,22(12):2073-2077.

[109] MABE J H,CALKINS F T,WESLEY B,et al. Single dielectric barrier discharge plasma actuators for improved airfoil performance[J]. J Aircr,2009,46(3):847-855.

[110] 朱益飞,吴云,崔巍,等.大气压空气纳秒脉冲等离子体气动激励特性数值模拟与实验验证[J].航空学报,2013,34(9):2081-2091.

[111] RETHMEL C,LITTLE J,TAKASHIMA K,et al. Flow separation control over an airfoil with nanosecond pulse driven DBD plasma actuators[C]//49th AIAA Aerospace Sciences Meeting including the New Horizons Forum and Aerospace Exposition. Orlando:AIAA,2011:AIAA2011-487.

[112] NIKIPELOV A,RAKITIN A,POPOV I,et al. Plasmatrons powered by pulsed high-voltage nanosecond discharge for ultra-lean flames stabilization[C]//49th AIAA Aerospace Sciences Meeting including the New Horizons Forum and Aerospace Exposition. Orlando:AIAA,2011:AIAA2011-1214.

[113] BENARD N,BONNET J P,TOUCHARD G,et al. Flow control by dielectric barrier discharge actuators:Jet mixing enhancement[J]. AIAA J,2008,46(9):2293-2305.

[114] 赵光银,梁华,李应红,等.纳秒脉冲等离子体激励控制小后掠三角翼低速绕流试验[J].航空学报,2015,36(7):2125-2132.

[115] 田学敏,田希晖,车学科,等.不同气压下纳秒脉冲的放电特性[J].高电压技术,2016,42(3):813-820.

[116] 倪芳原,史志伟,杜海.纳秒脉冲等离子体激励器用于圆柱高速流动控制的数值模拟[J].航空学报,2014,35(3):657-665.

[117] 徐双艳,李江,蔡晋生,等.二维对称结构纳秒脉冲介质阻挡放电数值模拟[J].高电压技术,2015,41(6):2100-2107.

[118] 姜慧,邵涛,车学科,等.纳秒脉冲表面放电等离子体影响因素的实验研究[J].高电压技术,2012,38(7):1704-1710.

[119] FORTE M,JOLIBOIS J,PONS J,et al. Optimization of a dielectric barrier discharge actuator by stationary and non-stationary measurements of the induced flow velocity:Application to airflow control[J]. Exp Fluids,2007,43(6):917-928.

[120] BENARD N,MOREAU E. Role of the electric waveform supplying a dielectric barrier discharge plasma actuator[J]. 2012,100(19):193503.

[121] ENLOE C L,MCLAUGHLIN T E,VANDYKEN R D,et al. Mechanisms and responses of a single dielectric barrier plasma actuator:plasma morphology[J]. AIAA J,2004,42(3):589-594.

[122] KRIEGSEIS J,GRUNDMANN S,TROPEA C. Power consumption,discharge capacitance and light emission as measures for thrust production of dielectric barrier

discharge plasma actuators[J]. 2011,110(1):013305.

[123] 车学科,聂万胜,何浩波. 正弦激励的大气压空气放电过程和作用机制[J]. 高压电器, 2010,46(8):80-84.

[124] 吴云,李应红,苏长兵,等. 等离子体气动激励系统的谐振特性实验研究[J]. 高电压技术,2008,34(1):87-90.

[125] 苏长兵,李应红,安治永,等. 等离子体气动激励系统电特性的实验研究[J]. 高压电器,2009,45(1):68-71.

[126] PONS J,MOREAU E,TOUCHARD G. (2004) Electrical and aerodynamic characteristics of atmospheric pressure barrier discharges in ambient air [C] // Floride: ISNTPT2004,2004:307-310.

[127] LAURENTIE J C,JOLIBOIS J,MOREAU E. Surface dielectric barrier discharge: effect of encapsulation of the grounded electrode on the electromechanical characteristics of the plasma actuator[J]. J Electrost,2009,67(2/3):93-98.

[128] ASHPIS D,LAUN M,GRIEBELER E. Progress toward accurate measurements of power consumption of DBD plasma actuators[C]//50th AIAA Aerospace Sciences Meeting including the New Horizons Forum and Aerospace Exposition. Nashville: AIAA,2012:AIAA2012-823.

[129] FORTE M,JOLIBOIS J,PONS J,et al. Optimization of a dielectric barrier discharge actuator by stationary and non-stationary measurements of the induced flow velocity: application to airflow control[J]. Exp Fluids,2007,43(6):917-928.

[130] PONS J,MOREAU E,TOUCHARD G. Asymmetric surface dielectric barrier discharge in air at atmospheric pressure:electrical properties and induced airflow characteristics[J]. J Phys D:Appl Phys,2005,38(19):3635-3642.

[131] DONG B,BAUCHIRE J M,POUVESLE J M,et al. Experimental study of a DBD surface discharge for the active control of subsonic airflow[J]. J Phys D:Appl Phys, 2008,41(15):155201.

[132] ROTH J R,DAI X,RAHEL J,et al. The physics and phenomenology of paraelectric one atmosphere uniform glow discharge plasma (OAUGDP) actuators for aerodynamic flow control[C]//43rd AIAA Aerospace Sciences Meeting and Exhibit. Reno: AIAA,2005:AIAA2005-781.

[133] MASUDA S,WASHIZU M. Ionic charging of a very high resistivity spherical particle [J]. J Electrost,1979,6(1):57-67.

[134] JOHNSON G,SCOTT S. Plasma-aerodynamic boundary layer interaction studies [C]//32nd AIAA Plasmadynamics and Lasers Conference. Anaheim:AIAA,2001: AIAA2001-3052.

[135] WILKINSON S P. Investigation of oscillating surface plasma for turbulent drag reduction[C]//Reno:41st aerospace sciences meeting and exhibit,2003:1-19.

[136] POST M,CORKE T. Separation control on high angle of attack airfoil using plasma

actuators［C］//41st Aerospace Sciences Meeting and Exhibit. Reno：AIAA，2003：AIAA2003 - 1024.

［137］POST M L，CORKE T C. Separation control using plasma actuators：dynamic stall vortex control on oscillating airfoil［J］. AIAA J，2006，44(12)：3125 - 3135.

［138］ROTH J R，MADHAN R C M，YADAV M，et al. Flow field measurements of para-electric，peristaltic，and combined plasma actuators based on the one atmosphere uniform glow discharge plasma（OAUGDP）［C］//42nd AIAA Aerospace Sciences Meeting and Exhibit. Reno：AIAA，2004：AIAA2004 - 845.

［139］JUKES T，CHOI K S，JOHNSON G，et al. Turbulent boundary-layer control for drag reduction using surface plasma［C］//2nd AIAA Flow Control Conference. Portland：AIAA，2004：AIAA2004 - 2216.

［140］JOLIBOIS J，MOREAU E. Enhancement of the electromechanical performances of a single dielectric barrier discharge actuator［J］. IEEE Trans Dielectr Electr Insul，2009，16(3)：758 - 767.

［141］ROTH J R，DAI X. Optimization of the aerodynamic plasma actuator as an electro-hydrodynamic（EHD）electrical device［C］//44th AIAA Aerospace Sciences Meeting and Exhibit. Reno：AIAA，2006：AIAA2006 - 1203.

［142］VAN DYKEN R，MCLAUGHLIN T，ENLOE C. Parametric investigations of a single dielectric barrier plasma actuator［C］//42nd AIAA Aerospace Sciences Meeting and Exhibit. Reno：AIAA，2004：AIAA2004 - 846.

［143］HOSKINSON A R，HERSHKOWITZ N，ASHPIS D E. Force measurements of single and double barrier DBD plasma actuators in quiescent air［J］. J Phys D：Appl Phys，2008，41(24)：245209.

［144］CORKE T，POST M. Overview of plasma flow control：Concepts，optimization，and applications［C］//43rd AIAA Aerospace Sciences Meeting and Exhibit. Reno：AIAA，2005：AIAA2005 - 563.

［145］ORLOV D，CORKE T，PATEL M. Electric circuit model for aerodynamic plasma actuator［C］//44th AIAA Aerospace Sciences Meeting and Exhibit. Reno：AIAA，2006：AIAA2006 - 1206.

［146］ABE T，TAKIZAWA Y，SATO S，et al. A parametric experimental study for momentum transfer by plasma actuator［C］//45th AIAA Aerospace Sciences Meeting and Exhibit. Reno：AIAA，2007：AIAA2007 - 187.

［147］赵小虎，李应红，吴云，等. 等离子体气动激励的加速特性研究［J］. 空气动力学学报，2010，28(2)：168 - 173.

［148］梁华，李应红，吴云，等. 等离子体气动激励的数值仿真［J］. 高电压技术，2009，35(5)：1071 - 1076.

［149］LI Y W，LI Y H，ZHOU Z W，et al. Experimental investigation on induced flow velocity of plasma aerodynamic actuation［J］. Trans Nanjing Univ Aeronaut Astronaut，

2009,26(1):23-28.

[150] 李益文,李应红,吴云,等.等离子体气动激励器布局对放电特性与加速效果的影响[J].核聚变与等离子体物理,2008,28(2):172-176.

[151] 章雄伟,宋慧敏,吴云,等.等离子体气动激励器布局对加速效应影响的实验研究[J].高压电器,2010,46(2):31-34.

[152] 宋慧敏,李应红,苏长兵,等.激励参数对等离子体 EHD 加速效应影响的试验研究[J].高压电器,2006,42(6):435-437.

[153] 张攀峰,刘爱兵,王晋军.基于唯象模型的等离子激励诱导流场数值模拟[J].北京航空航天大学学报,2010,36(1):52-56.

[154] ZHANG P F, LIU A B, WANG J J. Flow structures in flat plate boundary layer induced by pulsed plasma actuator[J]. Sci China Technol Sci,2010,53(10):2772-2782.

[155] 周小旭,钟诚文,李凯,等.等离子体 EHD 顺电加速效应影响因素实验研究[J].实验力学,2010,25(3):286-292.

[156] 郝江南,蔡晋生,李尹喆.多级双极性等离子体激励器加速气流的实验研究[J].中国科学:物理学 力学 天文学,2012,42(5):538-546.

[157] 郝江南,蔡晋生,李文丰.双极性等离子体激励器流动控制特性研究[J].实验流体力学,2012,26(6):11-14.

[158] 李钢,聂超群,朱俊强,等.介质阻挡放电等离子体流动控制实验研究[J].工程热物理学报,2008,29(7):1117-1120.

[159] 李钢,李汉明,穆克进,等.交错电极介质阻挡放电等离子体弦向特性的研究[J].光谱学与光谱分析,2008,28(10):2209-2213.

[160] MOREAU E, SOSA R, ARTANA G. Electric wind produced by surface plasma actuators:a new dielectric barrier discharge based on a three-electrode geometry[J]. J Phys D:Appl Phys,2008,41(11):115204.

[161] MOREAU E, LOUSTE C, TOUCHARD G. Electric wind induced by sliding discharge in air at atmospheric pressure[J]. J Electrost,2008,66(1/2):107-114.

[162] FORTE M,LEGER L,PONS J,et al. Plasma actuators for airflow control:measurement of the non-stationary induced flow velocity[J]. J Electrost,2005,63(6/7/8/9/10):929-936.

[163] DEBIEN A,BENARD N,MOREAU E. Streamer inhibition for improving force and electric wind produced by DBD actuators[J]. J Phys D: Appl Phys,2012,45(21):215201.

[164] PORTER C,BAUGHN J,MCLAUGHLIN T,et al. Temporal force measurements on an aerodynamic plasma actuator[C]//44th AIAA Aerospace Sciences Meeting and Exhibit. Reno:AIAA,2006:AIAA2006-104.

[165] ABE T,TAKIZAWA Y,SATO S,et al. Experimental study for momentum transfer in a dielectric barrier discharge plasma actuator[J]. AIAA J,2008,46(9):2248-2256.

[166] GREIG A,BIRZER C H,ARJOMANDI M. Atmospheric plasma thruster:theory

and concept[J]. AIAA J,2013,51(2):362 - 371.

[167] EMANUEL M D,BRISTOW D A,ROVEY J L. Force sensing of an asymmetric dielectric barrier discharge using mechanical resonators[D]. Missouri:Missouri University of Science and Technology,2012.

[168] FERRY J W,ROVEY J L. Thrust measurement of dielectric barrier discharge plasma actuators and power requirements for aerodynamic control[D]. Missouri:Missouri University of Science and Technology,2010.

[169] ALBRECHT T,WEIER T,GERBETH G,et al. A method to estimate the planar, instantaneous body force distribution from velocity field measurements[J]. 2011, 23(2):021702.

[170] NEUMANN M,FRIEDRICH C,CZARSKE J. Spatio-temporal velocity,acceleration and force measurements of a dielectric barrier discharge plasma actuator[C]//Lisbon:16th Int Symp on Applications of Laser Techniques to Fluid Mechanics,2012:1 - 10.

[171] BAUGHN J,PORTER C,PETERSON B,et al. Momentum transfer for an aerodynamic plasma actuator with an imposed boundary layer[C]//44th AIAA Aerospace Sciences Meeting and Exhibit. Reno:AIAA,2006:AIAA2006 - 168.

[172] ORLOV D M. Modelling and Simulation of single dielectric barrier discharge plasma actua-tors[D]. Notre Dame:University of Notre Dame,2006.

[173] OPAITS D,NERETTI G,ZAIDI S,et al. DBD plasma actuators driven by a combination of low frequency bias voltage and nanosecond pulses[C]//46th AIAA Aerospace Sci-ences Meeting and Exhibit. Reno:AIAA,2008:AIAA2008 - 1372.

[174] ZHAO P F,ROY S. Study of spectrum analysis and signal biasing for dielectric barrier discharge actuator[C]//50th AIAA Aerospace Sciences Meeting including the New Horizons Forum and Aerospace Exposition. Nashville:AIAA,2012: AIAA2012 - 408.

[175] KOTSONIS M,GHAEMI S,VELDHUIS L,et al. Measurement of the body force field of plasma actuators[J]. J Phys D:Appl Phys,2011,44(4):045204.

[176] ROGIER H. On transition delay with plasma actuators PIV diagnostics,reduced order modeling and adaptive control[D]. Delft:Delft University of Technology,2011.

[177] 李益文,李应红,周章文,等. 等离子体气动激励体积力的实验研究[J]. 实验流体力学,2009,23(2):82 - 86.

[178] 赵小虎,李应红,李益文,等.介质阻挡放电等离子体气动激励的动量特性[J].航空动力学报,2010,25(8):1791 - 1798.

[179] 李钢,聂超群,李汉明,等.介质阻挡放电等离子体力学特性研究[J].科技导报,2008, 26(5):51 - 55.

[180] 郑博睿,高超,李一滨,等.脉冲周期介质阻挡放电作用的 PIV 实验研究[J].实验流体力学,2011,25(5):1 - 5.

[181] 王玉帅,高超,郑博睿,等.PIV 测定介质阻挡放电等离子体诱导的体积力[J].实验流

体力学,2013,27(4):45 - 49.

[182] 田希晖,周朋辉,聂万胜,等.表面介质阻挡放电等离子体体积力实验[J].航空动力学报,2014,29(6):1426 - 1433.

[183] 潘波,沈锦明,林麒.等离子体激励器流场测量及诱导推力实验[J].推进技术,2011,32(1):146 - 151.

[184] WHALLEY R,CHOI K S. Starting, traveling and colliding vortices:dielectric-barrier discharge plasma actuator in quiescent air[J]. Physics of Fluids,2010,22:091105.

[184] WHALLEY R,CHOI K S. Starting, traveling, and colliding vortices:Dielectric-barrier-discharge plasma in quiescent air[J]. 2010,22(9):091105.

[185] WHALLEY R D,CHOI K S. The starting vortex in quiescent air induced by dielectric-barrier-discharge plasma[J]. J Fluid Mech,2012,703:192 - 203.

[186] MERTZ B E,CORKE T C. Single-dielectric barrier discharge plasma actuator modelling and validation[J]. J Fluid Mech,2011,669:557 - 583.

[187] 程钰锋,聂万胜,车学科,等.不同压力下介质阻挡放电等离子体诱导流场演化的实验研究[J].物理学报,2013,62(10):295 - 302.

[188] 张屹,李伟鹏,王福新,等.大气压下介质阻挡放电等离子体诱导起始涡的实验研究[J].上海交通大学学报,2014,48(8):1097 - 1102.

[189] 梁华,李应红,宋慧敏,等.等离子体气动激励诱导空气流动的 PIV 研究[J].实验流体力学,2011,25(4):22 - 25.

[190] 车学科,聂万胜,周朋辉,等.亚微秒脉冲表面介质阻挡放电等离子体诱导连续漩涡的研究[J].物理学报,2013,62(22):283 - 292.

[191] CAI J S,TIAN Y Q,MENG X S,et al. An experimental study of icing control using DBD plasma actuator[J]. Exp Fluids,2017,58(8):102.

[192] MENG X S,HU H Y,LI C,et al. Mechanism study of coupled aerodynamic and thermal effects using plasma actuation for anti-icing[J]. 2019,31(3):037103.

[193] TIRUMALA R,BENARD N,MOREAU E,et al. Temperature characterization of dielectric barrier discharge actuators:Influence of electrical and geometric parameters[J]. J Phys D:Appl Phys,2014,47(25):255203.

[194] ERFANI R,ZARE-BEHTASH H,KONTIS K. Plasma actuator:Influence of dielectric surface temperature[J]. Exp Therm Fluid Sci,2012,42:258 - 264.

[195] KOMURO A,OGURA N,ITO M,et al. Visualization of density variations produced by alternating-current dielectric-barrier-discharge plasma actuators using the background-oriented schlieren method[J]. Plasma Sources Sci Technol,2019,28(5):055002.

[196] BAIRD C,ENLOE C,MCLAUGHLIN T,et al. Acoustic Testing of the dielectric barrier discharge (DBD) plasma actuator[C]//43rd AIAA Aerospace Sciences Meeting and Exhibit. Reno:AIAA,2005:AIAA2005 - 565.

[197] LACHMANN G V. Boundary layer and flow control[R]. Oxford:Pergamon Press,1961:1 - 8.

[198] TAYLOR H D. The elimination of diffuser separation by vortex generators[R]. Russia:United Aircraft Corporation Report,1947:1-3.

[199] H. VIETS,M. PIATT,M. BALL. Unsteady wing boundary layer energization[J]. AIAA Journal,1979:79-1631.

[200] GREENBLATT D,WYGNANSKI I J. The control of flow separation by periodic excitation[J]. Prog Aerosp Sci,2000,36(7):487-545.

[201] 明晓.钝体尾流的流动特性[J].空气动力学报,1988,1:1-4.

[202] CATTAFESTA L,TIAN Y,MITTAL R. Adaptive control of post-stall separated flow application to heavy vehicles[M]. Berlin:Springer Berlin Heidelberg,2008.

[203] CIURYLA M,LIU Y,FARNSWORTH J,et al. Flight control using synthetic jets on a cessna 182 model[J]. J Aircr,2007,44(2):642-653.

[204] JAMES R D,JACOBS J W,GLEZER A. A round turbulent jet produced by an oscillating diaphragm[J]. Phys Fluids,1996,8(9):2484-2495.

[205] CHEN Y,LIANG S,AUNG K,et al. Enhanced mixing in a simulated combustor using synthetic jet actuators[C]//37th Aerospace Sciences Meeting and Exhibit. Reno:AIAA,1999:AIAA1999-449.

[206] XIA H,QIN N. Detached-eddy simulation for synthetic jets with moving boundaries[J]. Mod Phys Lett B,2005,19(28/29):1429-1434.

[207] MALLINSON S G,REIZES J A,HILLIER R. The interaction between a compressible synthetic jet and a laminar hypersonic boundary layer[J]. Flow Turbul Combust, 2001,66(1):1-21.

[208] 顾蕴松,李斌斌,程克明.零质量射流激励器内外流动特性的 PIV 研究[J].实验流体力学,2008,22(4):19-22.

[209] 程永卓,李宇红,唐进.振荡射流提高翼型升力的机理研究[J].工程热物理学报, 2003,24(1):49-51.

[210] 罗振兵.合成射流/合成双射流机理及其在射流矢量控制和微泵中的应用研究[D].长沙:国防科技大学,2006.

[211] 郝礼书,乔志德.合成射流用于翼型分离流控制的研究[J].西北工业大学学报,2006, 24(4):528-530.

[212] 翁培奋,葛胱琳,丁珏.合成射流用于提高微型飞行器翼型气动特性的研究[J].上海大学学报(自然科学版),2009,15(6):560-565.

[213] POST M,GREENWADE S,YAN M,et al. Effects of an aerodynamic plasma actuator on a HSNLF airfoil[C]//45th AIAA Aerospace Sciences Meeting and Exhibit. Reno: AIAA,2007:AIAA2007-638.

[214] COONEY J. Feasibility of plasma actuators for active flow control over wind turbine blades[C]//47th AIAA Aerospace Sciences Meeting including The New Horizons Forum and Aerospace Exposition. Orlando:AIAA,2009:AIAA2009-218.

[215] NGUYEN HUU P,LUU S,GARCIA M,et al. Plasma-assisted high lift systems[C]//

27th AIAA Applied Aerodynamics Conference. San Antonio：AIAA，2009：AIAA2009 - 3943.

[216] FLEMING S. Airfoil separation control with plasma actuators[D]. Stillwater：Oklahoma State University,2008.

[217] KWAK D,NELSON R. Vortical flow control over delta wings with different sweep back angles using DBD plasma actuator[C]//5th Flow Control Conference. Chicago：AIAA,2010：AIAA2010 - 4837.

[218] NELSON R,CORKE T,HE C,et al. Modification of the flow structure over a UAV wing for roll control[C]//45th AIAA Aerospace Sciences Meeting and Exhibit. Reno：AIAA,2007：AIAA2007 - 884.

[219] 孟宣市,杨泽人,陈琦,等.低雷诺数下层流分离的等离子体控制[J].航空学报,2016,37(7):2112 - 2122.

[220] 黄勇,王万波,黄宗波,等.等离子体对翼型流动分离控制历程的 PIV 试验研究[J].实验流体力学,2011,25(6):23 - 27.

[221] CORREALE G,POPOV I,RAKITIN A,et al. Flow separation control on airfoil with pulsed nanosecond discharge actuator[C]//49th AIAA Aerospace Sciences Meeting including the New Horizons Forum and Aerospace Exposition. Orlando：AIAA,2011：AIAA2011 - 1079.

[222] KATO K,BREITSAMTER C,OBI S. Flow separation control over a Gö 387 airfoil by nanosecond pulse-periodic discharge[J]. Exp Fluids,2014,55(8):1795.

[223] 杜海,史志伟,程克明,等.纳秒脉冲等离子体分离流控制频率优化及涡运动过程分析[J].航空学报,2016,37(7):2102 - 2111.

[224] KELLEY C L,BOWLES P O,COONEY J,et al. Leading-edge separation control using alternating-current and nanosecond-pulse plasma actuators[J]. AIAA J,2014,52(9):1871 - 1884.

第2章
静止空气下激励器激励特性研究

　　总的来看,研究人员以提升激励器诱导射流速度为目标,从激励器几何参数、激励参数及布局形式三方面入手,开展了大量实验及数值计算。但从公开文献来看,单个激励器的诱导射流速度不超过 10 m/s。相比于来流能量来说,诱导射流向流场中注入的能量较小。实际上,过多地关注速度的量值及体积力的大小,会忽略一些重要的信息。一是等离子体诱导流场本身具有高度的非线性、动态特征,不能用简单的稳定射流进行描述;二是除了射流量值、体积力大小外,脉动速度的大小、壁面剪切层的拟序结构也是衡量激励器的扰动能力、评估激励器控制效果好坏的重要指标;三是相比于传统吹气激励器,等离子体激励器具有光学、电学、声学、热力学等多种物理特性,每种特性都会间接或直接对流动控制起作用。深入挖掘除诱导流场外的其他特性,也是一种提升控制效果的思路。

　　因此,为了进一步增强等离子体激励器在高风速或高雷诺数下的控制能力,应该将关注点从射流速度逐步转移到激励器产生的扰动上。如何打破以射流大小"论英雄"、以体积力强弱"论成败"的传统思维,转变研究思路,通过合理布局提高等离子体激励器在高风速或高雷诺数下控制能力,是下一步研究的重点。

　　本章主要分为三个部分。一是电学特征参数研究,从工程应用角度,研究激励器消耗功率与激励参数、几何参数之间的关系;二是激励器诱导流场研究,借助高速 PIV 技术,以诱导射流、启动涡及体积力为研究对象,开展激励器特性研究,分析诱导射流的湍流度、湍动能、涡量场、旋涡强度等物理量随时间、空间的变化过程,捕捉启动涡的运动轨迹,获得体积力分布随时间变化情况,对比时均流场与瞬时流场的区别,精细刻画近壁区拟序结构,深入挖掘激励器扰动能力,为提高激励器的控制能力积累技术基础;三是介绍团队在等离子体激励器声学特性方面的研究进展,为挖掘激励器其他特性的潜在能量、提升控制效果奠定基础。

2.1　实　验　系　统

2.1.1　激励器

　　如图 2-1 所示,本书采用非对称布局及对称布局两种方式开展实验。对于非对称布局激励器,上、下两层电极为铜箔,其厚度为 0.05 mm,宽度及长度视实验工况而定。绝缘介质为三层聚酰亚胺胶带,单层厚度为 0.05 mm。该介质的介电常数为 3.5,介电强度为 200 kV/mm。同样,对称布局激励器的上、下层电极为铜箔,绝缘介质为聚酰亚胺胶带。实验参数详见表 2-1。

坐标零点定义在暴露电极沿流向方向的中点位置。定义与 x 轴同向的暴露电极边缘为右侧,以下标 R 表示;与之相反的一侧为左侧,以下标 L 表示。

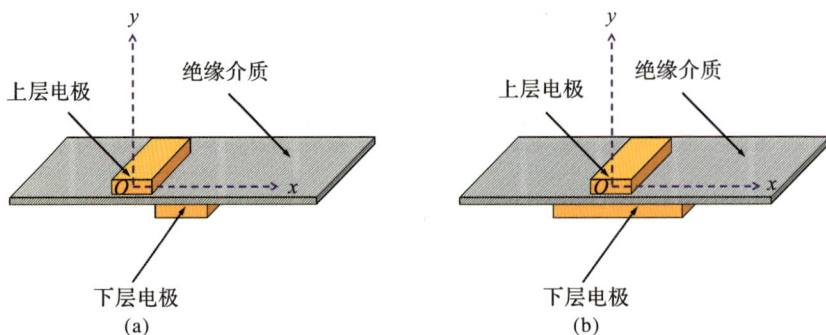

图 2-1 激励器布置示意图

(a)非对称布局激励器;(b)对称布局激励器

表 2-1 激励器几何参数表

布局形式	几何参数	非对称布局	对称布局
绝缘介质	材料	聚酰亚胺胶带	聚酰亚胺胶带
	厚度/mm	0.05	0.05
	层数	3	3
	介电常数	3.5	3.5
	介电强度/(kV·mm^{-1})	200	200
上层电极	材料	铜箔	铜箔
	厚度/mm	0.05	0.05
	宽度/mm	W_{e1}	W_{e2}
	长度/mm	L_{e1}	L_{e2}
下层电极	材料	铜箔	铜箔
	厚度/mm	0.05	0.05
	宽度/mm	W_{c1}	W_{c2}
	长度/mm	L_{c1}	L_{c2}

激励器采用由西安浩宁电子科技有限公司生产的多相位交流电源作为激励电源(见图 2-2)。该电源主要由 SPWM 正弦波调制器、多相位信号发生器、多相位信号功率放大器和升压变压器等部分组成。该电源输出的电压峰值范围为 0～20 kV,输出频率范围为 0.1～6 kHz。

图 2-2　激励电源

(a)电源控制面板;(b)内部主要设备

电源装置的控制电路如图 2-3 所示,主要包括信号发生及驱动脉冲电路、MOSFET 的驱动及保护电路、信号检测电路和电源电路等,其中信号发生及驱动脉冲电路包括多相位正弦波参考基准产生电路、三角波产生电路和 SPWM 脉冲形成电路。

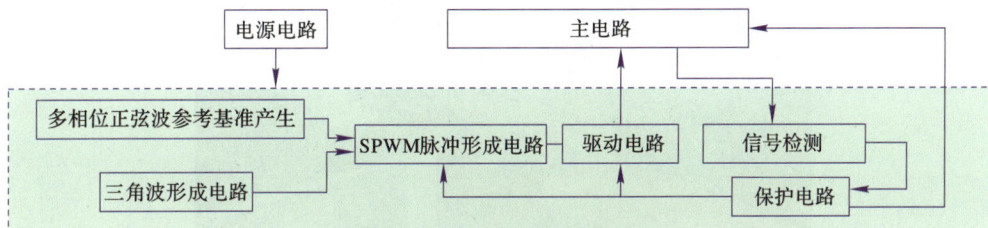

图 2-3　电源装置控制电路框图

2.1.2　电学测量系统

电学测量系统采用由泰克公司生产的 MOD4104C 示波器显示测量电压及电流波形,该示波器的带宽为 1 GHz,采样率为 5 GS/s,记录长度为 20 M;采用泰克 P6015A 高压探针测量电压,该探针的带宽为 75 MHz,最大测量电压为 20 kV,衰减比为 1 000,输入阻抗为 100 MΩ∥4 pF;采用泰克 TCP0030A 电流探针测量激励器电流。该电流探针的带宽为 120 MHz,最大测量电流为 30 A。图 2-4 给出了电学测量实验照片。

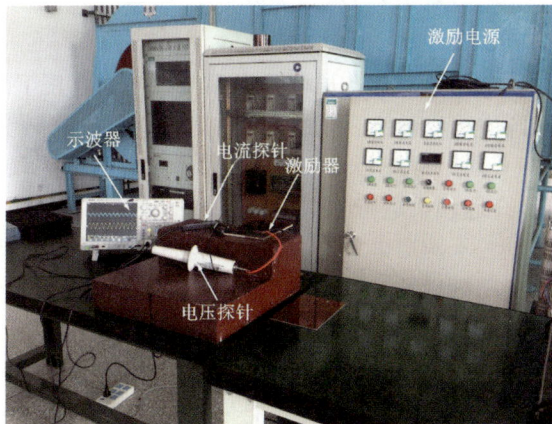

图 2-4　电学测量实验照片

2.1.3　PIV 测试系统

PIV 测试系统采用由德国 LaVision 公司研制的高速 PIV 系统开展激励器诱导流场研究,图 2-5 给出了实验照片。如图 2-5 所示,为了减少环境气流对测量结果的影响,将激励器放置在密封箱体内。箱体由有机玻璃制成,其长宽高为 800 mm×600 m×600 mm。CCD 相机布置在箱体侧面,分辨率为 1 024 pixels×1 024 pixels,采集频率 3 000 frame/s。激光器布置在箱体另一侧,激光片光与相机轴线垂直,相交于测量平面。采用德国生产的 LASINK 烟雾发生器开展实验。示踪粒子为 DEHS (Di-ethyl-hexyl-sebacate),粒子直径为 1 μm。实验前,将示踪粒子注入密封箱内,待粒子均匀后,开始测量。

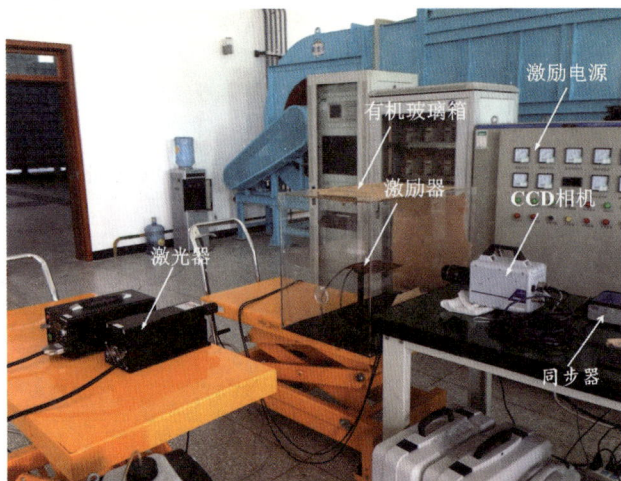

图 2-5　激励器诱导流场测试照片

2.2　实验结果分析

2.2.1　电学参数测量结果

1. 辉光

图 2-6 给出了非对称布局及对称布局两种激励器在不同电压下的放电情况,其中相机的曝光时间为 0.2 s。从图中可以看出:一是在放电区域电极发光较为均匀,没有发现丝状放电,这主要是因为图 2-6 是用常规相机来拍摄,图片反映的是一段时间内气体放电的积分结果,而文献[2]采用了高速相机进行拍摄,获得的图片为瞬态结果。二是放电区域符合介质阻挡放电理论。由于上、下两层电极交接处的电场强度最强,因此,辉光主要集中在上层电极边缘;相比非对称布局激励器,对称布局激励器的上层电极两边产生两条亮度几乎相等的辉光亮线。三是随着电压的升高,放电区域增大,放电强度提高。四是在相同电压下,非对称布局激励器的放电区域及放电强度略大于对称布局式激励器。这是因为在给定输入功率的情况下,非对称布局激励器是单边放电,能量相对集中;而对称布局激励器是两边放电,能量相对分散。

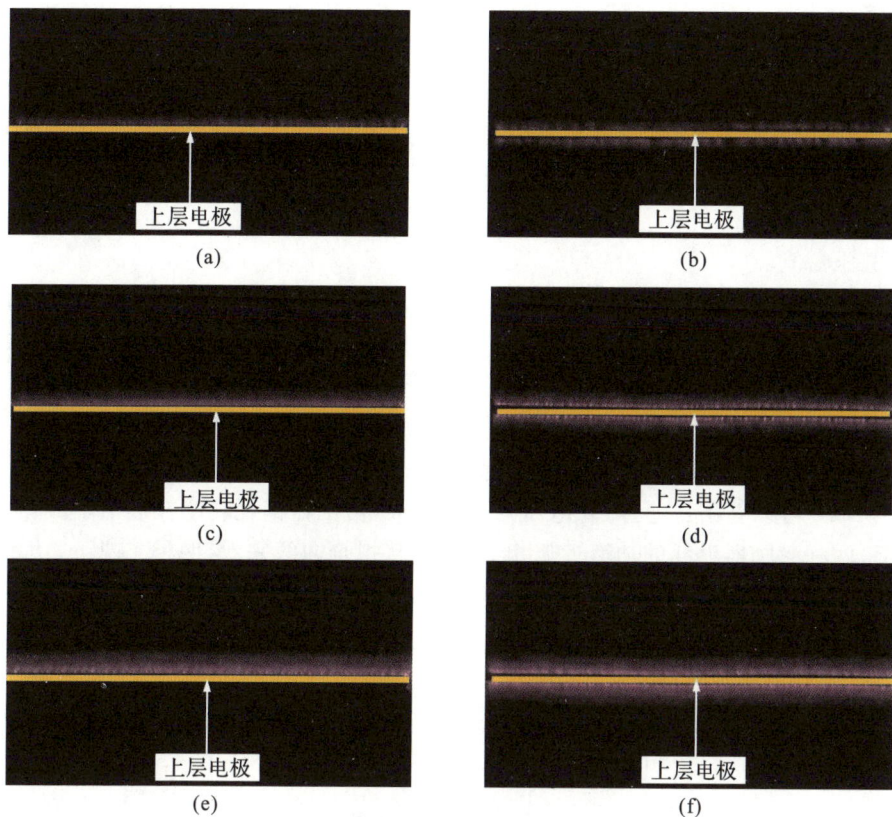

图 2 - 6 两种布局激励器放电图

(a)非对称布局($U_{AC(p-p)}=6.4$ kV,$f_{AC}=3$ kHz);(b)对称布局($U_{AC(p-p)}=6.4$ kV,$f_{AC}=3$ kHz);
(c)非对称布局($U_{AC(p-p)}=8.6$ kV,$f_{AC}=3$ kHz);(d)对称布局($U_{AC(p-p)}=8.6$ kV,$f_{AC}=3$ kHz);
(e)非对称布局($U_{AC(p-p)}=9.8$ kV,$f_{AC}=3$ kHz);(f)对称布局($U_{AC(p-p)}=9.8$ kV,$f_{AC}=3$ kHz)

2.放电波形

图 2 - 7 给出了非对称布局及对称布局两种激励器电压波形。由图可知,两种激励器的电压波形均为正弦波。在波峰、波谷处,波形略有畸变。

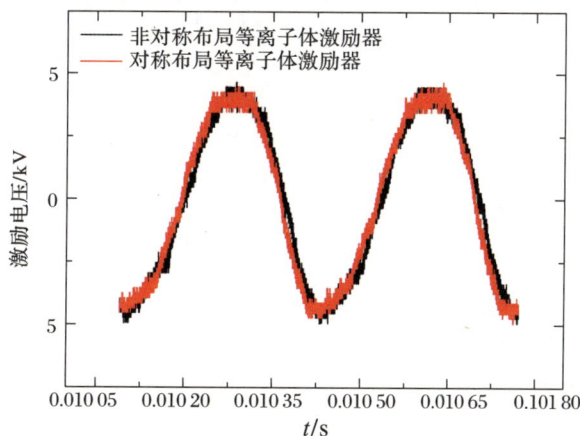

图 2 - 7 非对称布局及对称布局两种激励器电压波形($U_{AC(p-p)}=9.8$ kV,$f_{AC}=3$ kHz)

3.功率

激励器的消耗功率影响着等离子体流动控制技术的经济性与应用前景。如何在提高控制效果的基础上,保持较低的消耗功率,是提升该技术成熟度、推动工程化应用发展的关键。本节主要研究激励器消耗的平均功率与电极长度、宽度、激励电压的相互关系。采用式(1-1)进行计算。

(1)电压幅值

图 2-8 给出了在上层电极长度为 50 mm、100 mm 两种工况下,两种激励器消耗功率随电压变化情况。两种布局形式激励器的几何参数(上、下两层电极长度、厚度)及激励参数基本一致(电压幅值、电压波形及频率)。唯一不同的是下层电极的宽度。对于非对称布局激励器,下层电极宽度为 2 mm;对于对称布局激励器,下层电极宽度为 4 mm。具体参数见表 2-2。其中不同颜色、不同形状的符号代表实验结果,对应颜色的实线代表拟合曲线。

从图 2-8 可以看出:一是随着电压的不断升高,激励器消耗功率在逐渐增大;二是在相同条件下,两种激励器消耗的功率近似相等;三是从拟合曲线来看,四种工况下,功率随电压变化的幂函数指数项范围为 2.5~3.4,与文献[3-5]结果吻合较好。

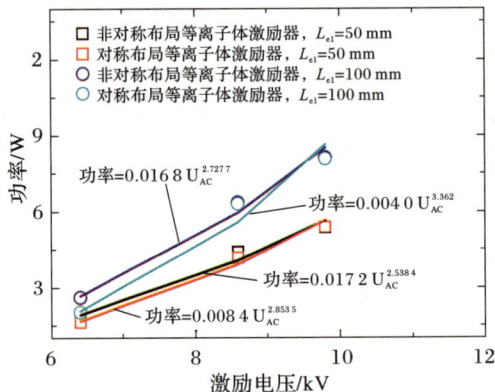

图 2-8 激励器消耗功率随激励电压变化情况

表 2-2 激励器几何尺寸

布局形式	几何参数	非对称布局	对称布局
绝缘介质	材料	聚酰亚胺胶带	聚酰亚胺胶带
	厚度/mm	0.05	0.05
	层数	3	3
	介电常数	3.5	3.5
	介电强度/(kV·mm^{-1})	200	200
上层电极	材料	铜箔	铜箔
	厚度/mm	0.05	0.05
	宽度/mm	2	2
	长度/mm	100	100

续表

布局形式	几何参数	非对称布局	对称布局
下层电极	材料	铜箔	铜箔
	厚度/mm	0.05	0.05
	宽度/mm	2	4
	长度/mm	100	100

（2）上层电极宽度

由图 2-8 可知,在几何参数与激励参数完全一致的情况下,两种激励器消耗的功率几乎相同。因此,后面在分析其他几何参数对消耗功率的影响时,只给出对称布局激励器消耗的功率。

图 2-9 给出了不同电压下,对称布局激励器消耗功率随上层电极宽度变化情况。由图可知,上层电极宽度对激励器消耗功率的影响较小。

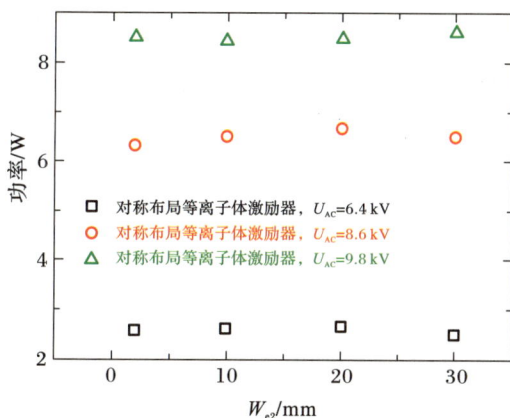

图 2-9 激励器消耗功率随上层电极宽度变化情况

（3）下层电极宽度

图 2-10 给出了不同电压下,对称布局激励器消耗功率随下层电极宽度变化的情况。与上层电极宽度影响规律相似,下层电极宽度对激励器消耗功率的影响较小。

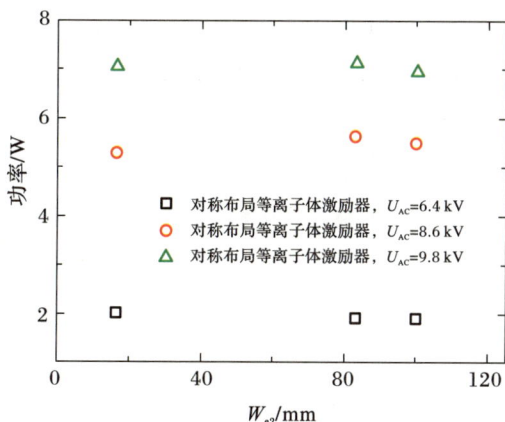

图 2-10 激励器消耗功率随下层电极宽度变化情况

（4）上层电极长度

图 2-11 给出了不同电压下，对称布局激励器消耗功率随上层电极长度的变化情况。从图中可以看出：一是随着电极长度的增加，激励器消耗功率逐渐增大。二是激励器消耗功率的增长率随着电极长度的增加而逐渐减小。这种影响规律为开展大尺度模型等离子体流动控制提供了有力的保障。即使模型尺度再大，电极长度再长，激励器消耗功率也不会随电极长度的增长而无限增加。当电极长度达到一定阈值时，激励器消耗功率将不再增加。阈值的大小与电压、频率等激励参数有关。三是三种电压下，消耗功率与电极长度之间的幂函数指数项逐渐增大，表明电压越高，消耗功率趋于稳定的阈值增大。

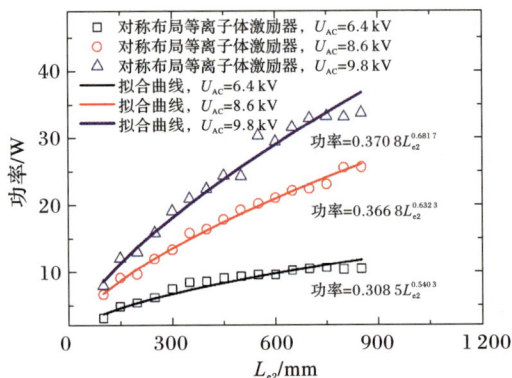

图 2-11 激励器消耗功率随上层电极长度变化情况

图 2-12 给出了单位长度内激励器消耗功率随上层电极长度变化情况。从图中可以看出，上层电极长度存在一个阈值。当电极长度小于阈值时，随着电极长度的增加，单位长度内的激励器消耗功率变化较小；在电极长度超过阈值后，随着电极长度的增加，单位长度内的激励器消耗功率逐渐减小。该结果与图 2-11 的变化规律吻合较好。

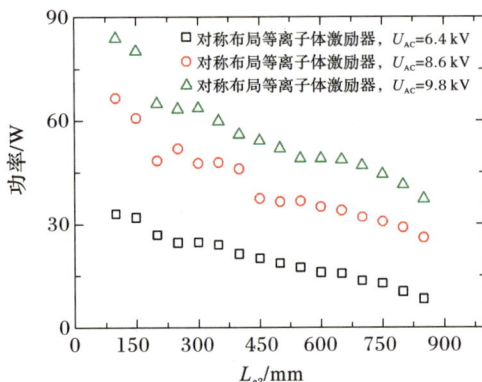

图 2-12 单位长度内激励器消耗功率随上层电极长度变化情况

2.2.2 诱导流场分析

1. 诱导射流

本节通过 PIV 技术，精细刻画激励器诱导流场，获得诱导射流随时空演变过程，深入分析流场的时域特性与频域特性。本节内容主要分为平均结果与瞬态流场。

（1）平均结果

1）诱导速度场

图 2-13 给出了两种激励器诱导射流的时均速度场。两种激励器的几何参数与激励参数基本一致（除了下层电极宽度）。具体参数见表 2-2。实验时，每种工况采集 10 000 张图片，然后对这些结果进行平均，从而获得诱导射流平均速度场。由图 2-13 可知，两种激励器产生的射流与经典射流类似。但与之不同的是，等离子体激励器诱导射流并没有向流场内注入额外的质量流量，而是通过将上层电极上方的空气"拉拽"到壁面，从而形成射流。整个封闭空间内的质量流量并未增加。此外，在黏性力的作用下，随着 x 方向的距离增加，射流的厚度逐渐加大。与非对称布局激励器相比，对称布局激励器在上层电极两边产生两股速度近似相等、方向相反的射流；两种激励器在激励参数一致的情况下，非对称激励器诱导射流最大值略高于对称布局激励器。这与两种激励器辉光强度的对比一致（见图 2-6）。在输入功率一定的情况下，由于对称布局激励器在上层电极两边产生等离子体，因此，能量相对分散，诱导射流速度最大值较非对称布局激励器要小一些。

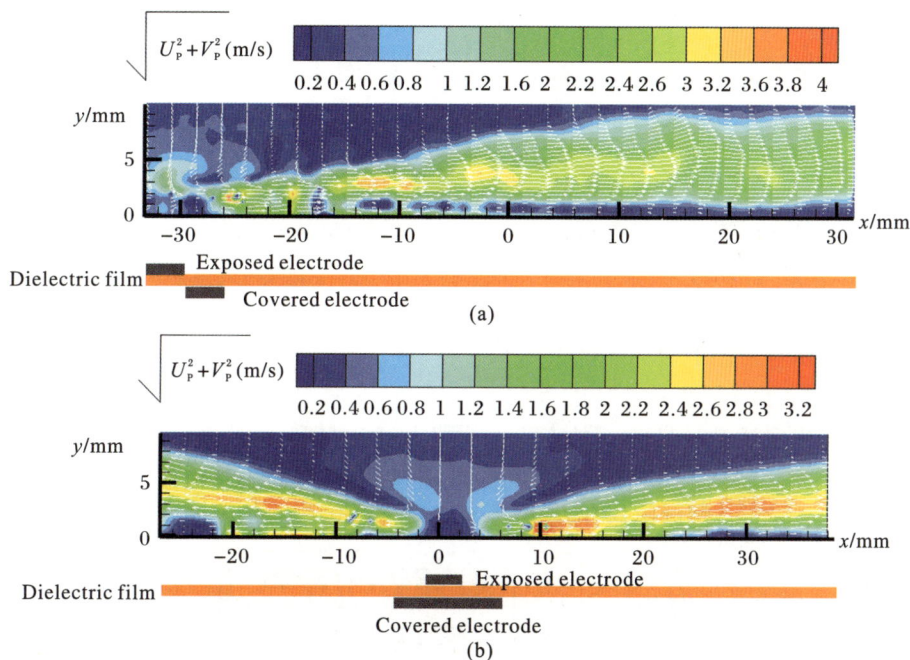

图 2-13 静止空气下两种激励器诱导射流的平均速度场
(a)非对称布局激励器($U_{AC(p-p)}=9.8$ kV, $f_{AC}=3$ kHz)；
(b)对称布局激励器($U_{AC(p-p)}=9.8$ kV, $f_{AC}=3$ kHz)

2）诱导射流速度剖面

图 2-14 给出了激励器不同位置的均方根速度剖面。其中，未带下标的表示非对称布局激励器，带下标的表示对称布局激励器（L 表示左侧射流，R 表示右侧射流）。从图中可以看出：射流速度的最大值主要集中在壁面附近；随着 x 方向距离的增加，诱导射流的速度逐渐提高。诱导射流速度的最大值沿 x 方向逐渐向上抬升。当 $x>5$ mm 时，随着 x 的增加，诱导速度的最大值基本不变；该结果与射流时均速度场分布吻合较好；对称布局激励器两侧射流的速度剖面近似相同；从单侧射流的角度来看，两种激励器诱导射流的速度剖面近似相

同。因此，通过比较两种激励器诱导流场可以发现，除了诱导射流个数的区别外，两种激励器诱导流场的形态几乎相同。

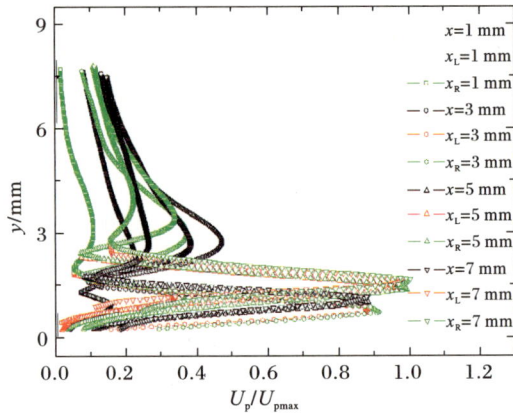

图 2－14　两种激励器诱导射流速度剖面

3）质量流量

为了掌握激励器向流场诱导注入的质量流量情况，本节开展了诱导射流的质量流量研究，公式如下：

$$Q_{M} = \rho L \int_{0}^{+\infty} U(y)\mathrm{d}y \qquad (2-1)$$

式中：　Q_{M}——诱导射流的质量流量；

　　　　ρ——空气密度；

　　　　L——电极长度；

　　$U(y)$——诱导射流的法向速度。

实验中，电极长度为 30 mm。

图 2－15 给出了质量流量随 x 的变化。从图中可以看出：两种激励器诱导射流的质量流量变化规律基本相同；对于对称布局激励器来说，两侧射流的质量流量变化规律相同，数值近似相等；随着 x 方向距离增加，激励器向流场注入的质量流量降低。

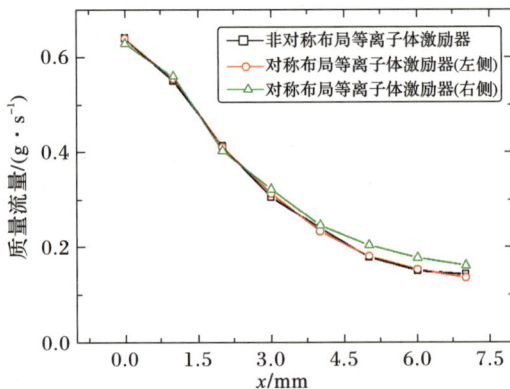

图 2－15　两种激励器诱导射流的质量流量沿 x 方向变化情况

与上一节激励器消耗功率研究相似，下面着重对几个重要的几何参数及激励参数进行研究，获得参数对诱导射流速度的影响规律。

4)各种参数对诱导射流速度的影响规律

（a）上层电极宽度的影响

图 2-16 给出了上层电极宽度对诱导速度最大值的影响情况。从图中可以看出：上层电极宽度对诱导射流速度最大值影响较小。该结果与上层电极宽度对功率影响规律相似。

（b）下层电极宽度的影响

图 2-17 给出了下层电极宽度对诱导速度最大值的影响情况。与上层电极宽度对诱导速度的影响规律类似，下层电极宽度对诱导射流速度最大值影响较小。

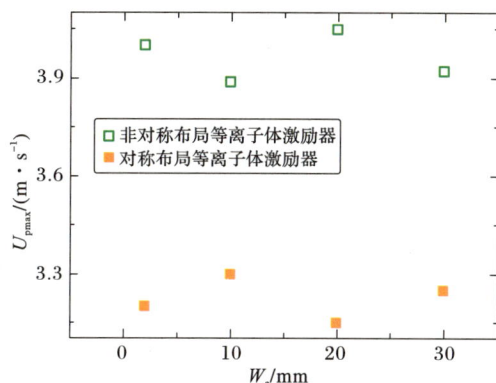

图 2-16 上层电极宽度对诱导射流速度的影响

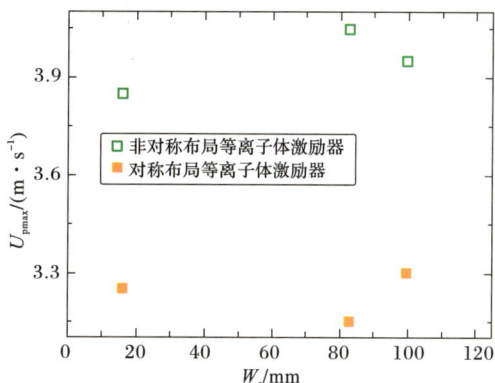

图 2-17 下层电极宽度对诱导射流速度的影响

（c）上层电极长度的影响

图 2-18 给出了上层电极长度对诱导速度最大值的影响情况。由图可知：当电极长度小于 450 mm 时，随着电极长度的增加，诱导射流速度的变化不明显；当电极长度超过450 mm 时，随着电极长度的增加，诱导射流速度逐渐减小。这与单位长度内激励器消耗功率随电极长度变化类似（见图 2-12）。

（d）激励电压的影响

图 2-19 给出了激励电压对诱导射流速度最大值的影响情况。由图可知：随着激励的升高，诱导速度值逐渐增大。实验结果与文献[1]研究结果吻合较好。

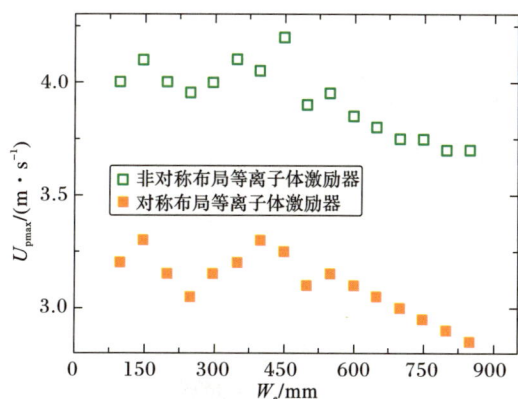

图 2-18 上层电极长度对诱导射流速度的影响

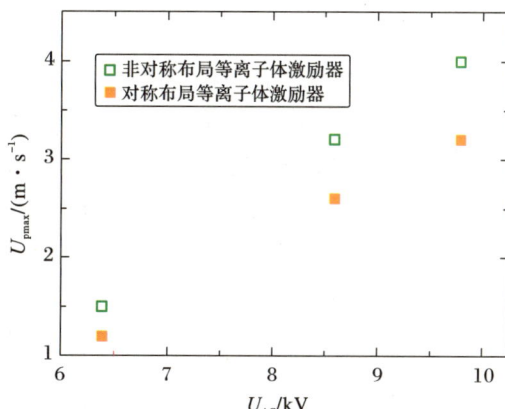

图 2-19 激励电压对诱导射流速度的影响

（2）瞬时结果

图 2-20 给出了两种激励器诱导射流速度最大值随时间变化情况。从图中可以看出：

两种激励器诱导射流速度最大值随时间变化规律近似相同。当 t 小于某一阈值时,随着时间的增加,诱导射流速度不断增大;当 t 大于某一阈值时,随着时间的增加,诱导速度出现小幅度振荡。阈值大小与诱导射流速度最大值有关:诱导速度最大值越大,诱导射流达到稳定的时间越短。非对称激励器诱导射流速度的稳定时间约 0.31 s,而对称激励器诱导射流的稳定时间为 0.4 s;对称布局激励器两侧诱导射流速度最大值随时间变化规律基本一致。

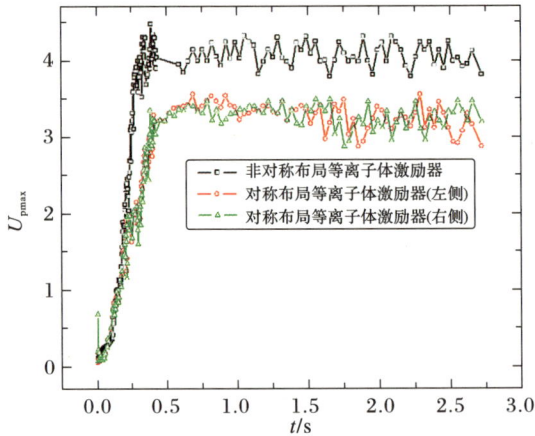

图 2-20　诱导射流速度最大值随时间变化情况

图 2-21～图 2-23 给出了两种激励器诱导流场随时间变化情况。由图可知,两种激励器诱导流场的变化规律基本相同。在激励器刚开始启动时,如图 2-21(a)、图 2-22(a)及图 2-23(a)所示,由于上、下两层电极搭接处电场强度最大,因此,激励器电离产生的等离子体以及激励器诱导产生的流场主要集中在此处。在封闭空间内,诱导流场在沿着壁面发展的过程中会减小壁面附近的压力。在压力的作用下,激励器上方的空气会被"吸引"到壁面,从而产生涡结构。这种尺度较大的涡结构被称为启动涡(或主涡)。此外,为了保证无滑移壁面条件,小尺度的二次启动涡会在壁面附近产生。主涡与二次启动涡会同时向远离壁面的方向运动。随着时间的推移,启动涡的尺度不断增大,运动的距离不断增加,诱导射流速度不断提高[见图 2-21(b)、图 2-22(b)及图 2-23(b)]。当 $t=400$ ms 时,启动涡消失,诱导射流稳定[见图 2-21(e)、图 2-22(e)及图 2-23(e)]。该结果与诱导射流速度的最大值随时间变化规律吻合;两种激励器的稳定诱导射流速度与各自激励器的平均诱导射流速度吻合(见图 2-13);对称布局激励器两侧射流变化规律基本相同。

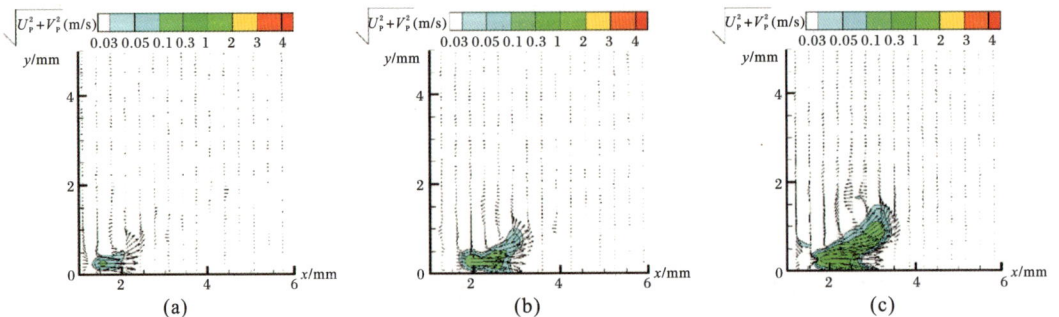

图 2-21　非对称布局激励器诱导流场随时间变化情况

(a)25 ms;(b)50 ms;(c)100 ms

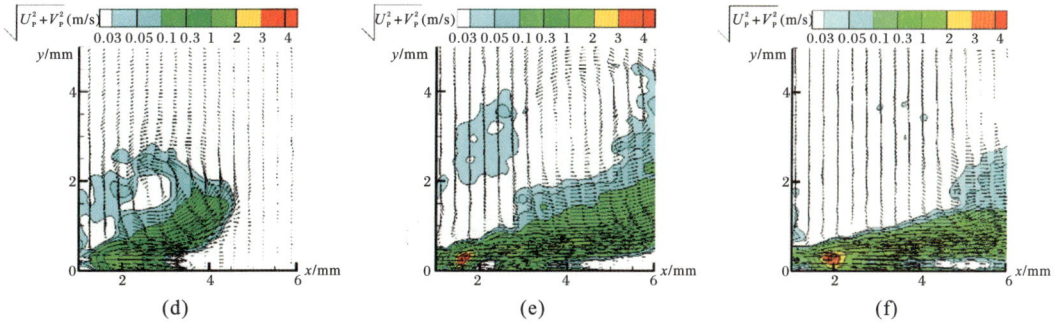

续图 2-21 非对称布局激励器诱导流场随时间变化情况

(d)200 ms；(e)400 ms；(f)600 ms

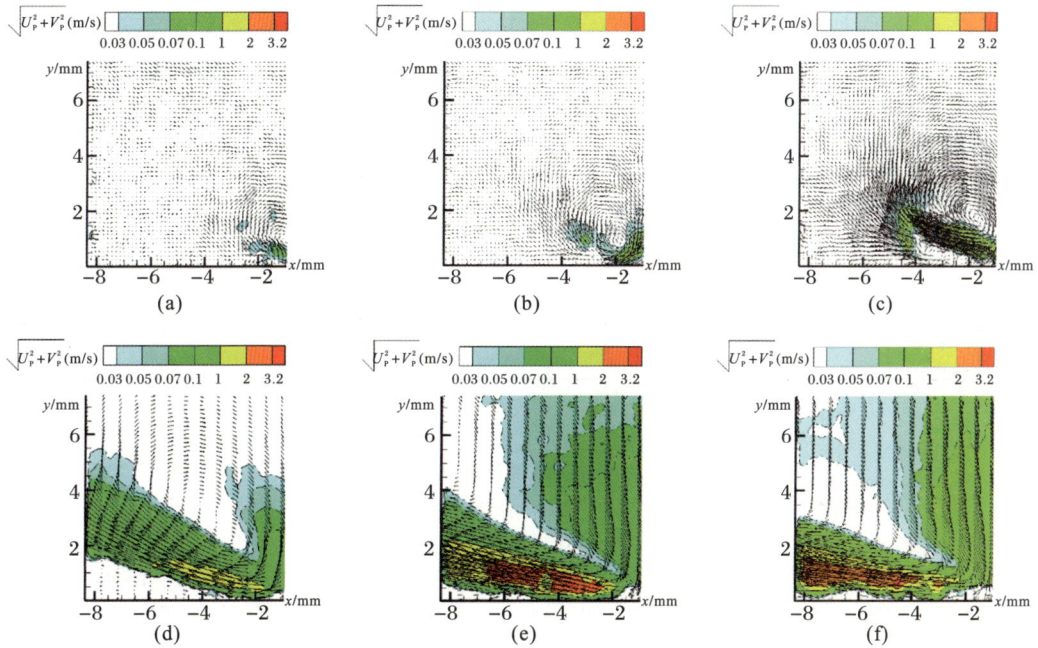

图 2-22 对称布局激励器左侧诱导流场随时间变化情况

(a)25 ms；(b)50 ms；(c)100 ms；(d)200 ms；(e)400 ms；(f)600 ms

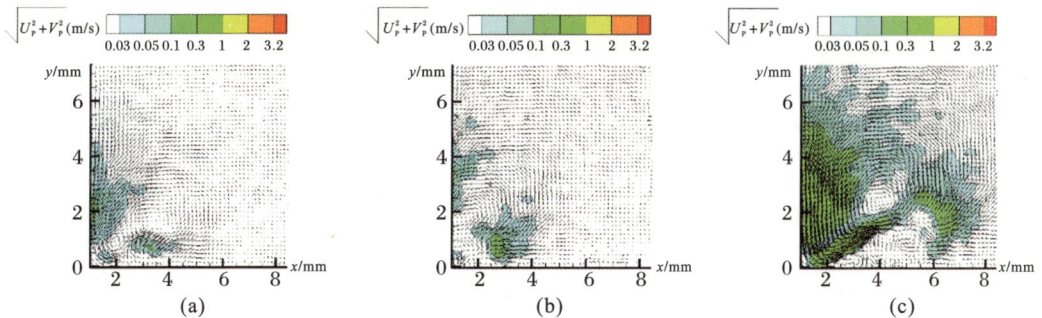

图 2-23 对称布局激励器右侧诱导流场随时间变化情况

(a)25 ms；(b)50 ms；(c)100 ms

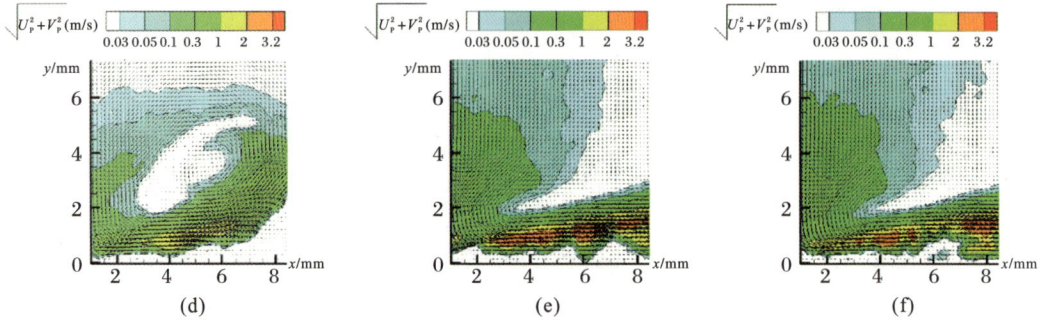

续图 2-23　对称布局激励器右侧诱导流场随时间变化情况

(d) 200 ms；(e) 400 ms；(f) 600 ms

图 2-24 给出了在 $x=5$ mm 位置，两种激励器诱导射流速度剖面随时间变化情况。从图中可以看出，两种激励器的诱导射流速度剖面随时间变化规律相似，与诱导流场随时间变化情况吻合（见图 2-21～图 2-23）。对称布局激励器两侧射流速度剖面随时间变化情况基本相同。随着时间的增大，诱导速度逐渐增加。当 $t=400$ ms 时，诱导流场稳定，诱导射流速度随时间变化较小。

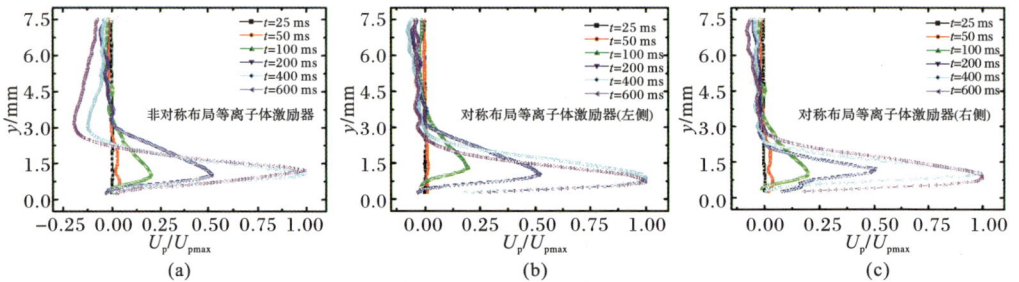

图 2-24　两种激励器诱导射流瞬时速度剖面

(a)非对称激励器诱导射流瞬时速度剖面；(b)对称激励器左侧诱导射流瞬时速度剖面；
(c)对称激励器右侧诱导射流瞬时速度剖面

除了分析射流速度随时间变化外，掌握射流速度脉动量随时间变化情况，是深入理解激励器扰动能力的重要基础。图 2-25 给出了在 $x=5$ mm 位置，两种激励器切向速度脉动量随时间变化情况。由图可知：两种激励器的速度脉动量随时间变化规律基本一致；速度脉动量较大的地方主要集中在壁面附近；最大的速度脉动量达到当地最大切向速度的 70%；随着时间的增加，速度脉动量的峰值往远离壁面的方向移动，但峰值位置一般不超过 $y=5$ mm。

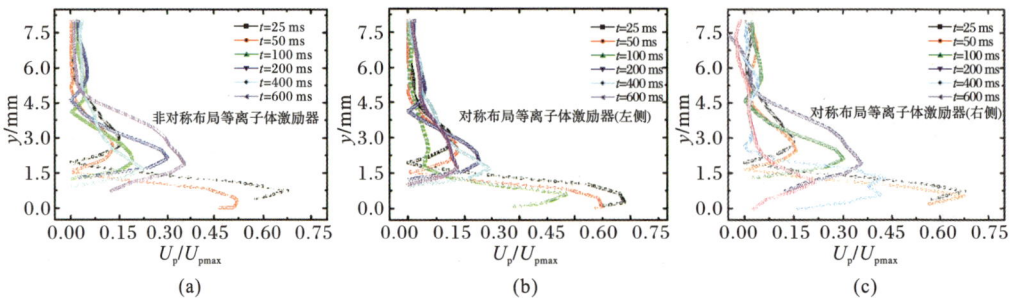

图 2-25　两种激励器诱导射流瞬时脉动速度剖面

(a)非对称激励器诱导射流瞬时脉动速度剖面；(b)对称激励器左侧诱导射流瞬时脉动速度剖面；
(c)对称激励器右侧诱导射流瞬时脉冲速度剖面

图 2-26 给出了在 $x=5$ mm 位置,质量流量随时间变化情况。由图可知:两种激励器诱导射流的质量流量随时间变化规律基本相同;质量流量随时间并非线性增长。在 $t=0.4$ s 之前,质量流量的增长速度较快;随着时间的推移,增长速度逐渐降低;当 $t>2$ s 时,质量流量基本达到稳定。

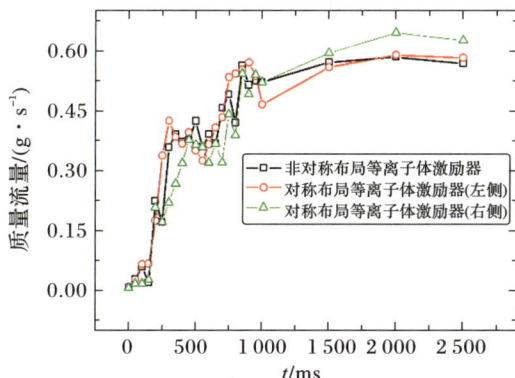

图 2-26 两种激励器诱导射流质量流量随时间变化情况

图 2-27 给出了两种激励器诱导射流的湍流度分布。计算公式如下:

$$\varepsilon = \frac{\sqrt{(u_p^{'2} + v_p^{'2})/2}}{\sqrt{(u_p^2 + v_p^2)}} \tag{2-2}$$

式中: ε——湍流度;

$u_p{'}$——诱导射流切向瞬时速度脉动量;

$v_p{'}$——诱导射流法向瞬时速度脉动量;

u_p——诱导射流切向瞬时速度;

v_p——诱导射流法向瞬时速度。

从图 2-27 中可以看出:两种激励器诱导射流的湍流度分布近似相同;湍流度较高的区域主要集中在壁面附近,最大值达到了 0.6;随着 y 向距离增大,湍流度迅速降低。该结果与诱导射流脉动速度剖面吻合。

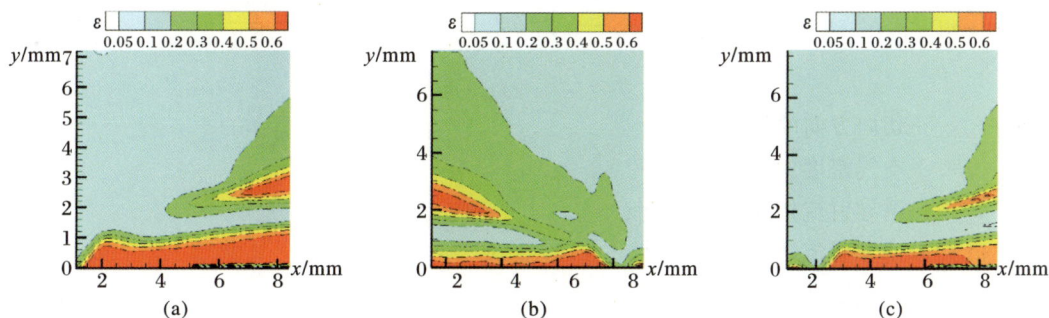

图 2-27 两种激励器诱导流场湍流度分布

(a)非对称激励器诱导流场湍流度分布;(b)对称激励器左侧诱导流场湍流度分布;

(c)对称激励器右侧诱导流场湍流度分布

图 2-28 给出了两种激励器诱导射流的湍动能分布。计算公式如下:

$$\text{TKE} = \frac{0.5\sqrt{u_p'^2 + v_p'^2}}{\sqrt{u_p^2 + v_p^2}} \tag{2-3}$$

式中:TKE——湍动能。

由图 2-28 可知,两种激励器诱导射流的湍动能分布情况相似,主要集中在壁面附近。该结果与诱导射流脉动速度剖面吻合。

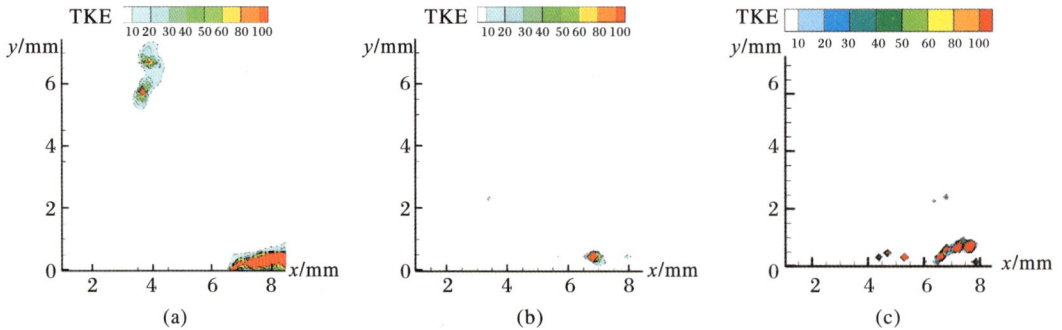

图 2-28 激励器诱导流场湍动能分布

(a)非对称布局激励器;(b)对称布局激励器左侧;(c)对称布局激励器右侧

结合诱导流场分布、射流脉动速度剖面、射流湍流度分布以及射流湍动能等结果来看,可以获得以下结论:激励器诱导流场是一个典型的非线性、动态流场,能产生较强的扰动;激励器在刚触发瞬间,能诱导大尺度的启动涡,并产生较大的脉动速度;随着时间的推移,激励器诱导流场趋于稳定,但仍含有较强的速度脉动。

2.体积力

除了诱导射流外,表征激励器动量效应的另一个重要物理量为体积力。不少研究人员常用体积力作为源项对等离子体流动控制进行数值模拟。下面从体积力的角度研究激励器对周期气流的作用。采用二阶精度的 N-S 方程微分形式对体积力进行求解。公式如下:

$$f_x = \rho\left(u_p\,\frac{\partial u_p}{\partial x} + v_p\,\frac{\partial u_p}{\partial y}\right) - \mu\left(\frac{\partial^2 u_p}{\partial x^2} + \frac{\partial^2 u_p}{\partial y^2}\right) + \frac{\partial(\Delta p)}{\partial x} \tag{2-4}$$

$$f_y = \rho\left(u_p\,\frac{\partial v_p}{\partial x} + v_p\,\frac{\partial v_p}{\partial y}\right) - \mu\left(\frac{\partial^2 v_p}{\partial x^2} + \frac{\partial^2 v_p}{\partial y^2}\right) + \frac{\partial(\Delta p)}{\partial x} \tag{2-5}$$

$$f = (f_x^2 + f_y^2)^{1/2} \tag{2-6}$$

式中:f_x——切向方向的体积力;

ρ——空气密度;

u_p——诱导射流切向瞬时速度;

v_p——诱导射流法向瞬时速度;

μ——空气黏性系数;

p——压力;

f_y——法向方向的体积力;

f——体积力。

由于压力梯度是小量,因此,在计算时,忽略压力变化的影响。图 2-29~图 2-31 给出了两种激励器产生的体积力分布情况。由图可知：两种激励器的体积力分布随时间变化规律基本一致；体积力主要集中在壁面附近，与文献[9]的计算结果以及文献[10]的实验结果吻合较好。随着激励时间的增加，体积力逐渐增大；当射流稳定后，体积力随时间变化较小。

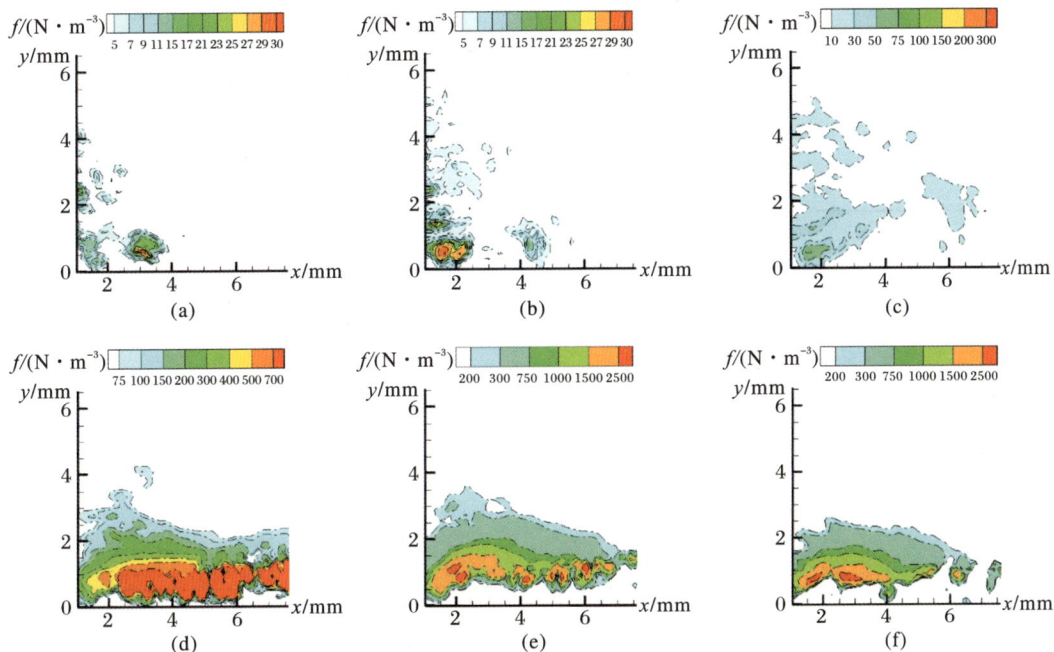

图 2 - 29　非对称布局激励器诱导体积力分布

(a)25 ms；(b)50 ms；(c)100 ms；(d)200 ms；(e)400 ms；(f)600 ms

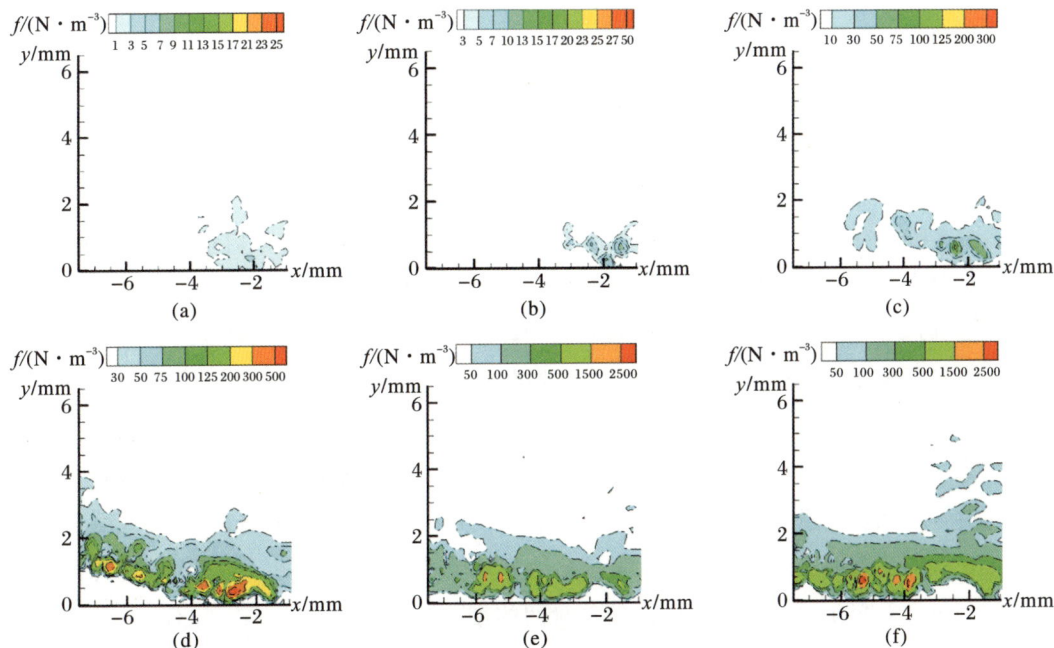

图 2 - 30　对称布局激励器左侧诱导体积力分布

(a)25 ms；(b)50 ms；(c)100 ms；(d)200 ms；(e)400 ms；(f)600 ms

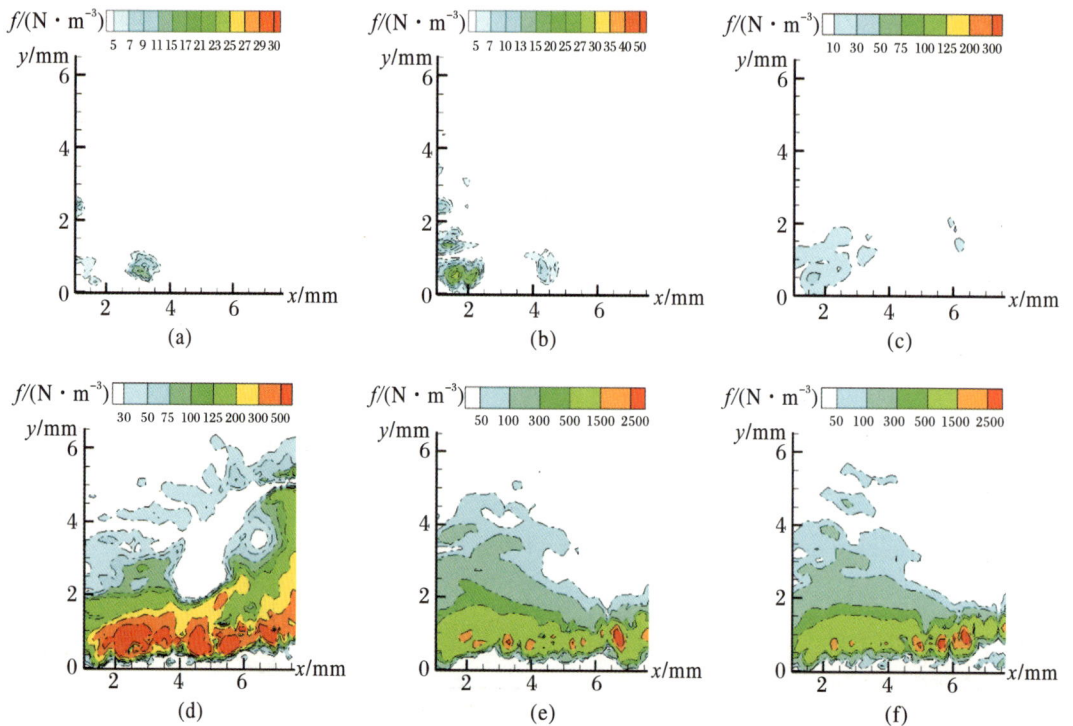

图 2-31　对称布局激励器右侧诱导体积力分布

(a)25 ms；(b)50 ms；(c)100 ms；(d)200 ms；(e)400 ms；(f)600 ms

3.启动涡

前文提到,当等离子体激励器刚触发时,由于诱导流场在发展过程中降低了壁面附近的压力,因此,在压力差的作用下,激励器上方的空气会被吸引到壁面,从而诱导形成启动涡(或称为主涡)。自 2004 年美国圣母大学的 Post 发现启动涡以来,关于启动涡的研究文章并不多。在静止空气下,相比于诱导射流,启动涡的生存时间较短。但启动涡的卷吸能力较强。这对促进主流与边界层之间掺混、抑制边界层分离有重要作用。深入分析启动涡运动轨迹,掌握启动涡时空演化规律,是提高等离子体激励器掺混能力的关键途径。

本节将着重在静止空气下,分析启动涡的涡量、涡核位置、涡核半径以及环量随时间变化规律。在下一章会重点分析来流对启动涡运动轨迹的影响。

图 2-32～图 2-34 分别给出了非对称激励器及对称激励器两侧诱导涡随时间变化情况。其中 ω_z^* 代表无量纲涡量($\omega_z^* = \omega_z \nu / U_{p\max}^2$,其中 ω_z 表示 z 轴涡量,ν 表示运动黏性系数,$U_{p\max}$ 表示激励器诱导射流最大速度),白色圆点表示涡核位置。由图可知,两种激励器诱导涡的时空变化规律基本相同。随着时间的推移,启动涡不断旋转、拉伸,并且逐渐向射流发展方向运动。涡量随时间增加,涡的尺度随时间增大。此外,实验中发现,对称布局激励器两侧启动涡触发的时间并不完全一致,前后时间相差约 0.1 s。

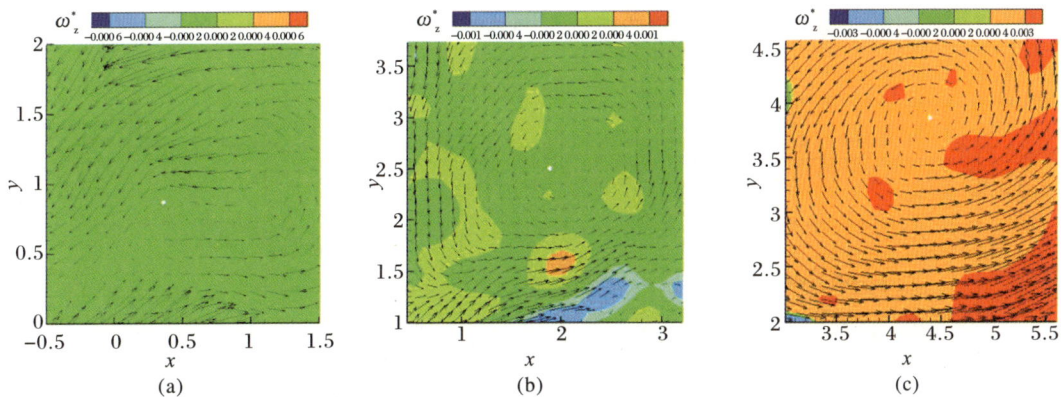

图 2-32 非对称布局激励器诱导启动涡的时空演化过程
(a)25 ms;(b)50 ms;(c)100 ms

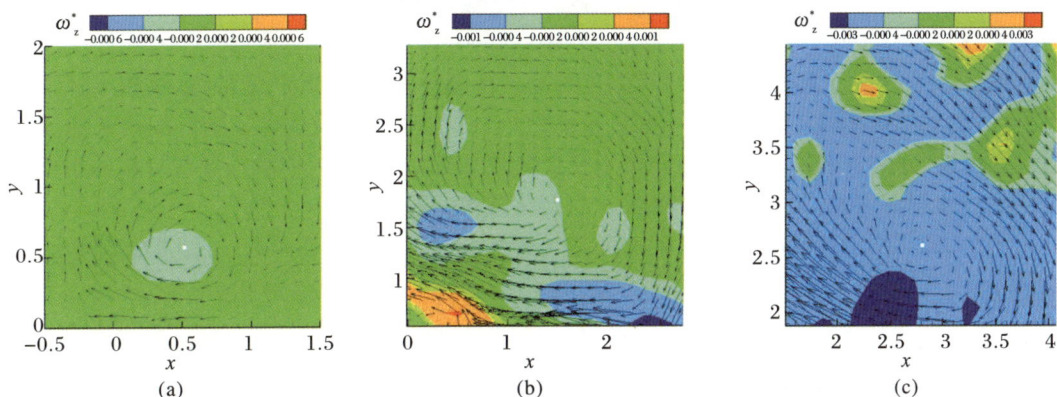

图 2-33 对称布局激励器左侧诱导启动涡的时空演化过程
(a)25 ms;(b)50 ms;(c)100 ms

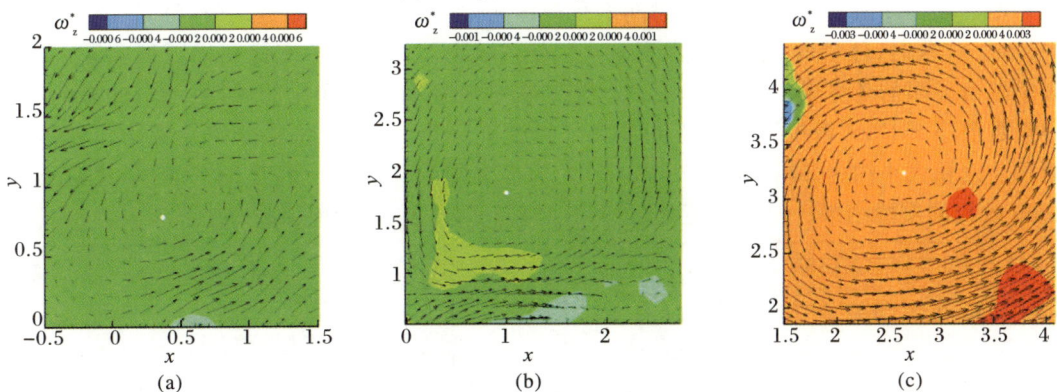

图 2-34 对称布局激励器右侧诱导启动涡的时空演化过程
(a)25 ms;(b)50 ms;(c)100 ms

图 2-35 给出了涡核位置随时间变化情况。由图可知,两种激励器诱导启动涡的涡核位置随时间变化的规律近似一致。在 $t<0.15$ s 前,随着时间的增加,涡核的位置变化缓慢;在 $t>0.15$ s 后,涡核的位置随时间变化较大。此外,由于启动涡是螺旋状上升,因此,涡核位置在短时间内出现振荡,涡核位置曲线不够光滑;同时由于对称激励器两侧放电,能量分散,因此,在相同输入功率下,非对称激励器的诱导射流速度较大,启动涡的涡核运动速

度更快;对称布局激励器两侧启动涡涡核位置的变化规律几乎相同。

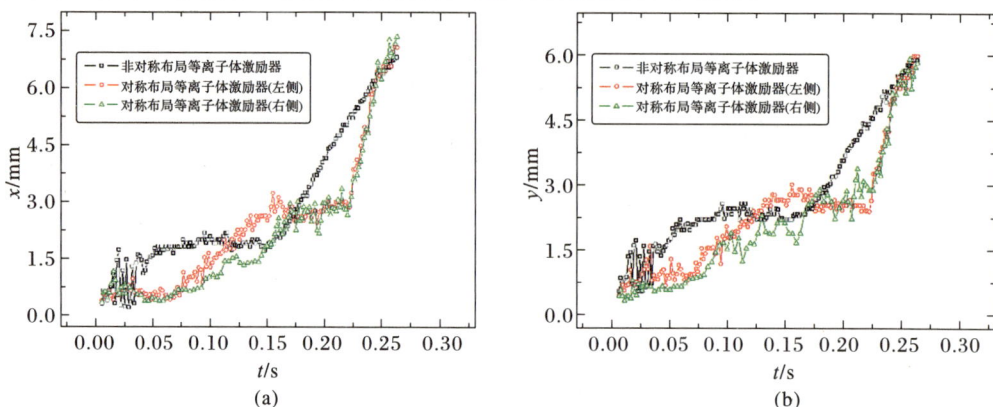

图 2-35 启动涡涡核位置随时间变化情况

(a)x 坐标;(b)y 坐标

图 2-36 给出了涡核半径随时间变化情况。由图可知:随着时间的推移,涡核半径不断增大;激励器刚被触发时,涡核半径变化较小;当 $t>0.15$ s 时,涡核半径随时间增长的速度增快。此外,对称布局激励器两侧涡核半径变化规律近似相同;两种激励器诱导涡的涡核半径变化规律稍有区别,但与涡核位置随时间变化规律一致。

图 2-37 给出了启动涡的环量随时间变化情况(ν 表示运动黏性系数)。计算公式如下:

$$\Gamma = \int_A \omega_z \, \mathrm{d}A \qquad (2-7)$$

式中:Γ——启动涡的诱导环量;

ω_z——启动涡的涡量;

A——计算区域(以涡核位置为圆心,涡核半径为圆半径的圆面积)。

图 2-37 可知:与涡核半径随时间变化规律相似,启动涡刚开始运动时,环量变化不大。当 $t>0.15$ s 时,环量增长的速度加快;对称布局激励器两侧环量变化规律近似相同;两种激励器诱导涡的环量变化曲线稍有区别,但与涡核半径随时间变化的规律一致;此外,本文环量数值小于 Choi 教授的实验结果。Choi 教授在计算环量时,将整个诱导流场作为积分面积。面积大小约为 20 mm×30 mm,远大于本文的计算区域。因此,本文的环量值小于 Choi 教授的实验结果。但环量随时间变化规律与 Choi 教授的研究结果吻合。

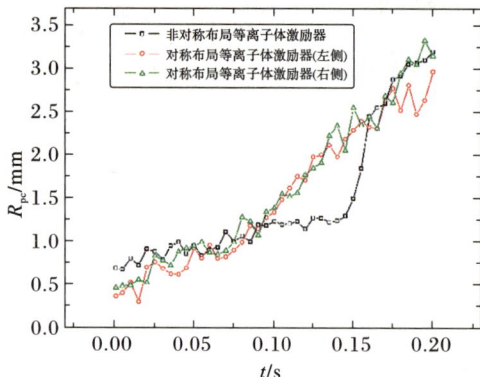

图 2-36 启动涡涡核半径随时间变化情况

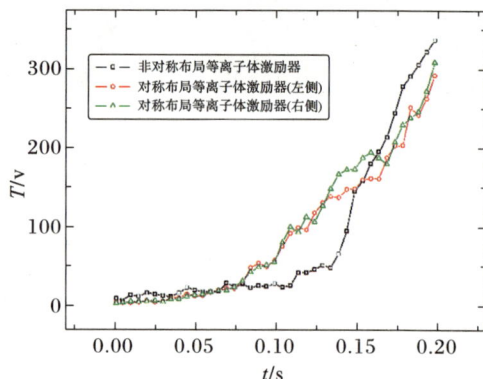

图 2-37 启动涡诱导涡量随时间变化情况

4.拟序结构-诱导射流的湍流特性

在湍流中,存在一种以特定次序或一定规律发展的小尺度旋涡结构。这些连续的涡结构被称为拟序结构(Coherent structure)。因此,拟序结构主要存在于湍流中。拟序结构内蕴藏着较大的能量,控制拟序结构对于提高激励器控制效果具有重要意义。

2007年,英国诺丁汉大学 Jukes 等人首次对诱导射流特性给予了描述。他通过将诱导射流速度剖面与典型的层流射流速度剖面进行对比,指出激励器诱导射流为层流射流。但该实验的激励电压较低。因此,实验结果能否全面描述诱导射流特性还需进一步验证。此外,圣母大学 Corke 教授的研究结果表明,采用正弦交流激励的激励器能够在 $Ma=0.4$ 的情况下抑制翼型失速分离。而最大速度不足 10 m/s 的诱导射流向边界层内提供的动量微乎其微。这些结果表明依靠射流产生动量效应绝不仅仅是正弦交流激励器唯一的控制机理。因此,重新全面、客观地认识激励器诱导射流特性,是破解高风速或高雷诺数下分离流控制难题的关键。本节从射流特性出发,以对称布局激励器右侧射流为研究对象,分析不同电压下激励器诱导特性,揭示诱导射流近壁区拟序结构。

（1）平均流场

图 2-38 给出了两种激励电压下诱导射流无量纲化的均方根速度剖面。从图中可以看出:在低电压下,诱导射流的速度剖面与经典层流射流的速度剖面相似;这表明诱导射流为层流射流,该结果与文献[12]结果一致;而在高电压下,诱导射流的速度剖面与湍流射流的速度剖面接近,因此,诱导射流为湍流射流。该结果与文献[12]结果不同。原因主要有两点:一是激励电压不同;文献中所用的电压较低,峰值电压仅为 4.1 kV,与本文低电压下的实验结果相似,而当电压升高后,诱导射流的速度提高,剪切层不稳定性会增加,诱导射流容易发展为湍流射流;二是状态不同,文献[12]给出的是 $t=5$ ms 时诱导射流的速度剖面,而本书给出的是诱导射流平均流场的速度剖面。

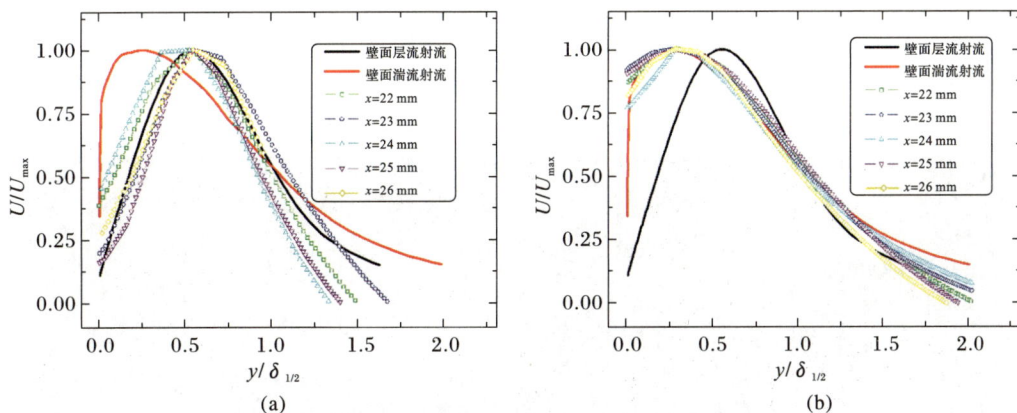

图 2-38 不同电压下激励器诱导射流无量纲速度剖面
(a)$U_{AC(p-p)}=6.4$ kV,$f_{AC}=3$ kHz;(b)$U_{AC(p-p)}=9.8$ kV,$f_{AC}=3$ kHz

为了对诱导射流特性开展进一步分析,图 2-39 给出了不同电压下诱导射流雷诺数随切向位置的变化情况。其中 Re_J 表示射流雷诺数($Re_J=U_{max}\delta_{1/2}/\nu$)。从图中可以看出:低电压下,射流雷诺数较低,一般不超过 40;而高电压下,射流雷诺数随切向距离不断增加,并且高于低电压下的射流雷诺数;根据文献[14]可知,典型的射流临界雷诺数为 57。当射流雷诺数高于临界值时,射流发生转捩。在高电压工况下,诱导射流雷诺数已超过临界值。因此,诱导射流的特性发生变化。层流射流逐渐发展为湍流射流。射流雷诺数可作为判别激励器诱导射流特性的标准之一。

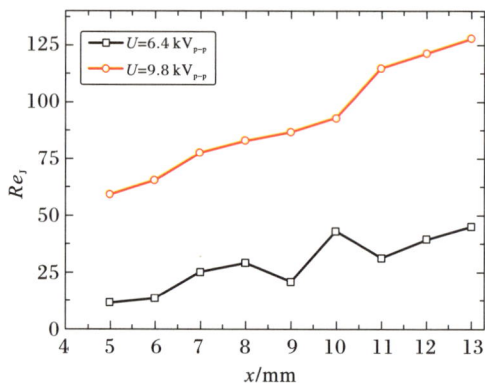

图 2-39 不同电压下激励器诱导射流雷诺数沿切向位置变化情况

(2)瞬时流场

由平均结果可知,在高电压下,诱导射流为湍流射流。为了进一步分析湍流射流流动细节,图 2-40 给出了高电压下不同时刻 PIV 原始图。从图中可以看出:当 $t=0.38$ s 时,激励器诱导流场内只出现了启动涡,在壁面附近并没发现任何拟序结构[见图 2-40(a)];当 $t=0.58$ s 时,激励器除了产生启动涡外,还在近壁区诱导产生了拟序结构。由图 2-40(b)可知,拟序结构主要包括卷起涡与二次涡两种涡结构。当射流雷诺数大于临界值时,射流剪切层不稳定;随着时间的推移,诱导射流在电极附近形成了卷起涡;随后,卷起涡不断演化发展,向远离电极的方向运动,形成一系列涡结构。卷起涡在发展的过程中,为了保证无滑移壁面条件,在卷起涡下方产生了二次涡。需要注意的是,卷起涡与启动涡不同:一是尺度不同,卷起涡的尺度远小于启动涡的尺度;二是运动轨迹不同,启动涡涡核随时间逐渐向远离壁面的方向运动,而卷起涡的运动范围主要集中在近壁区;三是涡的个数不同,启动涡是单独的涡结构,而卷起涡是一系列旋涡结构。

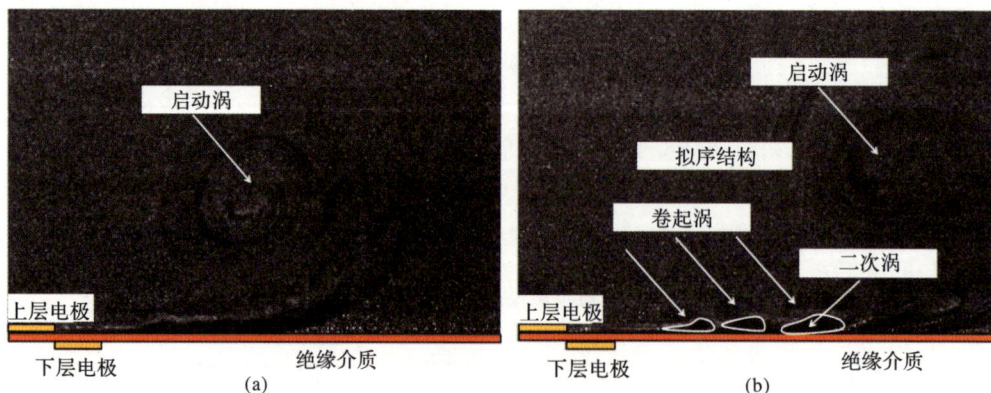

图 2-40 不同时刻下 PIV 原始图($U_{AC(p-p)}=9.8$ kV,$f_{AC}=3$ kHz)

(a)$t=0.38$ s;(b)$t=0.58$ s

为了定量分析不同时刻下激励器诱导流场情况,图 2-41 给出了激励器诱导流场旋涡强度分布。其中 λ_i 是速度梯度张量特征值的虚部,代表旋涡强度。研究人员常采用旋涡强度去探测、分析旋涡,具体的计算方法请参照文献[15]。从图中可以看出:当 $t=0.38$ s 时,旋涡强度主要集中在电极边缘,近壁区鲜有旋涡强度较高的离散区域;当 $t=0.58$ s 时,在壁面附近出现了几个旋涡强度较高的区域,其中紧贴壁面的区域代表二次涡,而二次涡上方的集中区域代表了卷起涡,通过流线能较为清晰地刻画出卷起涡的形态。而由于二次涡的位置靠近壁面,加之尺度较小,因此未能通过流线描绘出二次涡的形态,只能通过旋涡强度探测到二次涡所在位置。

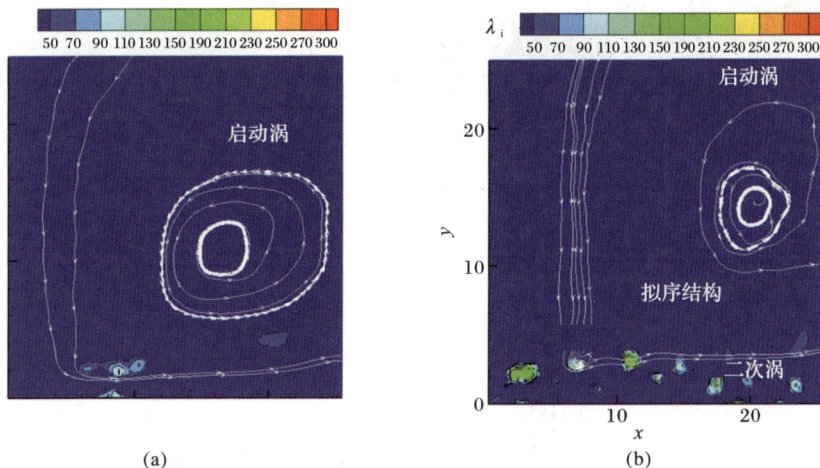

(a)　　　　　　　　　(b)

图 2-41　不同时刻下诱导射流旋涡强度分布($U_{AC(p-p)}=9.8$ kV,$f_{AC}=3$ kHz)

(a)$t=0.38$ s;(b)$t=0.58$ s

(3)特征频率

由上述结果可知,诱导射流特性与电压有关。当电压较高时,诱导射流为湍流射流,并包含着卷起涡、二次涡等一系列拟序结构,从而提升了卷吸掺混能力,为提高激励器控制效果提供了重要支撑。下面针对拟序结构进行进一步分析。

从瞬态流场结果[见图 2-40(b)、图 2-41(b)]可以看出,卷起涡及二次涡随时间不断向远离电极的方向发展。通过频域分析,可以获得卷起涡及二次涡的特征频率。依据射流理论,将整个诱导流场划分为起始、发展及主流三个阶段,并在三个阶段内选取计算点进行分析。图 2-42 给出了具体计算位置。为了较为准确地开展频谱分析,在不同 x 位置取切向速度 U_p 均方根最大值所在位置为计算点坐标。

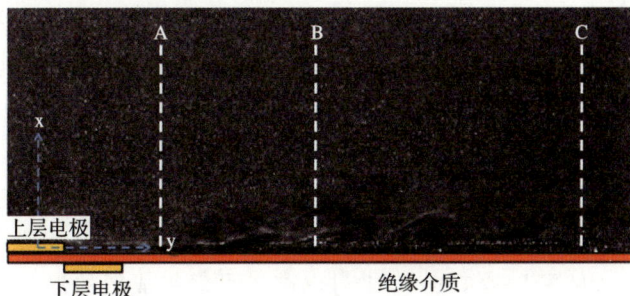

图 2-42　射流计算点位置

针对每一个计算点的法向脉冲速度进行傅里叶变换,获得频谱图像(见图 2-43)。由图可知:在射流起始阶段,卷起涡的主频,即卷起频率(Rolling up frequency)f_0 为 109 Hz;在发展阶段,由于出现了涡的融合,因此,除了主频外,还存在半频 f_1(半频 $f_1=56$ Hz,它表示主频的一半);在主流阶段,诱导射流发展为湍流射流。因此,频谱内没有主频出现。

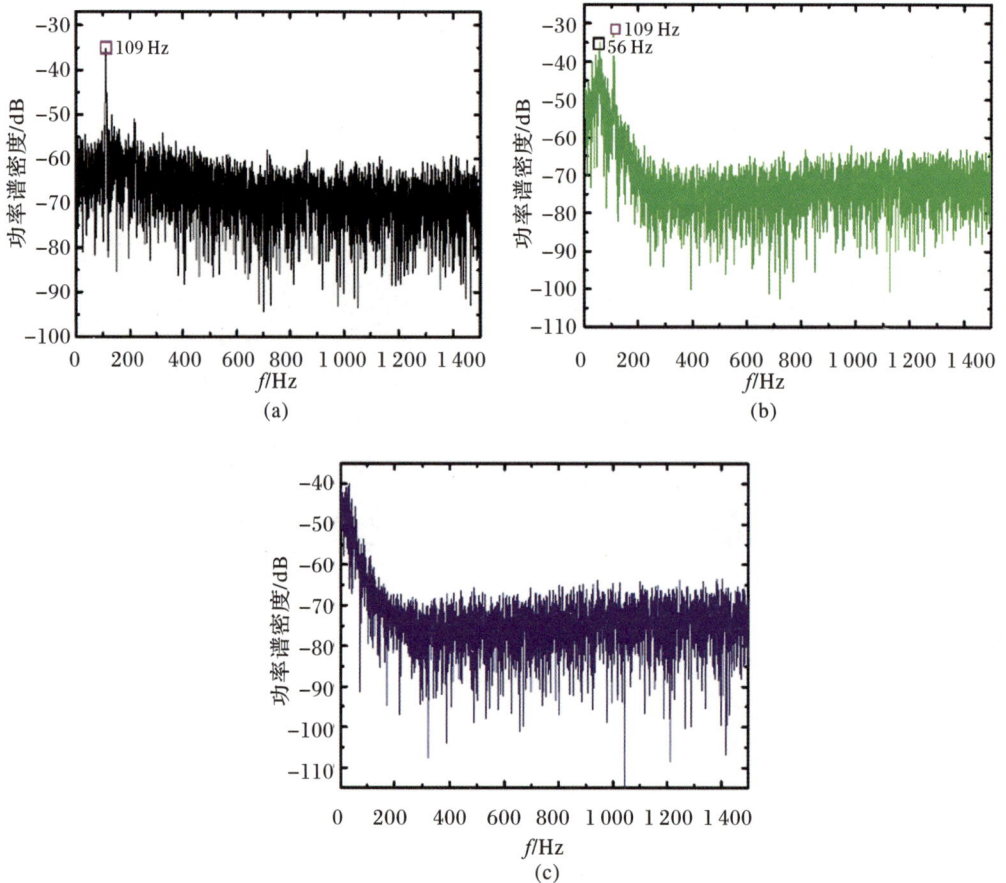

图 2-43　不同计算点的频谱图
(a)A 点频谱图;(b)B 点频谱图;(c)C 点频谱图

根据主频,获得了拟序结构的运动周期。图 2-44 给出了一个周期内不同相位角下旋涡强度的变化。从图中可以看出:在一个周期内,随时间的推移,启动涡向远离电极、远离壁面的方向运动;与卷起涡相比,启动涡的移动速度较慢;此外,卷起涡是一系列旋涡结构。为了便于分析,在旋涡强度分布图中对每一个卷起涡进行标注。刚开始时,诱导流场内出现了三个卷起涡,分别是 1 号卷起涡(简称 1 号涡)、2 号卷起涡(简称 2 号涡)及 3 号卷起涡(简称 3 号涡)。1 号涡刚从射流剪切层中脱落[见图 2-44(c)];随后,1 号涡不断演化、发展[见图 2-44(b)];而 2 号涡及 3 号涡已向电极下游运动;当 2 号涡、3 号涡运动至射流发展区时,两涡之间的距离缩短[见图 2-44(c)],并发生了融合,形成了 4 号卷起涡。这也是在 B 点出现 $1/2f_0$ 的原因[见图 2-43(b)]。1 号涡与 4 号涡组成新的涡系,向电极下游发展。随着时间的增加,新的 5 号涡在射流起始阶段形成。这时,卷起涡完成一个周期运动。

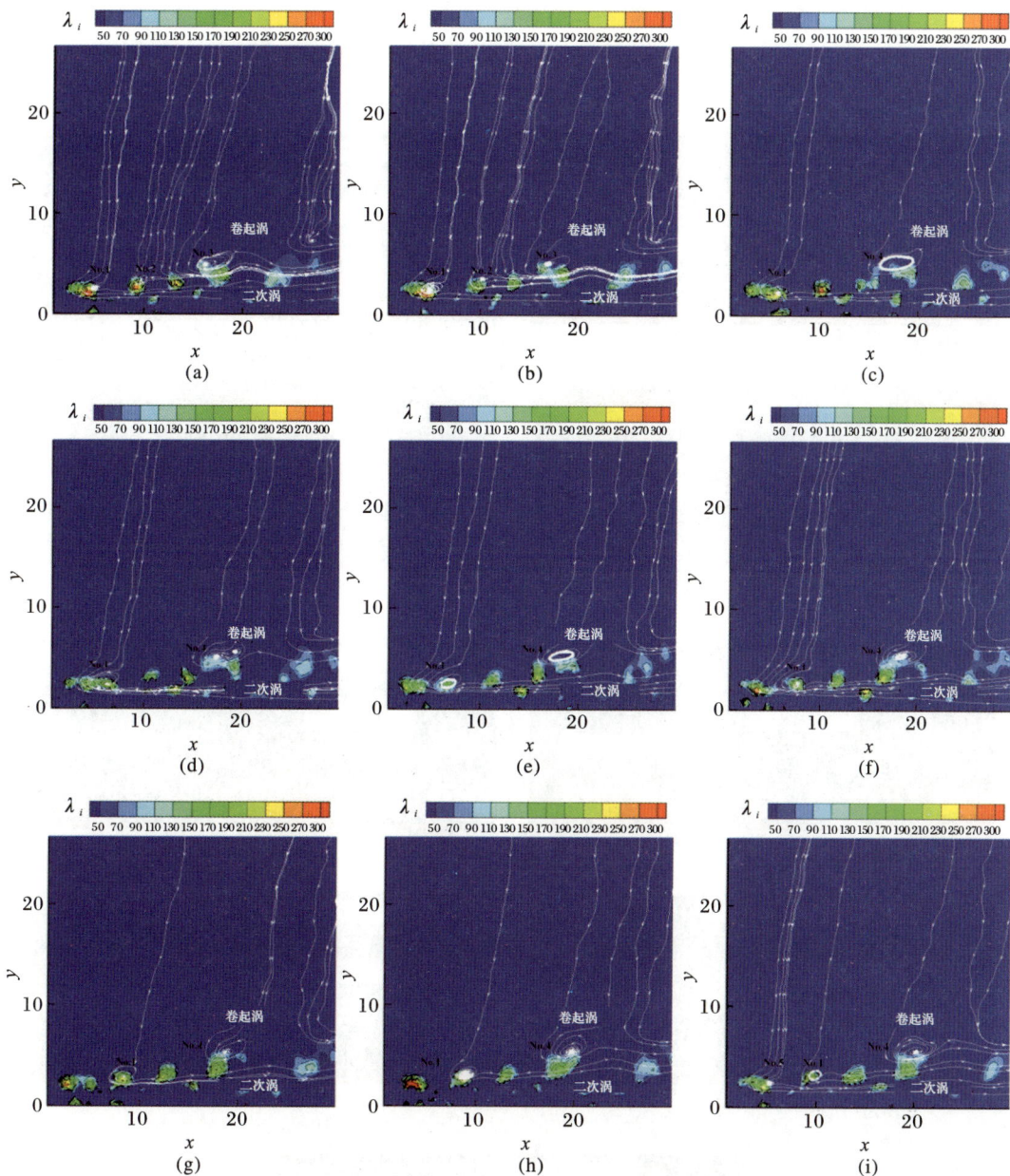

图 2-44 不同相位角下激励器诱导流场的旋涡强度分布

(a)$\Phi=0°$;(b)$\Phi=45°$;(c)$\Phi=90°$;(d) $\Phi=135°$;(e) $\Phi=180°$;

(f) $\Phi=225°$;(g)$\Phi=270°$;(h) $\Phi=315°$;(i) $\Phi=360°$

除了卷起涡以外,二次涡也能反应出周期运动。图 2-45 给出了一个周期内二次涡的演化过程。由图可知:二次涡是一系列涡结构,位于卷起涡的下方,靠近壁面;同样,为了准确刻画二次涡流动过程,在图中对每一个二次涡进行标注。刚开始时,诱导射流近壁区出现了 3 个二次涡[见图 2-45(a)(b)],分别是 1'号二次涡(简称 1'涡)、2'号二次涡(简称 2'涡)以及 3'号二次涡(简称 3'涡);随着时间的推移,4'号二次涡在射流起始阶段形成[见图

2-45(c)]；而2'号涡与3'号涡的距离不断缩短[见图2-45(d)～图2-45(g)]；当二次涡发展到一定时刻时，2'号涡与3'号涡发生融合，形成5'号二次涡[见图2-45(i)]。此时，二次涡完成周期运动。

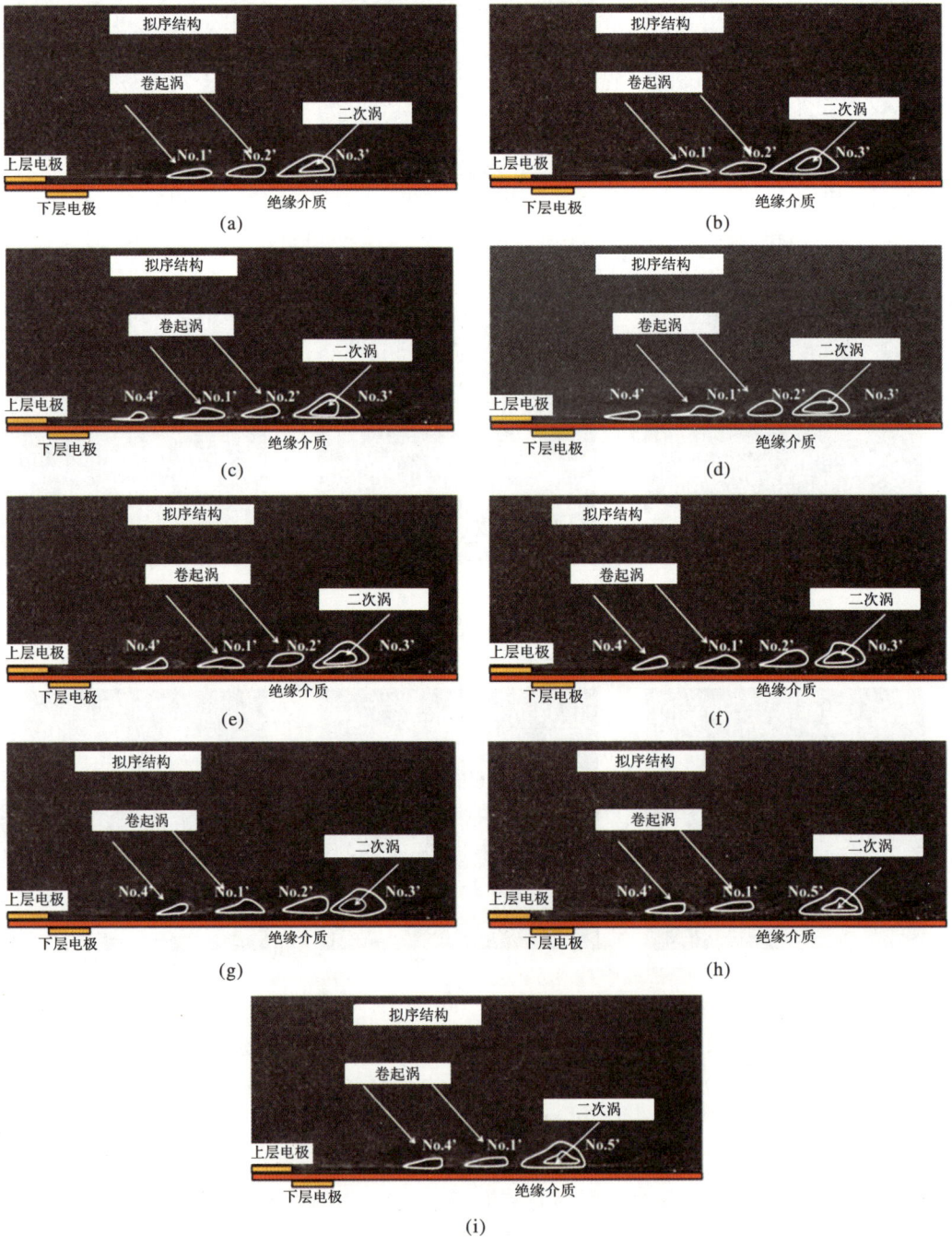

图 2-45　不同相位角下激励器诱导流场二次涡分布

(a)$\Phi=0°$；(b)$\Phi=45°$；(c)$\Phi=90°$；(d)$\Phi=135°$；(e)$\Phi=180°$；

(f)$\Phi=225°$；(g)$\Phi=270°$；(h)$\Phi=315°$；(i)$\Phi=360°$

依据上述结果可以得出,激励电压决定了诱导射流特性。层流射流不能全面概况诱导射流的全部特性,它只是激励器在较低电压激励下诱发的一种射流。当激励器产生层流射流时,通过射流产生的动量效应是等离子体流动控制的主要机理之一。射流速度的大小绝大部分程度上决定了控制效果的好坏。而当电压较高时,激励器诱发湍流射流。

总的来看,激励器的平均诱导流场掩盖了一些流场细节,不能完全给出近壁区流场情况。从瞬态流场可以看出,激励器在高电压激励下产生的湍流射流在近壁区包含了卷起涡、二次涡等拟序结构,蕴藏了较高能量。这一系列涡结构在发展、演化的过程中,不断卷吸周围空气,提升了激励器卷吸掺混的扰动能力,为提高激励器可控风速及可控雷诺数奠定了基础。因此,高电压激励下的激励器兼有动量注入与卷吸掺混两种控制机理,是提高激励器控制效果、破解高风速或高雷诺数下分离流控制难题的关键一招,具有良好的前景。

2.3　声学特性研究

2.3.1　诱导超声波

为了进一步挖掘等离子体潜在的能量,提升等离子体流动控制效果,团队针对等离子体激励器声学特性开展了研究。除了发现高电压下激励器诱导产生的壁面拟序结构外,通过压力测量与纹影两种方式,证明介质阻挡放电等离子体激励器能产生超声波。如图 2-46 所示,当电压峰峰值为 20 kV、频率为 5 000 Hz 时,激励器除了能诱导产生与电压频率相同的主频与倍频外,还能在 100 kHz 附近产生明显的"驼峰"。这部分宽频属于超声波的频率范围,表明激励器能产生超声波。

除了压力测量外,通过短曝光锁相纹影技术也能清晰地捕捉到激励器诱导产生的超声波。如图 2-47 所示,在正弦高压电源启动 40 μs 后,激励器在上、下两层电极搭接处产生了一系列的平面波。相邻两个平面波之间的距离近似为诱导压力波的波长。基于压力波的传播速度(接近声速)与波长,得出诱导压力波的频率在 450 kHz 附近,进一步证明了介质阻挡放电等离子体激励器能产生超声波。这里需要说明的是,由于压力传感器的截止频率为 140 kHz,因此通过压力测量与纹影流场显示技术获得的诱导压力波频率不一致。但两种测量方法相互补充,充分证明了介质阻挡放电等离子体激励器能产生宽频带的超声波。基于激励器近似为点声源的假设,通过压力测量的结果,揭示了激励器电能到声能的能量转换率(单位时间内诱导声能占激励器消耗电能的 7%,是电能到动能转换效率的 35 倍)。继"动力效应""冲击效应""物性改变"三种等离子体对空气作用的机制后,提出了"激励器声激励"这一新的作用机制。

自 1857 年介质阻挡放电被人们发现以来,一直被称为"无声放电"。而"无声放电"并不是真正的无声。激励器的诱导声能在超声波频段蕴藏着较大的能量,亟待被挖掘、利用。

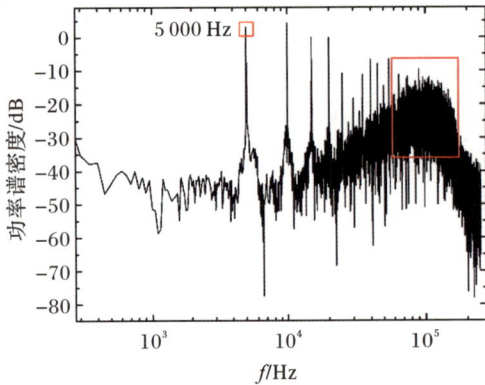

图 2-46　激励器诱导压力的功率谱

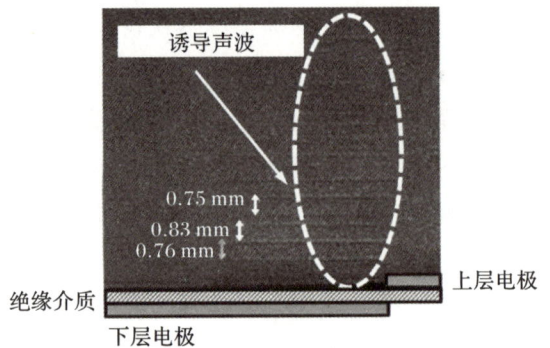

图 2-47　激励器诱导超声波的纹影图

实验发现,激励器在每个正弦电压周期均能产生超声波。如图 2-48、图 2-49 所示,无论是在启动涡阶段还是在准定常射流阶段,激励器均产生了一系列超声波。

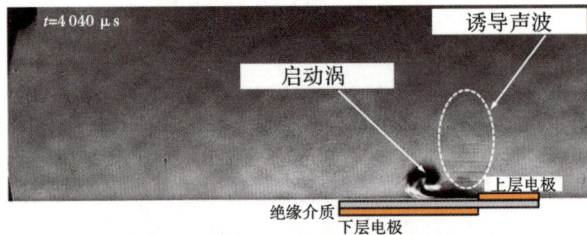

图 2-48　启动涡阶段的诱导超声波

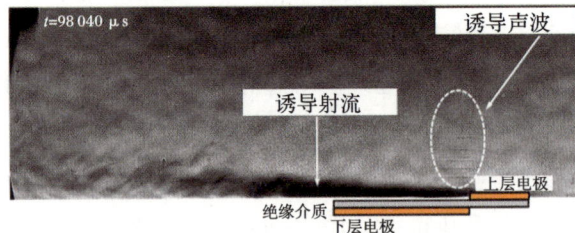

图 2-49　射流阶段的诱导超声波

为了探索超声波的产生机理,将无量纲的电压 E^*($E^* = E_{max}/E$)、电流 I^*($I^* = I_{max}/I$)、压力 P^*($P^* = P_{max}/P$)进行分析。如图 2-50 所示,电流与压力两种特征量耦合程度较高,表明激励器电学特性与声学特性具有较强的关联性。分析认为,在电压上升沿形成的流光放电会诱导产生幅值大、频率高的一系列脉冲电流。激励器在产生脉冲电流的同时,会在壁面附近快速释放热,从而改变近壁区的压力场与密度场,形成压力波。由于诱导压力波的产生频率较高,因此,压力波达到超声波的频率范围。尽管通过电流与压力数据之间的耦合关系初步厘清了流光放电与超声波之间的关联机制,但超声波的产生机理仍需要进一步探索。

为了进一步提升激励器声激励强度、挖掘激励器诱导声能,开展了电压波形对诱导流场的影响研究。如图 2-51 所示,当采用非定常交流波形,并且在该波形激励下等离子体激励器已工作 2 s 后,在流光放电阶段,最大脉冲电流的幅值从传统交流电压激励下的几十毫安提升至几百毫安。

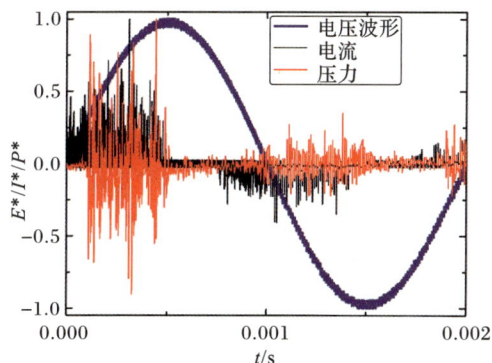

图 2-50　无量纲电压波形、电流与压力

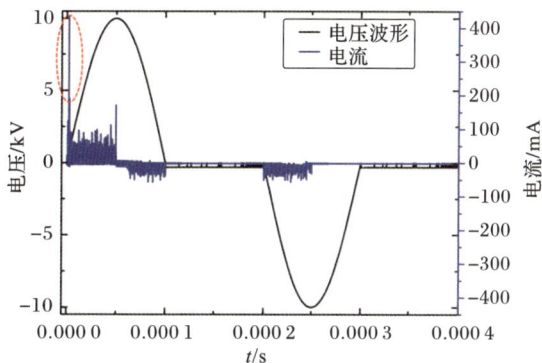

图 2-51　非定常交流电压波形及电流

如图 2-52 所示,无残余电荷时诱导压力波的压力峰值最大仅为 50 Pa,而当有残余电荷时,最大压力峰值达到 1 000 Pa,表明通过非定常交流电压激励的方式能使激励器的声激励强度大幅提升。如图 2-53 所示,在非定常交流电压的驱动下,激励器诱导产生的平面波演变为半圆形的压力波。结合电压电流特性(见图 2-51)分析,与传统正弦交流电压相比,当非定常交流电压激励一段时间后,介质表面的残余电荷量大幅增加,流光放电的强度增强,电流峰值增大,激励器短时间内释放的压力增加,平面波演变为半圆形压力波。

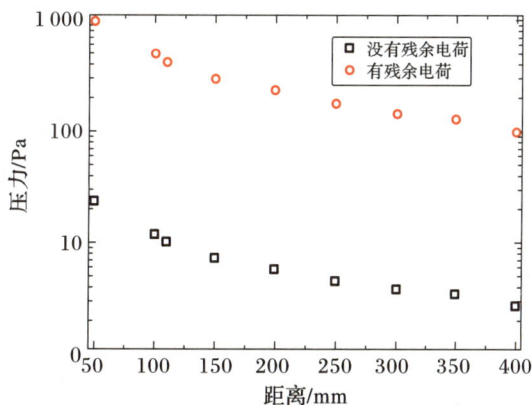

图 2-52　有无残余电荷时诱导压力波的峰值压力

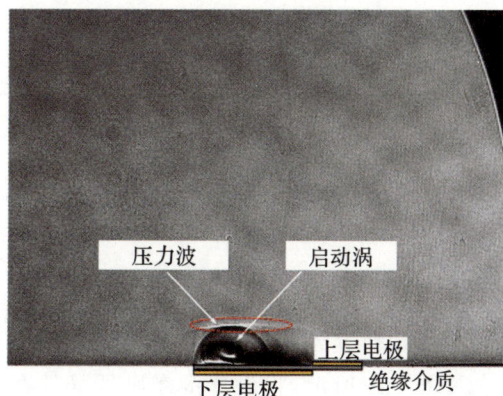

图 2-53　非定常交流电压激励下的等离子体激励器诱导流场

2.3.2 诱导声流

1.在静止空气中产生的声流

尽管发现了诱导超声波,但如何将超声波与流动关联起来,是利用诱导超声波实现流动控制的关键。先前研究表明,当声波的频谱具备宽频带、高幅值两个条件时,声波在穿过空气、水等介质时,会在介质中诱导产生一种准定常的流动,这种流动被称为声流。而激励器诱导超声波的频谱满足产生声流的两个条件(见图2-46)。

如图2-54所示,通过高频PIV在静止空气下捕捉到了激励器诱导声流。由图可知:一是声流产生的位置与诱导超声波的产生位置一致;二是产生声流的时间区域主要集中在正弦电压上升沿阶段,属于流光放电的阶段。

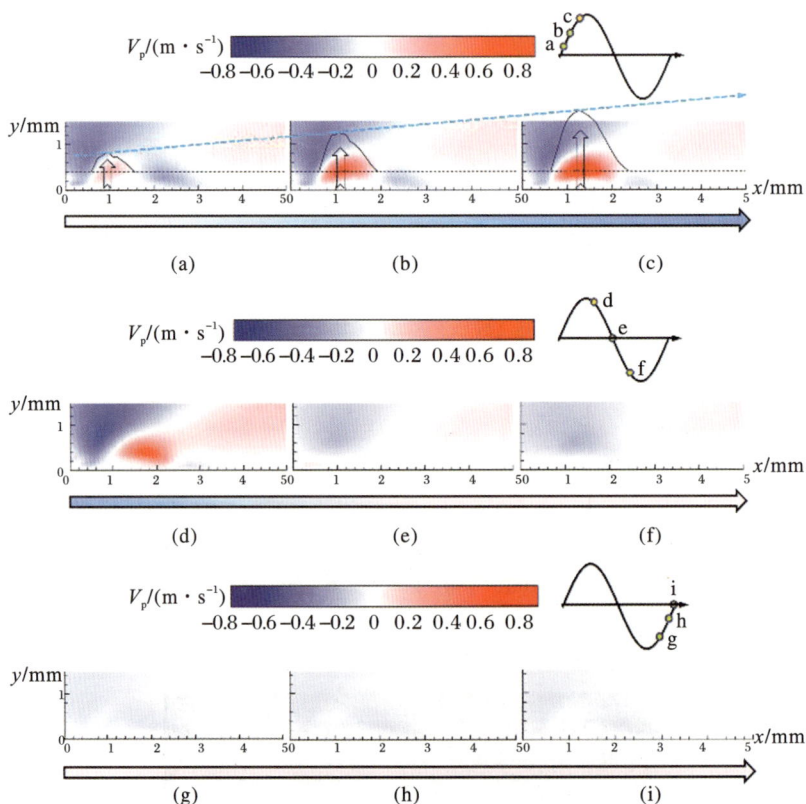

图2-54 不同相位下的法向速度分布

(a)$\Phi=2/14\pi$;(b)$\Phi=4/14\pi$;(c)$\Phi=6/14\pi$;(d)$\Phi=8/14\pi$;(e)$\Phi=14/14\pi$;(f)$\Phi=16/14\pi$;

(g)$\Phi=24/14\pi$;(h)$\Phi=26/14\pi$;(i)$\Phi=28/14\pi$(Φ表示相角)

2.在纯水中产生的声流

除了在静止空气下的诱导声流研究外,采用纹影流场显示技术,还开展了激励器在纯水中产生声流的实验研究。如图2-55所示,将倒置的激励器悬挂在纯水的正上方。激励器的绝缘胶带表面距水平面的距离为5.5 mm。

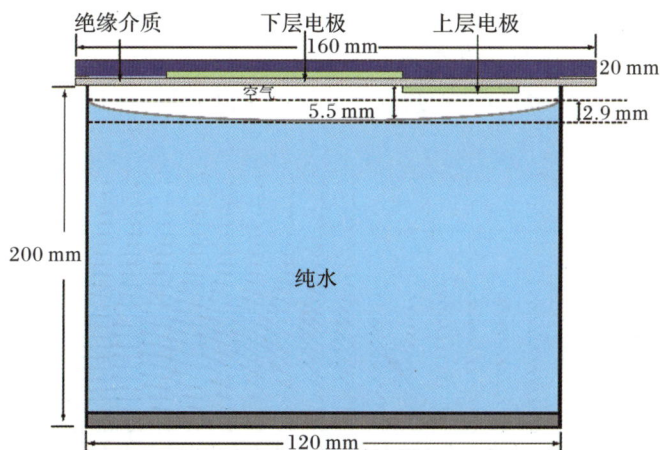

图 2-55 诱导声流实验的设备总体布局示意图

图 2-56 给出了激励器引起的流场变化情况。从图中可以看出:一是在空气中,激励器诱导产生了平面波。研究结果与静止空气下的纹影图像(见图 2-47)一致。二是在纯水中,激励器的诱导声流穿透了水,在纯水中产生了"空穴"。

与常规的等离子体流动控制实验不同,在开展激励器在纯水中产生声流的实验时,激励器与被控制对象(纯水)是不接触的。通过诱导声流在纯水中产生了"空穴",实现了"隔山打牛"的控制效果。诱导声流的发现,为拓展等离子体激励器应用范围、借助声流提升流动控制效果提供了支撑。

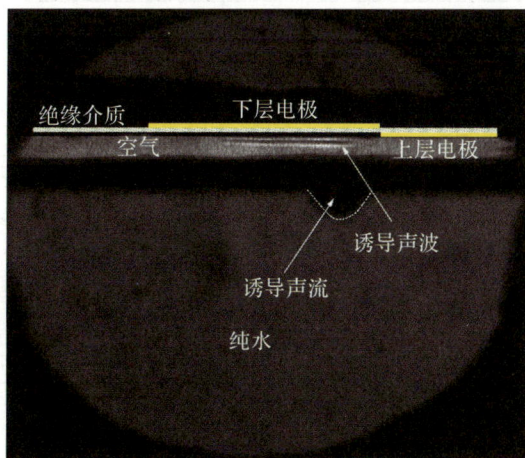

图 2-56 纯水中的诱导声流

2.3.3 诱导声流与诱导射流的耦合机制

尽管在先前研究中提出了"推-推"或"拉-推"两种诱导流场的演化机制,但这两种机制仅考虑诱导体积力的作用,忽略了其他特性对流场的影响。而与传统吹气激励器不同,等离子体激励器具有声学、光学、电学、热力学等特性,每种特性相互关联,直接或间接地参与到流动控制中。

如图 2-57 所示，通过精细化的流场测量，阐明了在诱导流场的准定常阶段，声流通过周期性抬升壁面附近的流场与诱导射流相互作用的耦合机制。在正弦交流电压的上升阶段，诱导声流会将流场进行抬升；在正弦交流电压的下降阶段，体积力将抬升的流场朝电极下游方向推动。

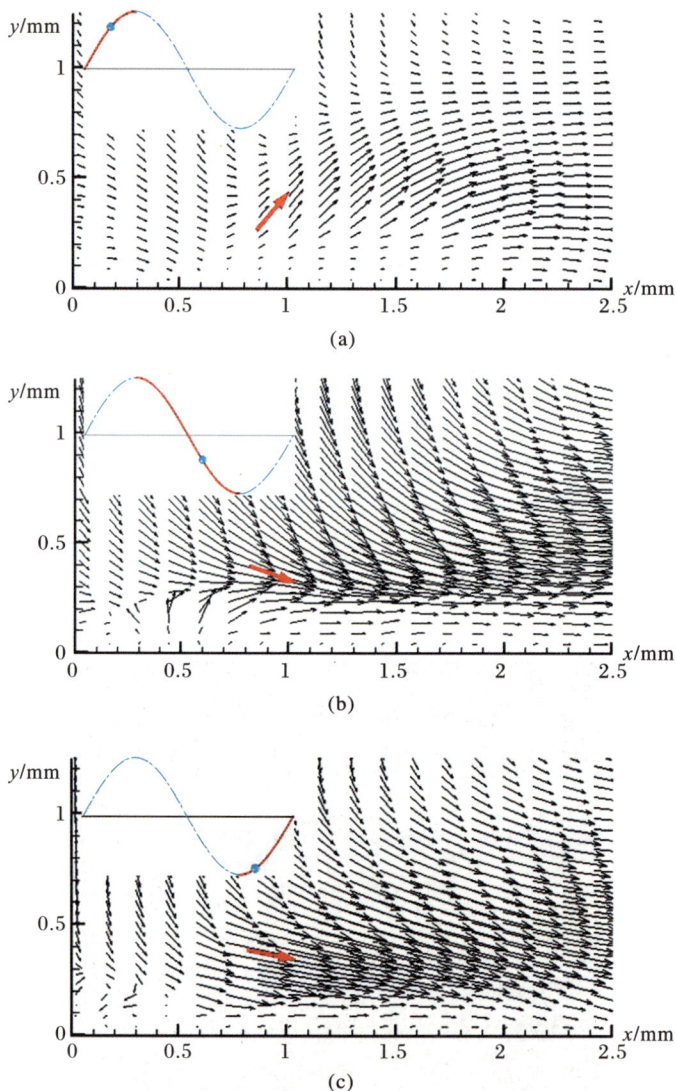

图 2-57　激励器诱导的相位平均流场
(a)$\Phi=6/14\pi$；(b)$\Phi=18/14\pi$；(c)$\Phi=26/14\pi$

如图 2-58 所示，基于诱导声流与体积力，结合激励器光学与电学特性，提出了以"升-推"为主的诱导流场演化机制。在流光放电阶段，激励器产生一系列幅值较高的脉冲电流，通过在壁面附近快速释放热，从而产生诱导超声波与诱导声流。在声流的作用下，流场被抬升；在准辉光放电阶段，激励器诱导产生一系列幅值较低的脉冲电流，诱导体积力的作用逐渐提升。在体积力的作用下，流场被推到了激励器下游，流速增加；在停止放电阶段，体积力的作用降低，诱导流场的流速减小。

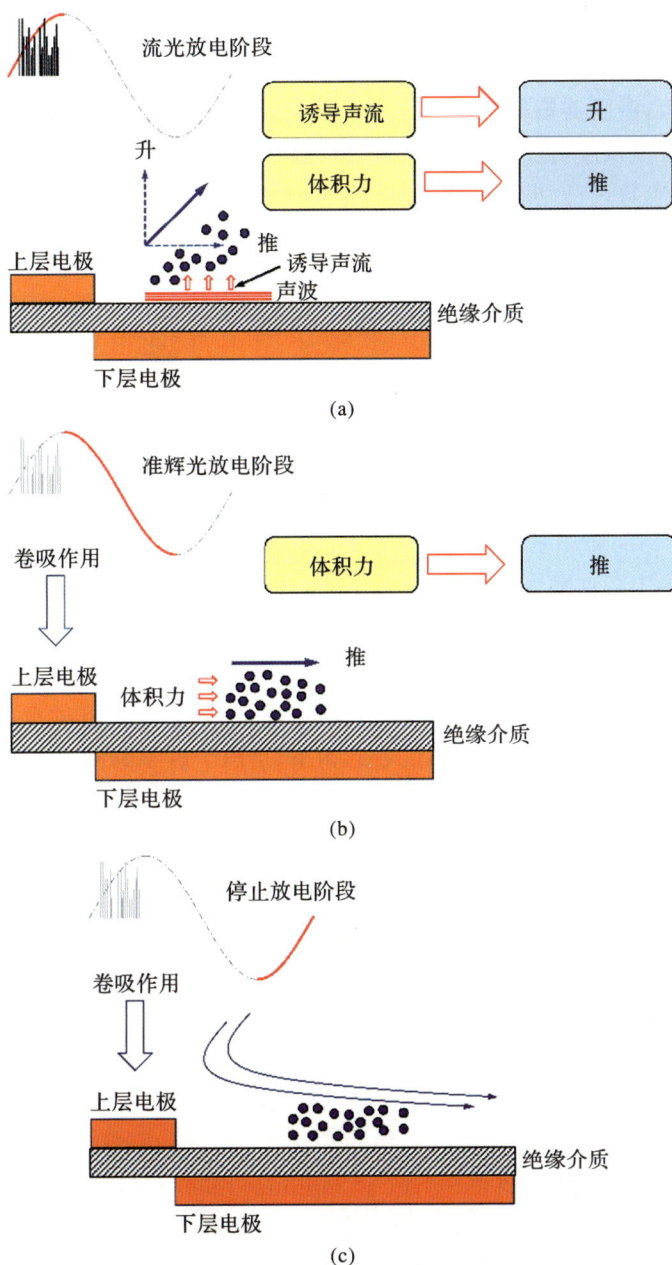

图 2-58 激励器诱导流场的演化机制

(a)流光放电阶段;(b)准辉光放电阶段;(c)放电停止阶段

2.4 小　结

本章围绕静止空气下激励器电学特征以及诱导流场特性两方面开展研究,获得以下结论:

第一,激励电压及上层电极长度是影响激励器消耗功率的两个重要参数。随着激励电压的升高,激励器消耗功率逐渐增大。而随着上层电极长度的增加,激励器消耗功率并非线性增大。在一定长度范围内,随着上层电极长度的增加,激励器消耗功率逐渐增大;当电极长度超过一定阈值,激励器消耗功率的增长速度减缓。这一规律对于大尺度模型流动控制极为有利。即使模型尺度再大,激励器消耗功率也不会无限制地增大。

第二,在几何参数及激励参数相同的情况下,非对称激励器的诱导射流速度略高于对称布局激励器的诱导射流速度。这主要是由于对称布局激励器在上层电极两边产生等离子体,因此,能量相对分散,绝缘介质的热消耗功率增多。

第三,除了射流速度大小的区别外,在相同参数的情况下,两种激励器诱导流场的发展演化过程近似相同。

第四,通过对射流速度脉动量、射流湍流度分布以及射流湍动能等研究发现,等离子体诱导射流是一个高度非线性、动态流场,包含着启动涡、二次启动涡等流场信息,具备较强的扰动能力。

第五,基于PIV实验结果,通过计算获得了激励器诱导体积力分布,结果表明:体积力较高的区域主要集中在近壁区;随着时间的推移,体积力不断增大,当诱导射流达到稳定时,体积力随时间变化较小。

第六,借助高速PIV技术,重新全面、客观地认识了激励器诱导射流特性,发现了激励电压是影响射流特性的重要参数,揭示了较高电压下,诱导湍流射流的拟序结构,初步分析了诱导射流的转捩过程,获得了卷起涡的卷起频率,指出了诱导湍流射流具有动量效应与卷吸掺混两种控制机理,为提高激励器控制能力奠定了基础。

第七,除了启动涡、壁面射流外,等离子体激励器在高电压下还能诱导产生压力波、声流等空间结构。通过采用非定常交流电压激励的方式,能够有效提升诱导压力波强度。基于激励器类似于点声源的假设,揭示了激励器诱导声能在消耗能量中的占比情况,提出了激励器声激励机制。基于诱导声流与体积力,结合激励器光学与电学特性,提出了以"升-推"为主的诱导流场演化机制。

参考文献

[1] FORTE M,JOLIBOIS J,PONS J,et al. Optimization of a dielectric barrier discharge actuator by stationary and non-stationary measurements of the induced flow velocity: application to airflow control[J]. Exp Fluids,2007,43(6):917 – 928.

[2] BENARD N,MOREAU E. Role of the electric waveform supplying a dielectric barrier discharge plasma actuator[J]. Appl Phys Lett,2012,100(19):1 – 5.

[3] 徐学基,诸定昌. 气体放电物理[M]. 上海:复旦大学出版社,1996:309 – 335.

[4] ENLOE C L,MCLAUGHLIN T E,VANDYKEN R D,et al. Mechanisms and responses of a single dielectric barrier plasma actuator:plasma morphology[J]. AIAA J,2004,42(3):589 – 594.

[5] ROTH J R,DAI X,RAHEL J,et al. The physics and phenomenology of paraelectric

one atmosphere uniform glow discharge plasma（OAUGDP）actuators for aerodynamic flow control[C]//43rd AIAA Aerospace Sciences Meeting and Exhibit. Reno：AIAA，2005：AIAA2005 - 781.

[6] VAN DYKEN R，MCLAUGHLIN T，ENLOE C. Parametric investigations of a single dielectric barrier plasma actuator[C]//42nd AIAA Aerospace Sciences Meeting and Exhibit. Reno：AIAA，2004：AIAA2004 - 846.

[7] WHALLEY R D，CHOI K S. The starting vortex in quiescent air induced by dielectric-barrier-discharge plasma[J]. J Fluid Mech，2012，703：192 - 203.

[8] KOTSONIS M，VELDHUIS L，GHAEMI S，et al. Experimental study on the body force field of dielectric barrier discharge actuators[C]//41st Plasmadynamics and Lasers Conference. Chicago：AIAA，2010：AIAA2010 - 4630.

[9] 张攀峰，刘爱兵，王晋军. 基于唯象模型的等离子激励诱导流场数值模拟[J]. 北京航空航天大学学报，2010，36(1)：52 - 56.

[10] 王玉帅，高超，郑博睿，等. PIV 测定介质阻挡放电等离子体诱导的体积力[J]. 实验流体力学，2013，27(4)：45 - 49.

[11] POST M L. Plasma actuators for separation control on stationary and oscillating airfoils[D]. Notre Dame：University of Notre Dame，2004.

[12] JUKES T，CHOI K S，JOHNSON G，et al. Turbulent boundary-layer control for drag reduction using surface plasma[C]//2nd AIAA Flow Control Conference. Portland：AIAA，2004：AIAA2004 - 2216.

[13] KELLEY C L，BOWLES P O，COONEY J，et al. Leading-edge separation control using alternating-current and nanosecond-pulse plasma actuators[J]. AIAA J，2014，52(9)：1871 - 1884.

[14] CHUN D H，SCHWARZ W H. Stability of the plane incompressible viscous wall jet subjected to small disturbances[J]. Phys Fluids，1967，10(5)：911 - 915.

[15] ZHANG X，CUI Y D，TAY C M J，et al. Ultrasound generated by alternating current dielectric barrier discharge plasma in quiescent air[J]. Plasma Sources Sci Technol，2020，29(1)：015017.

[16] NEUMANN T，ERMERT H. Schlieren visualization of ultrasonic wave fields with high spatial resolution[J]. Ultrasonics，2006，44：e1561 - e1566.

[17] ZHANG X，CUI Y D，TAY C M J，et al. The pressure wave induced by an asymmetrical Dielectric Barrier Discharge plasma actuator under the influence of residual charge [J]. Aerosp Sci Technol，2020，99：105751.

[18] MOUDJED B，BOTTON V，HENRY D，et al. Scaling and dimensional analysis of acoustic streaming jets[J]. Phys Fluids，2014，26(9)：093602.

[19] ZHANG X，CUI Y D，LI H X. Acoustic streaming flow generated by surface dielectric barrier discharge in quiescent air[J]. Phys Fluids，2021，33：057117.

[20] ZHANG X,CUI Y D,QU F,et al. Acoustic streaming in water induced by an asymmetric dielectric-barrier-discharge plasma actuator at the initiation stage[J]. Phys Fluids, 2021,34:017113.

[21] MURPHY J P,KRIEGSEIS J,LAVOIE P. Scaling of maximum velocity,body force, and power consumption of dielectric barrier discharge plasma actuators via particle image velocimetry[J]. J Appl Phys,2013,113(24):3301.

[22] DEBIEN A,BENARD N,DAVID L,et al. Unsteady aspect of the electrohydrodynamic force produced by surface dielectric barrier discharge actuators[J]. Appl Phys Lett, 2012,100(1):3901.

[23] ZHANG X,QU F. Formation mechanism of wall jet generated by plasma actuators in quiescent air[J]. AIAA J,2022,60(8):4714 – 4724.

第**3**章
来流条件下激励器激励特性研究

在第 2 章中,通过开展静止空气下激励器特性研究,基本掌握了激励器消耗功率与参数之间的关系,揭示了激励器诱导流场的发展演化过程,摸清了启动涡随时间变化规律,发现了激励器诱导流场近壁区拟序结构,总结了射流特性与电压之间的关系,获得了不同时刻体积力分布情况,为完善激励器理论模型,优化激励器参数,降低激励器消耗功率,提高激励器控制效果积累了技术基础。

然而,这些研究都是在静止空气下开展的,但激励器常在来流条件下工作。因此,为了接近实际工况,有必要开展来流对激励器激励特性的影响研究,分析来流情况下启动涡、诱导射流以及体积力的变化规律,为掌握控制机理奠定基础。

3.1 实 验 系 统

3.1.1 激励器

通过上述研究发现,在相同参数下,虽然非对称、对称两种激励器诱导射流速度的大小不同,但诱导流场的形态、启动涡的变化规律却近似相同。因此,本章主要展示对称布局激励器的研究结果。

3.1.2 实验模型

本章采用平板模型开展实验。该模型由铝制成,长度为 300 mm,厚度为 5 mm。如图 3-1 所示,该模型前缘为椭圆形,后缘为斜角。将整个金属模型作为下层电极,在模型表面覆盖四层聚酰亚胺胶带,每层厚度为 0.05 mm。在绝缘介质上面布置宽度为 1 mm、厚度为 0.05 mm 的铜箔胶带作为上层电极。上层电极前缘离平板前缘 200 mm。通过金属模型、上层电极、绝缘胶带以及高压电源构成了对称布局激励器。坐标原点定义在上层电极的中点位置。定义与 x 轴反向的上层电极边缘为左侧,以下标 L 表示;与之相反的一侧为右侧,以下标 R 表示。高压电源、PIV 设备与静止空气下激励器激励特性实验所用的相同,这里不再赘述。

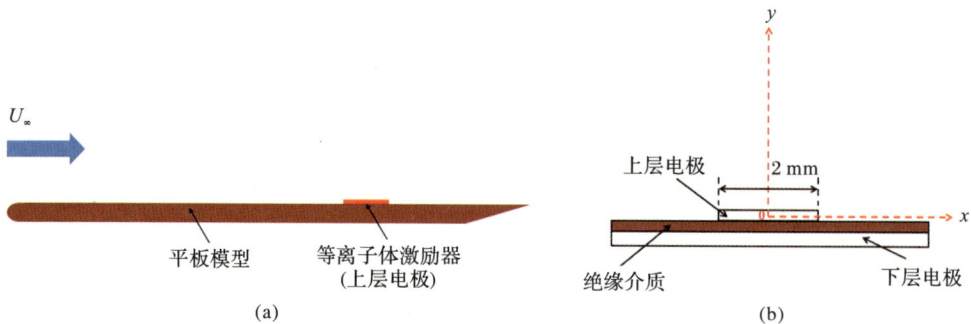

图 3-1 平板模型与激励器

(a)平板模型;(b)激励器剖视图

3.1.3 风洞

实验在中国空气动力研究与发展中心(简称气动中心)低速空气动力研究所研究型低速风洞中进行。如图 3-2 所示,该风洞是一座闭口、直流吸气式低速风洞。试验段长 300 mm,横截面尺寸为 50 mm×50 mm。稳定风速范围为 0.3~5 m/s,湍流度小于 0.1%。

图 3-2 研究型低速风洞

3.2 实验结果与分析

3.2.1 启动涡

图 3-3、图 3-4 分别给出了来流风速为 1 m/s 的情况下,对称布局激励器左、右两侧启动涡随时间演化发展情况。从图中可以看出,与静止空气下启动涡变化规律相比,来流条件下,两侧启动涡的演化规律不尽相同。

在逆来流方向(上层电极左侧),刚开始时,启动涡通过旋转朝远离壁面的方向运动;当运动到一定高度时,由于启动涡旋转方向与来流方向相反,因此,启动涡与周围空气存在较强的剪切;在一段时间内,启动涡不再向远离壁面的方向发展,而是停留在一定高度,通过不断旋转运动,增强壁面附近的低能流体与外流之间的掺混。借助来流的作用,启动涡的寿命得到延长。

而在顺来流方向(上层电极右侧),由于启动涡运动方向与来流方向相同,因此,来流削弱了启动涡旋转运动的能力,打破了涡结构,导致启动涡的生存时间大幅度缩短,运动范围变窄。在 $t=0.076$ s 时,右侧启动涡消失,激励器在右侧形成一股稳定射流。

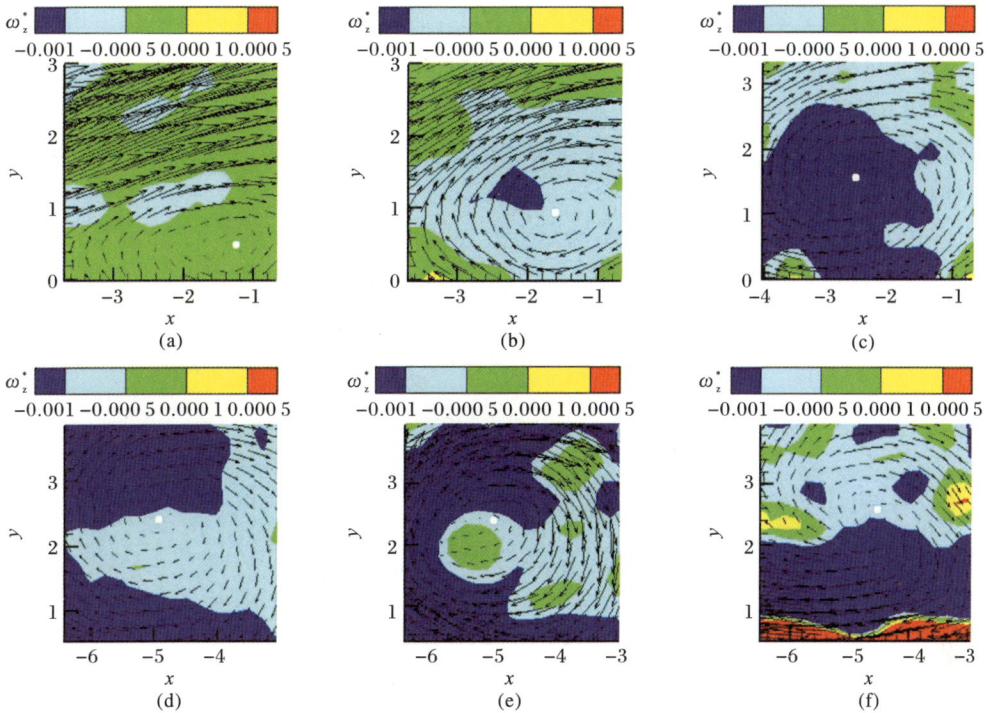

图 3 - 3 来流条件下对称布局激励器左侧启动涡涡量场随时间变化情况

(a)$t=0.033$ s;(b)$t=0.073$ s;(c)$t=0.113$ s;(d)$t=0.223$ s;(e)$t=0.239$ s;(f)$t=0.419\ 7$ s

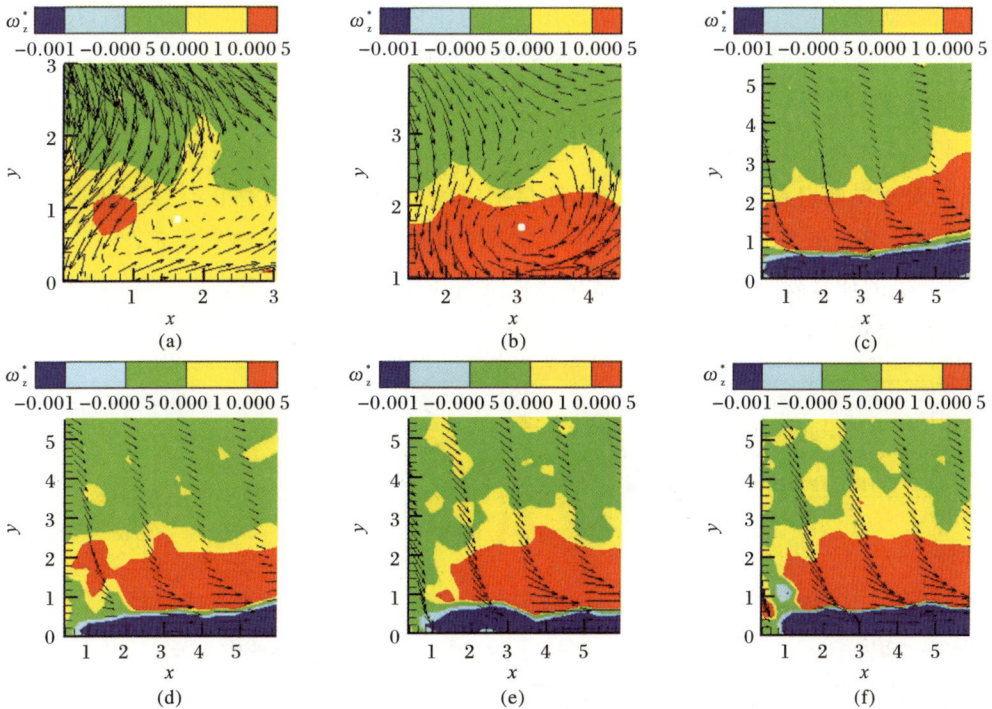

图 3 - 4 来流条件下对称布局激励器右侧启动涡涡量场随时间变化情况

(a)$t=0.033$ s;(b)$t=0.073$ s;(c)$t=0.113$ s;(d)$t=0.223$ s;(e)$t=0.239$ s;(f)$t=0.419\ 7$ s

图 3-5 给出了来流风速为 1 m/s 的情况下,涡核位置随时间变化曲线。由图可知:
①对于左侧启动涡,在 0.16 s 前,涡核位置随时间的运动规律与静止空气下的发展情况近
似相同;在 0.16 s 后,涡核位置在一定范围内波动;②对于右侧启动涡,在 0.076 s 前,启动
涡的移动速度较快;当 $t=0.076$ s 时,在来流的作用下,启动涡消失,启动涡的生存时间较
静止空气下大幅缩短。

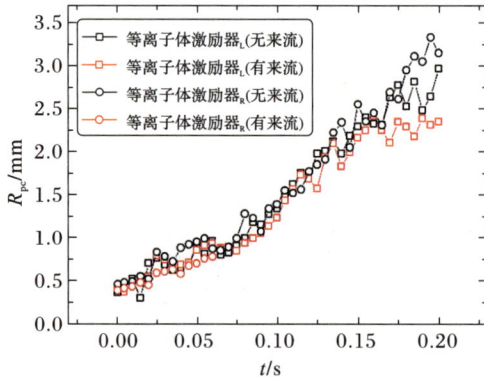

图 3-5 来流条件下涡核位置随时间变化

(a)x 坐标随时间变化;(b)y 轴坐标随时间变化

图 3-6 给出了来流风速为 1 m/s 的情况下,涡核半径随时间变化情况。由图可知:
①对于左侧启动涡,在 0.16 s 前,涡核半径随时间的变化规律与静止空气下的近似相同。②在
0.16 s 后,涡核半径并不继续增加,而是在一定范围内跳动。②对于右侧启动涡,在 0.076 s
前,涡核半径随时间的变化规律与静止空气下的近似相同;当 $t=0.076$ s 时,在来流的作用
下,启动涡消失。

图 3-7 给出了来流风速为 1 m/s 的情况下,启动涡产生的环量随时间变化情况。由图
可知:①对于左侧启动涡,在 0.16 s 前,环量随时间的变化规律与静止空气下的近似相同;
在 0.16 s 后,环量值并不继续增加,而是在一定范围内波动。②对于右侧启动涡,在 0.076 s 前,
启动涡产生的环量随时间的变化规律与静止空气下的近似相同,当 $t=0.076$ s 时,在来流
的作用下,启动涡消失。

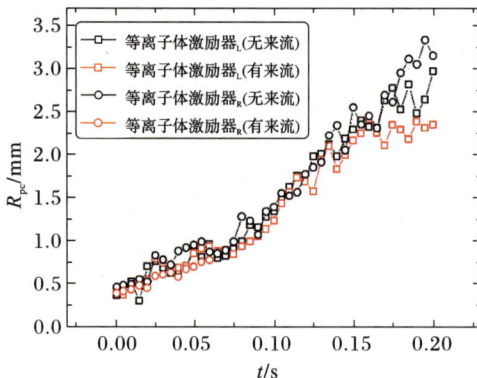

图 3-6 来流条件下涡核半径随时间变化

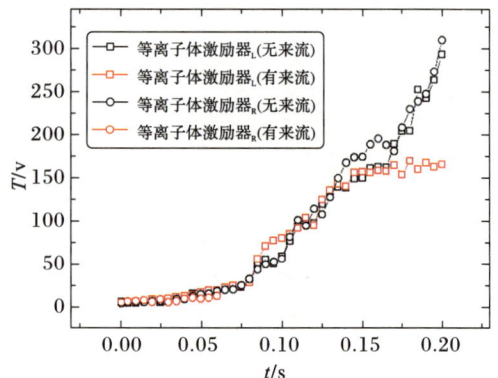

图 3-7 来流条件下激励器诱导环量随时间变化

总的来看,来流对涡核位置、涡核半径以及环量的影响规律近似相同。对于逆来流方向(左侧)的启动涡,在来流的作用下,启动涡生存时间提高;在达到阈值时间后,涡核位置、涡核半径以及环量在一定时间内波动,并不随时间继续增大;对于顺来流方向(右侧)的启动涡,由于启动涡的旋转方向与来流方向相同,来流降低了启动涡的旋转能力,致使启动涡的寿命大幅度缩短。

3.2.2 诱导射流

由于逆来流方向(左侧)的诱导流场以启动涡为主,而顺来流方向的诱导流场以射流为主,因此,在分析射流效应时,主要以顺来流方向(右侧)的诱导流场为主。

1. 平均射流

图 3-8 给出了有/无来流情况下,激励器右侧诱导射流平均速度剖面。由图可知:在电极附近,来流对射流起到推动作用,使得 $x=1$ mm 附近的射流速度大于静止空气下当地的射流速度;在电极下游,来流对诱导射流影响较小。

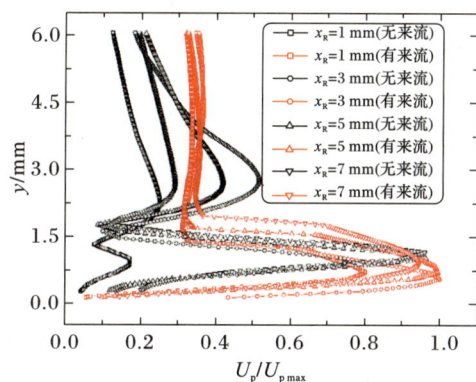

图 3-8 有/无来流情况下诱导射流的平均速度剖面

图 3-9 给出了有/无来流情况下质量流量随 x 方向距离变化情况。由图可知:有/无来流两种工况下,质量流量随 x 距离变化规律近似相同;与静止空气下的研究结果相比,在来流作用下,相同 x 位置处的质量流量减小;随着距离的增加,质量流量的减小量在降低。

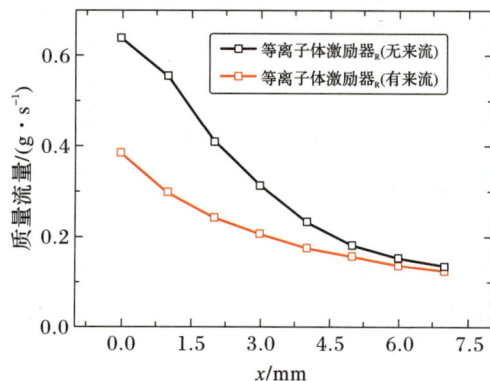

图 3-9 有/无来流情况下诱导射流的质量流量随 x 方向距离变化情况

2. 瞬时流场

图 3-10 给出了有/无来流情况下诱导射流速度最大值随时间变化情况。由图可知：有/无来流两种工况下，射流速度随时间变化规律近似相同。射流速度变化曲线主要分为两部分：当 $t < 0.4$ s 时，随着时间的增大，诱导射流速度不断增加；当 $t > 0.4$ s，射流速度趋于稳定；在来流影响下，当 $t > 0.4$ s 时，速度的震荡量显著增加，激励器的扰动能力明显增强。

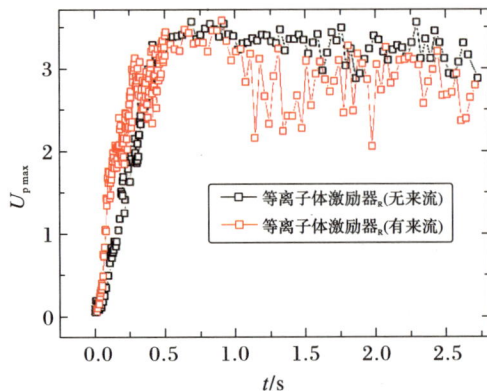

图 3-10　有/无来流情况下诱导射流瞬时速度最大值随时间变化情况

图 3-11 给出了在 $x = 5$ mm 位置，有/无来流的情况下射流速度剖面随时间变化情况。由图可知：有/无来流两种工况下，射流速度剖面随时间变化规律近似相同；随着时间的推移，诱导射流速度不断增大；与静止空气下射流速度剖面随时间变化规律相比，在来流作用下，相同时刻的射流速度增加。

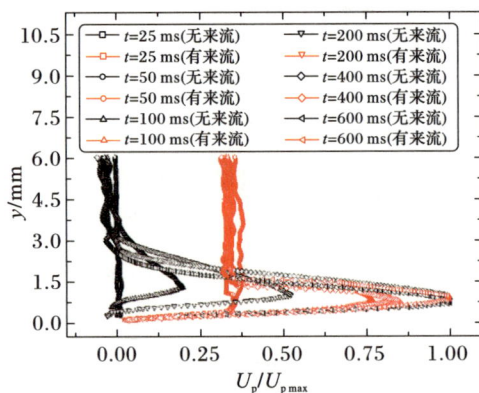

图 3-11　有/无来流情况下诱导射流速度剖面随时间变化情况

图 3-12 给出了在 $x = 5$ mm 位置，有/无来流的情况下射流脉动速度剖面随时间变化情况。由图可知：有/无来流两种工况下，射流脉动速度剖面随时间变化规律近似相同；随着时间的推移，诱导射流脉动速度减小；与静止空气下射流脉动速度剖面随时间变化规律相比，在来流作用下，相同时刻的射流脉动速度增加，表明借助来流作用，激励器的扰动能力提高。

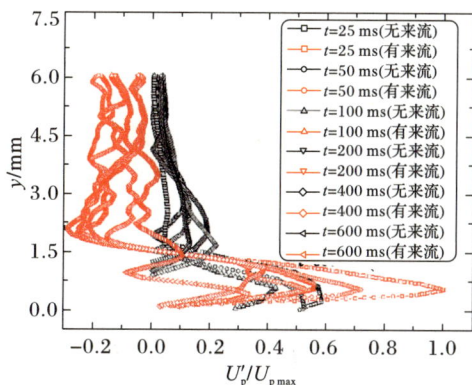

图 3-12　有/无来流情况下诱导射流脉动速度剖面随时间变化情况

图 3-13 给出了在 $x=5$ mm 位置,有/无来流情况下,质量流量随时间变化情况。由图可知:有/无来流两种工况下,质量流量随时间变化规律近似相同;在来流作用下,相同时刻的质量流量降低。

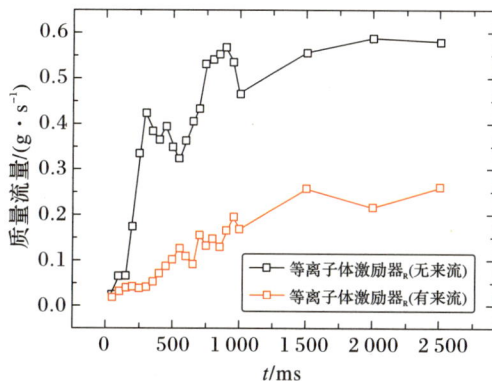

图 3-13　有无来流情况下诱导射流的质量流量随时间变化情况

3.3　小　　结

本章以对称布局激励器诱导流场为研究对象,引入来流作为影响参数,分析了来流对启动涡、诱导射流、体积力的影响,揭示了对称布局激励器两侧启动涡的时空演化过程,描述了诱导射流随时间发展情况,获得了体积力分布。结果表明:在来流作用下,对称布局激励器左侧(逆来流方向)的诱导启动涡寿命增加,涡核位置、涡核半径以及环量在一定阈值时间后随时间变化较小;激励器右侧(顺来流方向)的诱导启动涡生存时间缩短;此外,来流增强了激励器诱导射流的脉动速度,提升了激励器扰动能力;总的来看,在来流作用下,对称布局激励器的扰动能力得到提升,为较高风速或较高雷诺数下实现流动控制奠定了基础。

第 4 章

二维超临界翼型等离子体流动控制

在掌握有/无来流情况下激励器激励特性的基础上,本章将介绍二维超临界翼型等离子体流动控制研究情况,通过风洞实验评估非对称、对称布局两种激励器在不同雷诺数下的控制效果,探索控制机理,为提升激励器在较高雷诺数下的控制能力积累基础。

4.1 实 验 系 统

4.1.1 风洞

实验在气动中心低速空气动力研究所电空气动力学研究型风洞中进行。该风洞是一座开口直流式风洞,主要由收缩段、扩散段、驻室、风机等部分组成(见图 4-1)。风洞主体采用玻璃钢制成。风洞侧门采用钢化玻璃制作,侧门关闭时保证有较好的密封性能。风洞驻室采用点支式玻璃幕墙结构。收缩段、扩散段与驻室连接部分以及收缩段与风机连接部分采用柔性密封材料,防止共振。试验段尺寸为 750 mm×750 mm×1 050 mm,风洞全长为 11.5 m。稳定风速范围为 2~55 m/s,湍流度小于 0.3%。

图 4-1 电空气动力学研究型风洞

4.1.2 激励器

采用非对称、对称布局两种激励器开展研究。如图 4-2(a)所示,采用宽度为 2 mm、厚度为 0.05 mm 的铜箔胶带作为非对称布局激励器的上、下两层电极,绝缘介质为 4 层聚酰亚胺胶带。每层胶带的厚度为 0.05 mm。上、下两层电极搭接处位置距翼型前缘约 1 mm。如图 4‐2(b)所示,采用宽度为 2 mm、厚度为 0.05 mm 的铜箔胶带作为对称布局激励器的上层电极,下层电极采用宽度为 4 mm、厚度为 0.05 mm 的铜箔胶带制成。上层电极前缘距翼型前缘约 1 mm。同样,采用 4 层聚酰亚胺胶带作为绝缘介质。

在采用两种布局激励器开展实验时,绝缘材料将整个模型包裹。激励电源仍采用第 2章、第 3 章实验中所用的多相位交流电源。

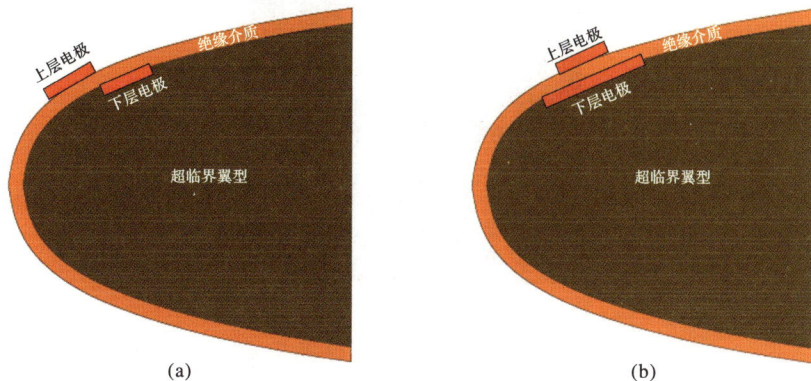

图 4‐2 激励器布局示意图
(a)非对称布局激励器;(b)对称布局激励器

4.1.3 模型及支撑系统

如图 4‐3 所示,采用超临界翼型 SC(2)‐0714 为实验模型开展研究。翼型的前缘后掠角为 25°,平均气动弦长为 100 mm,展长为 480 mm。如图 4‐4 所示,翼型采用竖直方式安装,通过支杆与天平连接。通过转盘的转动实现模型迎角的变化。角度控制机构的精度优于 0.05°。为了开展 PIV 实验,将上地板制作成厚度为 10 mm 的有机玻璃。

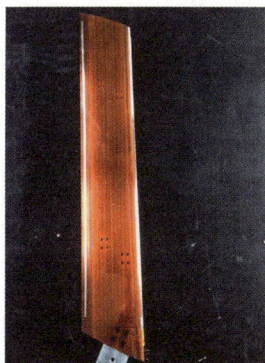

图 4‐3 超临界翼型 SC(2)‐0714

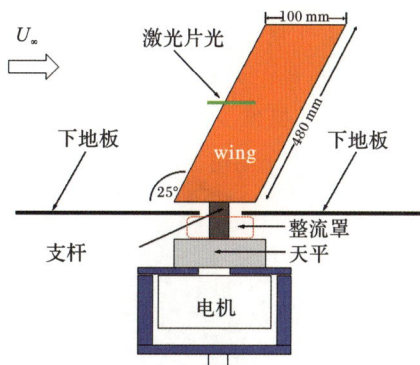

图 4‐4 二维翼型实验方案图

4.1.4 数据采集系统

1.测力系统

测力系统采用 TY02 外式天平(见图 4‐5)开展实验研究。该天平为五分量应变天平,性能指标见表 4‐1。实验前,采用天平校准架对该天平进行静态标定。采用便携式 PXI 数据采集系统进行数据采集,综合精度优于 0.1%。实验时,在每个迎角下,采样前延时 10 s,采样时间为 8 s,采样频率为每通道 200 Hz。通过开展重复性实验,获得气动力精度。在实验风速范围内,升力系数的精度优于 0.002,阻力系数的精度优于 0.000 3。由于本章主要关注施加控制前后气动力数据差量,因此未开展实验数据修正。

图 4 - 5　TY02 应变天平

表 4 - 1　TY02 天平性能指标

测量单元	Y/N	X/N	$M_z/(N \cdot m)$	$M_y/(N \cdot m)$	$M_x/(N \cdot m)$
设计载荷	180	35	8	35	35
校准载荷	±50	±10	±2.62	±25	±25
绝对误差	0.15	0.07	0.048	0.037	0.085
相对误差	0.2	0.2	0.05	0.1	0.2

2. PIV 系统

采用第 2 章、第 3 章实验所用的 PIV 系统开展实验。图 4 - 6 给出了 PIV 实验设备布置示意图。激光器布置在风洞侧面,激光片光与翼型弦向平面重合,定位于选定平面。CCD 相机布置在风洞顶端,摄像头轴线与激光片光垂直相交于测量平面。

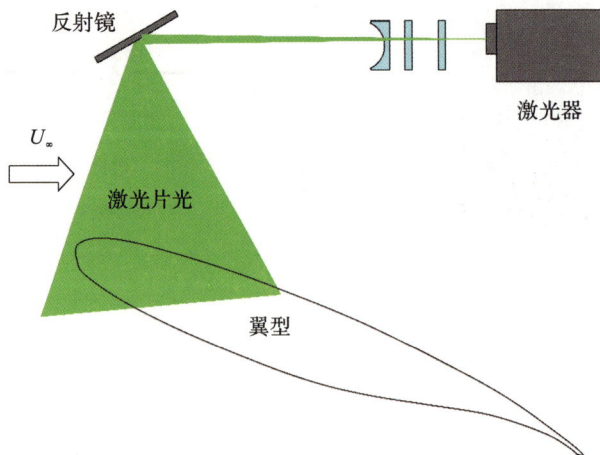

图 4 - 6　PIV 实验设备布置示意图

4.2 实验结果与分析

第一,通过丝线流场显示技术,获得翼型绕流流场随迎角变化情况;第二,通过测力数据,评估非对称及对称布局两种激励器的宏观控制效果;第三,通过丝线、PIV 等流场显示及测量技术对测力数据进行验证;第四,通过 PIV 流场测量,对两种激励器的控制机理进行初步探索;第五,引入能耗比系数,分析激励器消耗功率与升力系数增量间的关系。

4.2.1 丝线流场显示

在 $U_\infty = 10 \sim 50$ m/s(基于翼型平均气动弦长的雷诺数范围为 $6.59 \times 10^4 \sim 3.30 \times 10^5$)的实验条件下,开展丝线流场显示实验。

首先,图 4-7 给出了在 50 m/s 风速下,翼型绕流流场随迎角变化情况。由图可知,在相同迎角下,安装非对称、对称两种布局激励器的翼型绕流流场基本相同,这表明,两种激励器对流场影响相似。当迎角为 0°时,丝线顺流向附着在翼型表面,流场为附着流;当迎角增大到 10°时,翼梢附近的丝线出现摆动,流场从翼梢开始分离;随着迎角继续增大,分离面积逐渐从翼梢向翼根扩大。当迎角为 16°时,翼面上的全部丝线都出现扰动,整个翼面周围的流场全部分离。

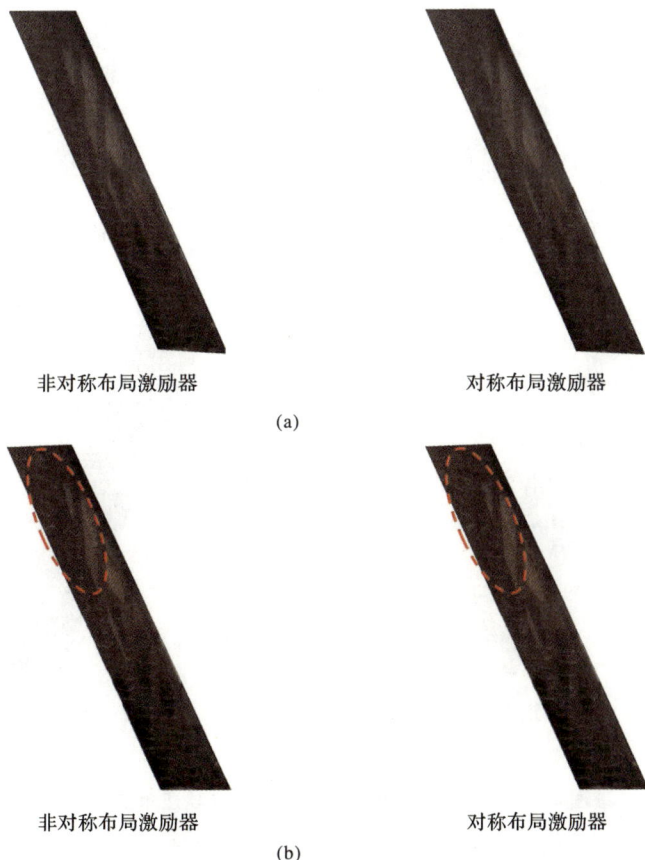

非对称布局激励器   对称布局激励器

(a)

非对称布局激励器   对称布局激励器

(b)

图 4-7　50 m/s 风速下翼型绕流流场随迎角变化情况

(a)$\alpha = 0°$,$U_\infty = 50$ m/s;(b)$\alpha = 12°$,$U_\infty = 50$ m/s

非对称布局激励器　　　　　　　　　对称布局激励器

(c)

非对称布局激励器　　　　　　　　　对称布局激励器

(d)

非对称布局激励器　　　　　　　　　对称布局激励器

(e)

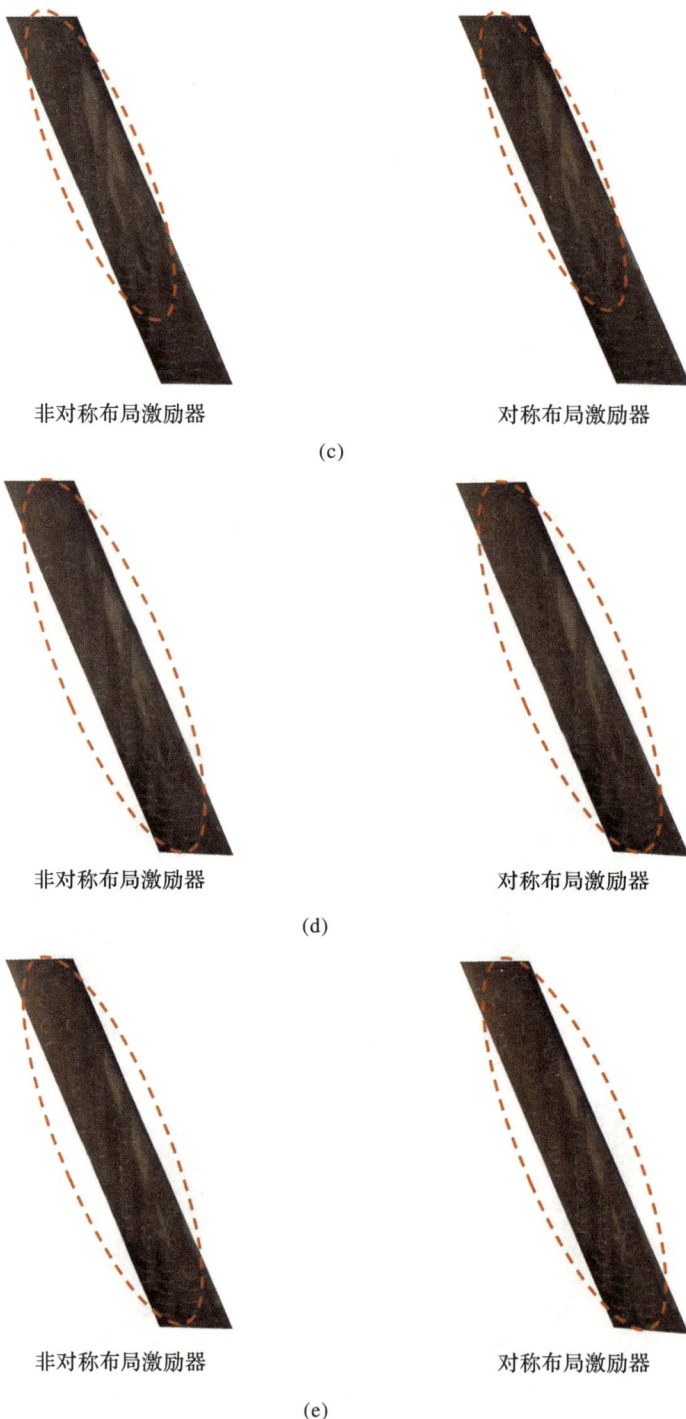

续图 4-7　50 m/s 风速下翼型绕流流场随迎角变化情况

(c)$\alpha=14°$,$U_\infty=50$ m/s;(d)$\alpha=16°$,$U_\infty=50$ m/s;(e)$\alpha=18°$,$U_\infty=50$ m/s

图 4-8 给出了不同风速下,翼型绕流流场随迎角变化情况。由图可知,随着风速或雷诺数的增加,丝线出现扰动的角度推迟,表明失速迎角随风速或雷诺数增大而提高。不同风

速下,翼型绕流流场随迎角变化的规律相似。刚开始时,气流从翼梢开始分离;随着迎角的增大,丝线摆动的区域逐渐从翼梢向翼根方向扩展。

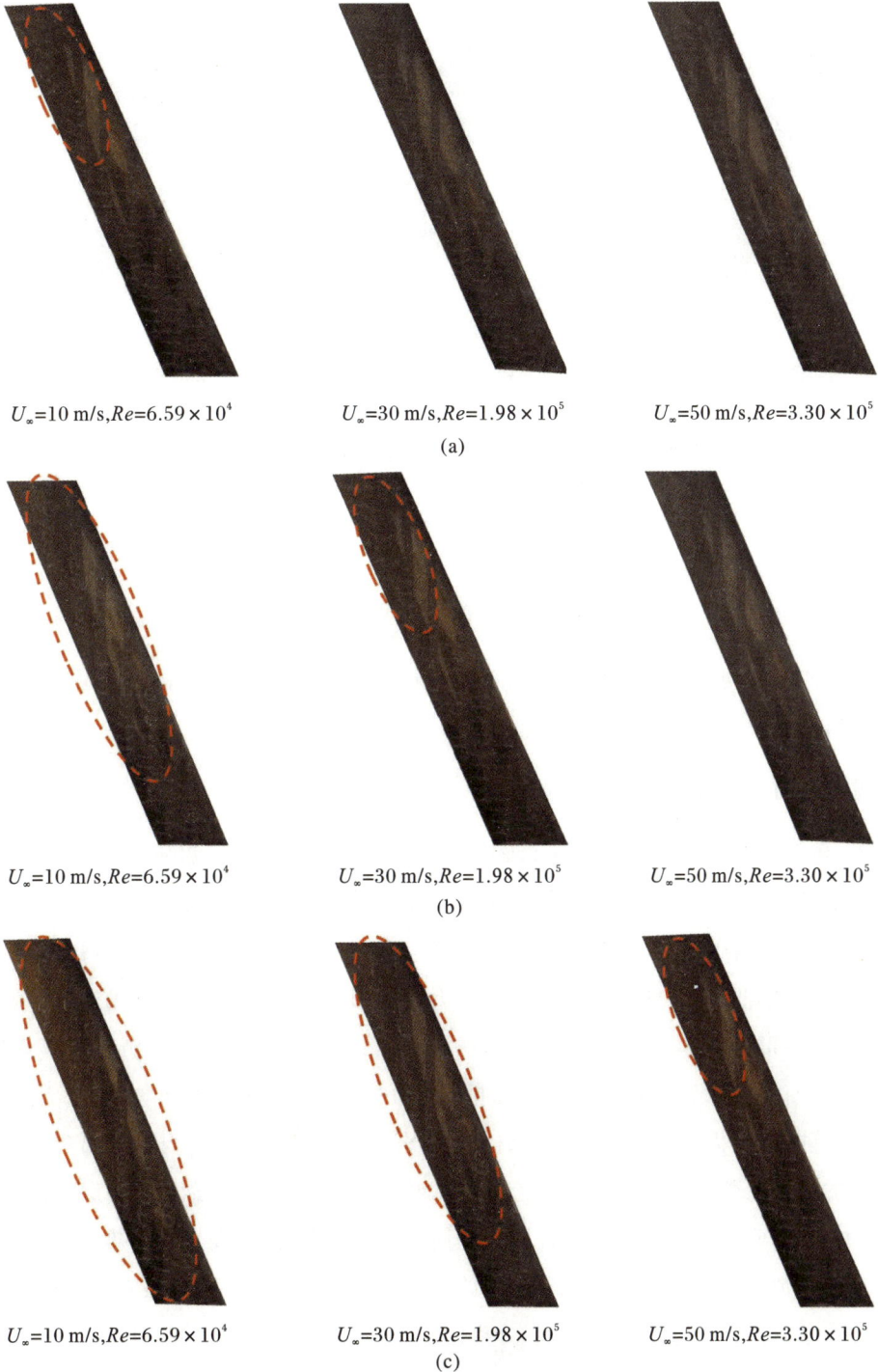

$U_\infty=10$ m/s,$Re=6.59\times10^4$ $U_\infty=30$ m/s,$Re=1.98\times10^5$ $U_\infty=50$ m/s,$Re=3.30\times10^5$
(a)

$U_\infty=10$ m/s,$Re=6.59\times10^4$ $U_\infty=30$ m/s,$Re=1.98\times10^5$ $U_\infty=50$ m/s,$Re=3.30\times10^5$
(b)

$U_\infty=10$ m/s,$Re=6.59\times10^4$ $U_\infty=30$ m/s,$Re=1.98\times10^5$ $U_\infty=50$ m/s,$Re=3.30\times10^5$
(c)

图 4-8　不同风速下翼型绕流流场随迎角变化
(a)$\alpha=8°$;(b)$\alpha=10°$;(c)$\alpha=12°$

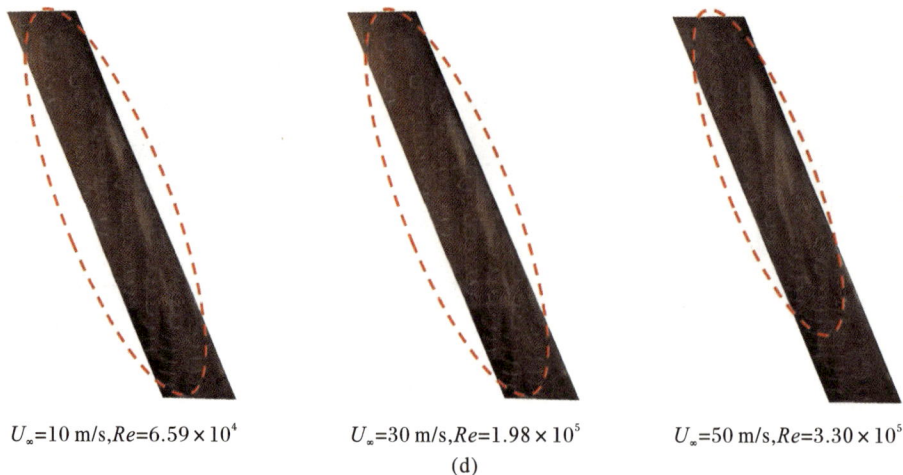

$U_\infty=10\,\text{m/s}, Re=6.59\times10^4 \qquad U_\infty=30\,\text{m/s}, Re=1.98\times10^5 \qquad U_\infty=50\,\text{m/s}, Re=3.30\times10^5$

(d)

续图 4‐8 不同风速下翼型绕流流场随迎角变化

(d)$\alpha=14°$

4.2.2 测力实验

在对二维翼型绕流流场有清楚认识的基础上,下面将通过测力实验,对两种激励器的控制效果进行评估。

1.雷诺数对控制效果的影响

图 4‐9 给出了在 10 m/s、30 m/s 及 50 m/s 三种风速下,施加激励前后,翼型升力系数及阻力系数随迎角变化情况。三种风速对应的雷诺数分别为 6.59×10^4、1.98×10^5 以及 3.30×10^5。激励电压的峰峰值为 9.8 kV,激励频率为 3 kHz。从图中可以看出:在不同风速下,未施加控制前,安装两种激励器对升阻力曲线影响较小,表明实验系统稳定,数据重复性较好;在三种雷诺数下,从未施加控制的结果来看,升力系数线性段经历了从出现拐折到基本光顺的变化,同时失速迎角从 8°逐渐推迟到 12°。在压差阻力的影响下,阻力系数在失速区域出现陡增,测力数据与丝线显示结果吻合较好;在 30 m/s 下,当翼梢出现分离时,未施加控制的升力系数达到最大;当迎角为 12°,翼面上的分离面积增大,升力系数大幅度降低,翼型失速;当两种激励器分别布置在翼型前缘时,控制效果主要表现为推迟失速迎角、提高最大升力系数,激励器产生类似于"前缘缝翼"的效果,为解决无缝翼机翼固有的气动问题积累了技术基础。此外,激励器在抑制分离的同时,阻力系数在失速迎角附近大幅降低。总的来看,在较高雷诺数下,对称布局激励器的控制效果要优于传统非对称激励器的控制效果。

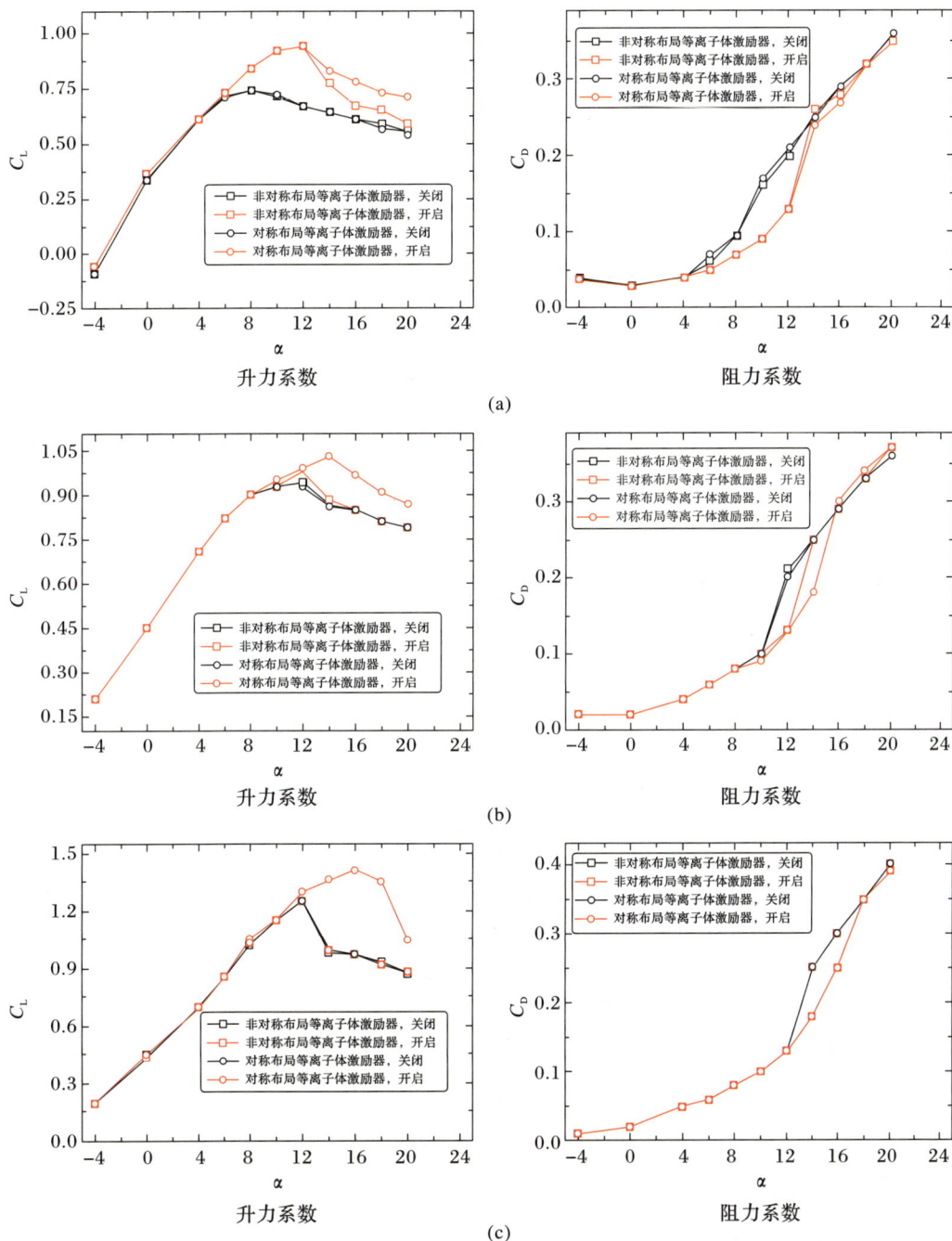

升力系数   阻力系数

(a)

升力系数   阻力系数

(b)

升力系数   阻力系数

(c)

图 4-9 不同风速下施加激励前后升力系数与阻力系数随迎角变化

(a)$U_\infty = 10$ m/s;(b)$U_\infty = 30$ m/s;(c)$U_\infty = 50$ m/s

为了更为直观地分析、对比两种激励器在不同雷诺数下的表现情况,图 4-10、图 4-11 分别给出了施加控制后,最大升力系数增量与推迟的失速迎角随雷诺数变化情况。激励电压峰峰值为 9.8 kV,激励频率为 3 kHz。由图可知,雷诺数对两种激励器控制效果的影响差别较大。对于传统的非对称布局激励器来讲,随着雷诺数的增加,控制效果逐渐降低。在

$Re=6.59\times10^4$，通过非对称布局激励器施加控制后，失速迎角推迟了 $4°$，最大升力系数增大了 27%；在 $Re=1.98\times10^5$，通过非对称布局激励器施加激励后，失速迎角推迟了 $2°$，最大升力系数增加了 5.4%；而在 $Re=3.30\times10^5$，非对称布局激励器失效；这种控制效果随雷诺数或风速的变化规律与文献[1]研究结果吻合较好。对于对称布局激励器而言，随着雷诺数的增加，控制效果基本保持不变。在三种雷诺数下，通过对称布局激励器施加控制后，推迟的失速迎角保持在 $4°$，最大升力系数增加量保持在 9.6% 以上。

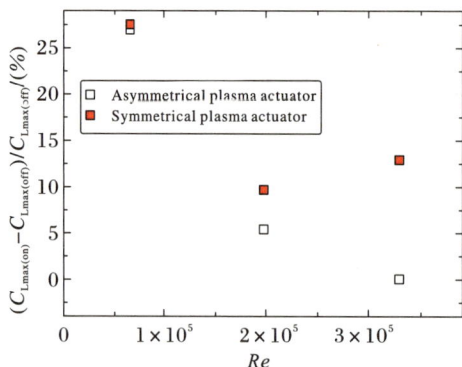

图 4-10　最大升力系数增量随雷诺数变化情况　图 4-11　推迟的失速迎角随雷诺数变化情况

由图 4-9 可知，除了推迟失速迎角、提高最大升力系数以外，对称布局激励器还能在大迎角区域（即迎角超过失速迎角）提高升力系数。图 4-12、图 4-13 给出了三种雷诺数下，升力系数最大增量以及最大增量对应的迎角随雷诺数变化情况。其中，最大增量对应的迎角扣除了当地雷诺数下施加控制后的失速迎角。由图可知：当超过施加控制后的失速迎角，非对称布局激励器基本失效；而对于对称布局激励器来说，即使超过施加控制后的失速迎角，激励器仍然有效。在较高雷诺数下，升力系数的最大增量就出现在失速迎角后。结果表明，对称布局激励器能减缓翼型抖失速特性。这对于改善战斗机大迎角气动特性，提升飞行器机动性能有较大帮助。

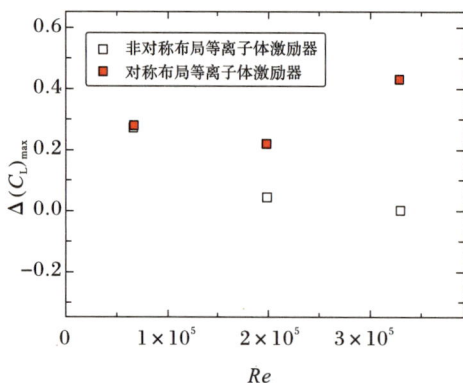

图 4-12　升力系数最大增量随雷诺数变化　图 4-13　升力系数最大增量对应的迎角随雷诺数变化

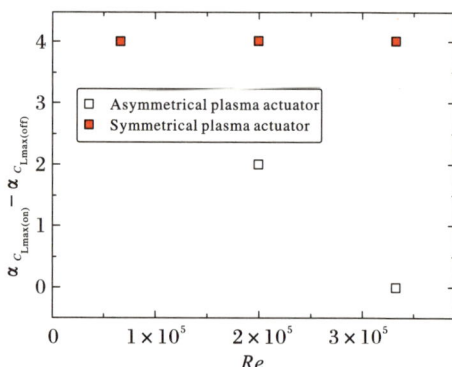

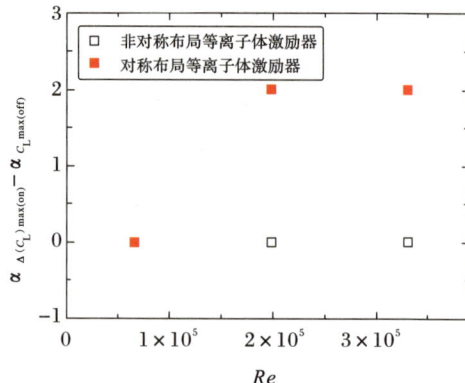

由上述测力结果可知，在较高雷诺数下，对称布局激励器的控制效果优于传统的非对称布局激励器，并且随着雷诺数的增加（或者风速的提高），对称布局激励器的控制效果没有显著降低。这一变化规律与非对称布局激励器控制效果随风速或雷诺数的变化规律相差较大。下面通过三个步骤对实验结果进行验证，进一步对实验系统进行考核（见图 4-14）。

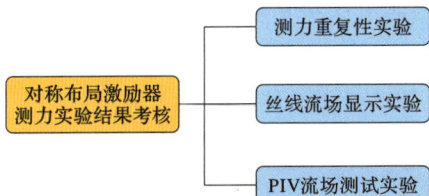

图 4 - 14 对称布局激励器测力实验结果验证思路

首先开展了数据重复性实验。以 $\alpha=16°$,$Re=3.30\times10^5$ 为研究工况开展研究。实验时,连续采集 300 个样本点进行分析。由图 4 - 15 可知,当未施加控制时,翼型处于失速状态,因此,升力系数出现小幅震荡。震荡幅值小于 0.06。由于非对称激励器在该工况下失效,因此,升力系数仍处于震荡状态。而当对称布局激励器工作时,由于激励器较好地抑制了翼型失速分离,因此,升力系数处于相对稳定的状态。平均增量达到了 0.44,远大于控制前升力系数的震荡量。由此看出,实验系统是稳定的,对称布局激励器在较高雷诺数下产生的增量是可靠的。

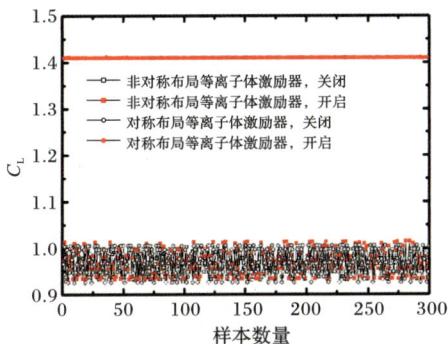

图 4 - 15 升力系数随采样点变化情况($\alpha=16°$,$Re=3.30\times10^5$)

此外,通过丝线流场显示技术进一步对测力数据进行验证。同样以 $\alpha=16°$,$U_\infty=50$ m/s 为研究工况开展研究。由图 4 - 16 可知:未施加控制时,翼型表面的丝线出现卷曲、翻转,表明翼型绕流流场处于分离状态;由对称布局激励器施加控制后,丝线重新附着在翼型表面,表明流场分离得到抑制。丝线流场显示结果与测力数据吻合较好,进一步考核了实验系统,证明了测力实验数据的可靠性。在 PIV 实验部分会对测力结果进行进一步验证。

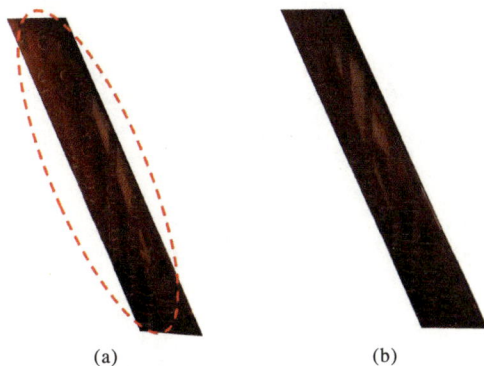

(a)　　　　　　　　　(b)

图 4 - 16 施加控制前后翼面丝线变化情况($\alpha=16°$,$Re=3.30\times10^5$)

(a)控制前;(b)控制后

2. 激励电压对控制效果的影响

图 4 - 17 给出了在不同雷诺数(或风速)下,激励电压对最大升力系数及失速迎角的影

响。由图 4-17 可知,随着激励电压的升高,激励器的控制效果增强。由两种激励器施加控制后,最大升力系数的增量提高,推迟的失速迎角增加。这一变化规律与文献[1]一致;结果表明,通过改变激励电压,能够改变激励器的控制效果,相当于调整了虚拟前缘缝翼的偏角。在不同雷诺数下,存在一个阈值电压,使得激励器产生控制效果。阈值电压除了与风速有关外,还与激励器的几何参数有关。当 $Re=3.30\times10^5$ 时,对称布局激励器在不同电压下的控制效果都优于非对称布局激励器的控制效果。

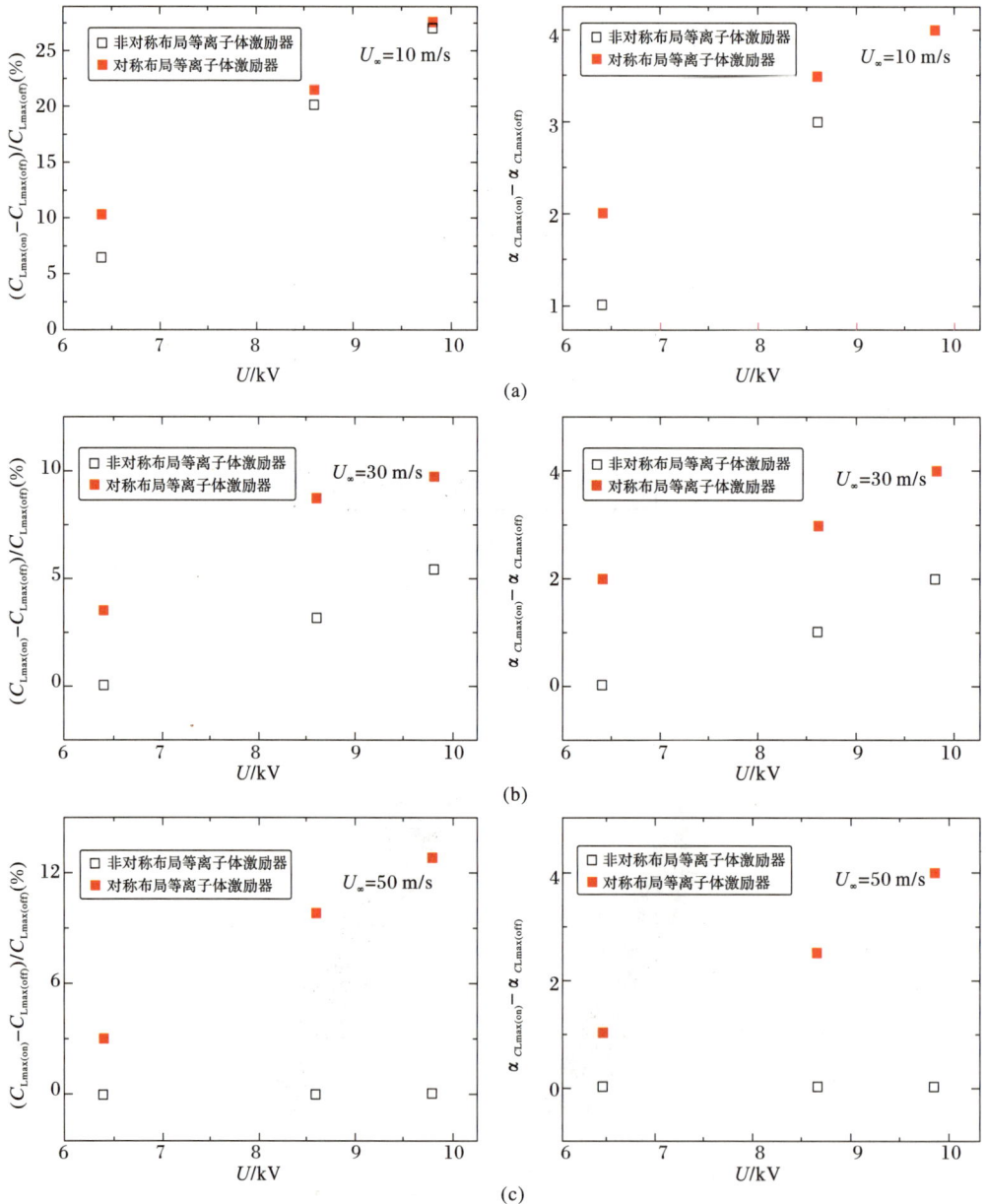

图 4-17 激励电压对最大升力系数及失速迎角的影响

(a)$Re=6.59\times10^4$,$U_{AC}=9.8$ kV,$f_{AC}=3$ kHz;(b)$Re=1.98\times10^5$,$U_{AC}=9.8$ kV,$f_{AC}=3$ kHz;

(c)$Re=3.30\times10^5$,$U_{AC}=9.8$ kV,$f_{AC}=3$ kHz

4.2.3 PIV 实验

为了对流场进行进一步分析,开展了 PIV 实验研究。表 4-2 给出了实验研究内容。激励电压为 9.8 kV,激励频率为 3 kHz。在 30 m/s、50 m/s 风速下,以升力曲线中的失速迎角、深失速迎角为实验迎角,开展 PIV 实验。图 4-18 给出了 4 种工况下,施加激励前后,翼型绕流流场的变化情况。由图可知,由于该翼型属于薄翼型,因此流场从翼型前缘开始分离,PIV 与测力数据吻合较好。在 $U_\infty = 30$ m/s、$\alpha = 14°$ 的工况下,两种激励器都能打破“流动死水区”,抑制气流分离,提升翼型升力。在 $U_\infty = 30$ m/s、$\alpha = 16°$ 的工况下,由于非对称激励器失效,因此,施加激励前后,翼型绕流流场并没有显著变化;而由对称布局激励器施加激励后,等离子体气动激励能较好地抑制流场分离,流场重新附着在翼型表面。在 $U_\infty = 50$ m/s 的两个工况下,非对称布局激励器已经完全失效,施加控制对流场改变较小。而对称布局激励器能够在迎角 16° 下较好地抑制流场分离,在迎角 18°,对称布局激励器即使不能完全抑制气流分离,也能大幅度地缩小分离区域,推迟分离点位置。这也是超过失速迎角后,对称布局激励器也能改善失速特性,提高大迎角升力系数的原因(见图 4-12、图 4-13)。

表 4-2 二维翼型 PIV 实验内容

实验工况	风速/(m·s⁻¹)	迎角/(°)	激励器	控制效果
1	30	12	非对称布局激励器	抑制
			对称布局激励器	抑制
2		14	非对称布局激励器	未抑制
			对称布局激励器	抑制
3	50	16	非对称布局激励器	未抑制
			对称布局激励器	抑制
4		18	非对称布局激励器	未抑制
			对称布局激励器	部分抑制

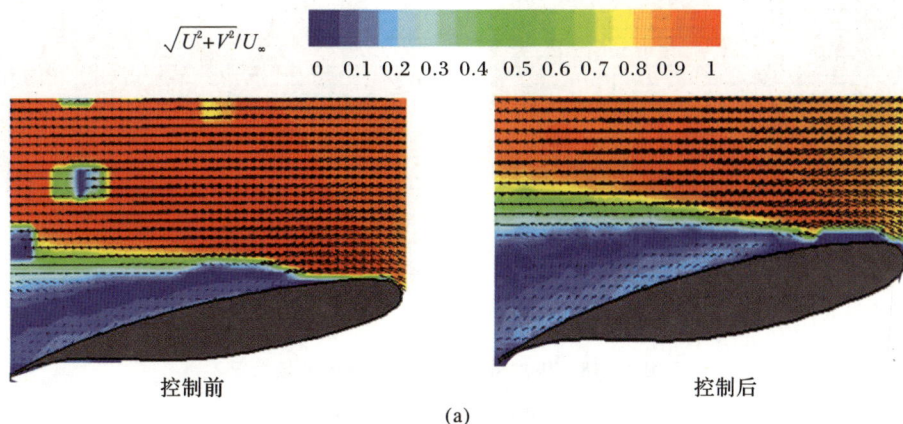

图 4-18 施加激励前后翼型绕流流场情况
(a)非对称布局激励器($U_\infty = 30$ m/s,$\alpha = 12°$)

控制前 　　　　　　　　　控制后

(b)

控制前 　　　　　　　　　控制后

(c)

控制前 　　　　　　　　　控制后

(d)

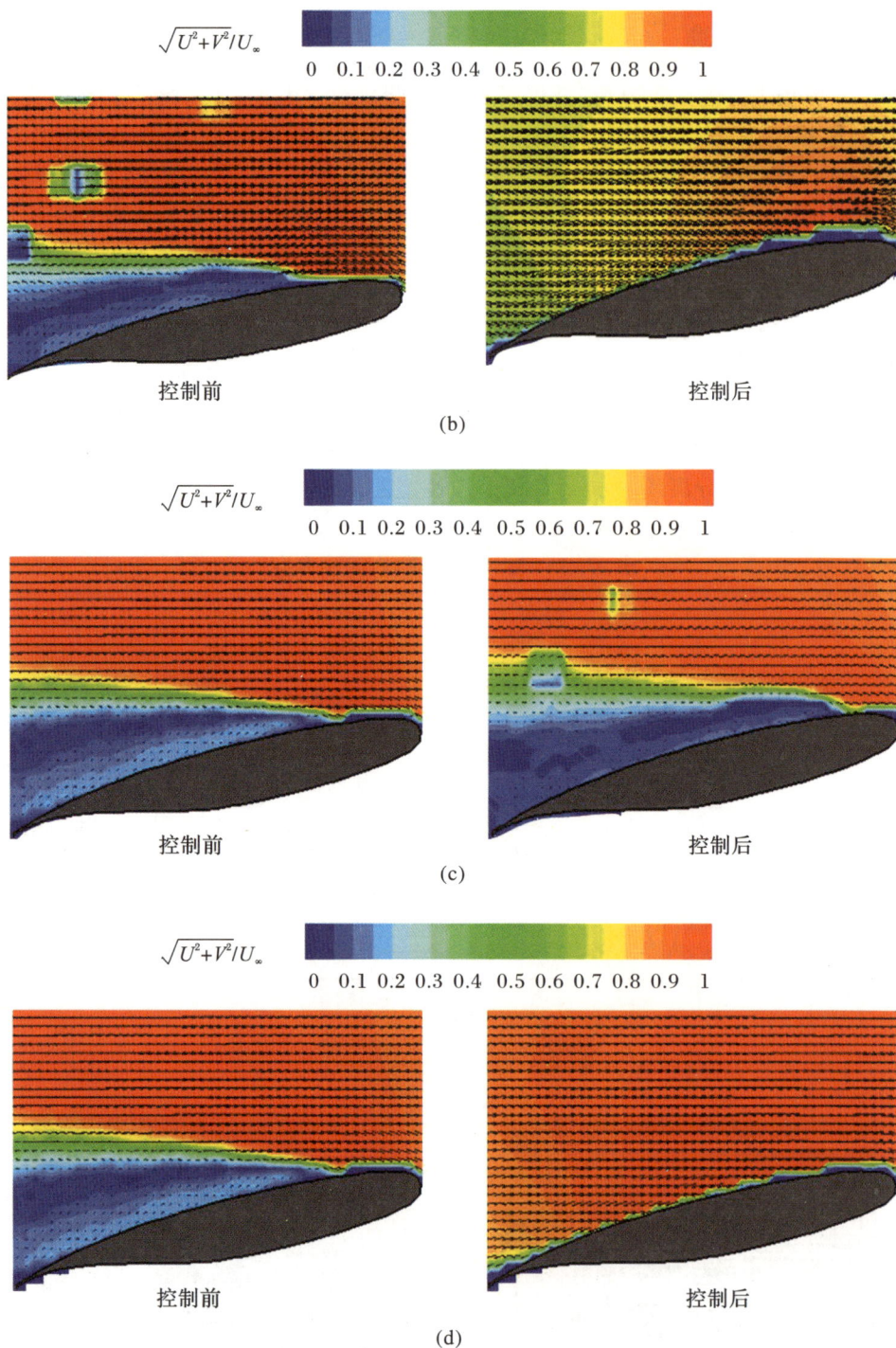

续图 4 - 18　施加激励前后翼型绕流流场情况

(b)对称布局激励器($U_\infty = 30$ m/s,$\alpha = 12°$);

(c)非对称布局激励器($U_\infty = 30$ m/s,$\alpha = 14°$);

(d)对称布局激励器($U_\infty = 30$ m/s,$\alpha = 14°$)

$\sqrt{U^2+V^2}/U_\infty$

0　0.1　0.2　0.3　0.4　0.5　0.6　0.7　0.8　0.9　1

控制前　　　　　　　　　　　　　　　控制后

(e)

$\sqrt{U^2+V^2}/U_\infty$

0　0.1　0.2　0.3　0.4　0.5　0.6　0.7　0.8　0.9　1

控制前　　　　　　　　　　　　　　　控制后

(f)

$\sqrt{U^2+V^2}/U_\infty$

0　0.1　0.2　0.3　0.4　0.5　0.6　0.7　0.8　0.9　1

控制前　　　　　　　　　　　　　　　控制后

(g)

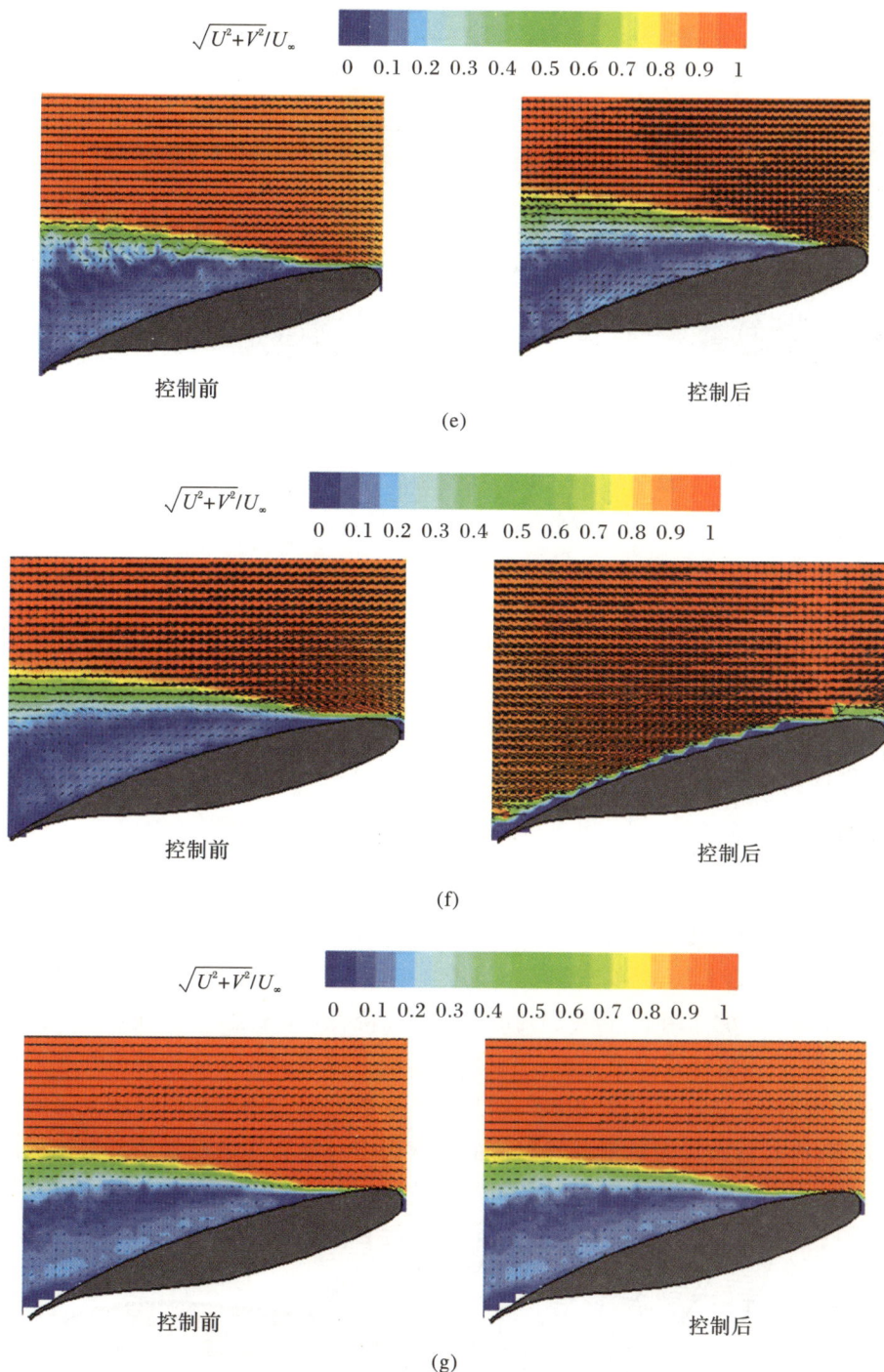

续图 4-18　施加激励前后翼型绕流流场情况

(e)非对称布局激励器（$U_\infty = 50$ m/s，$\alpha = 16°$）；

(f)对称布局激励器（$U_\infty = 50$ m/s，$\alpha = 16°$）；

(g)非对称布局激励器（$U_\infty = 50$ m/s，$\alpha = 18°$）

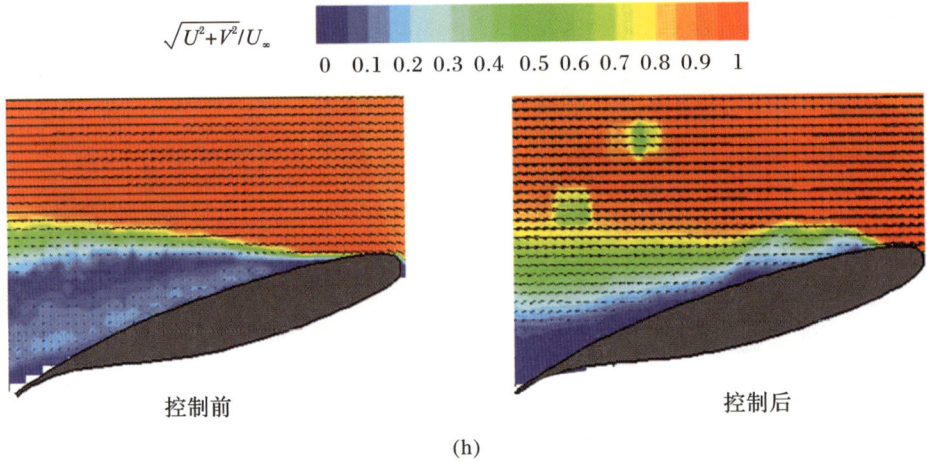

$$\sqrt{U^2+V^2}/U_\infty$$

0 0.1 0.2 0.3 0.4 0.5 0.6 0.7 0.8 0.9 1

控制前　　　　　　　　　　　控制后

(h)

续图 4－18　施加激励前后翼型绕流流场情况

(h)对称布局激励器（$U_\infty=50$ m/s，$\alpha=18°$）

4.2.4　机理探索

探索机理是提升激励器控制能力、掌握技术核心的关键。本节借助高速 PIV 系统，开展了超临界机翼分离流控制机理研究。其中来流风速为 2 m/s，电压峰峰为 9.8 kV，激励频率为 3 kHz，迎角为 16°。CCD 相机的采集频率为 3 kHz，采集时间为 4 s，其中未施加控制的采集时间为 1 s，施加控制的采集时间为 3 s。

1.动量效应

动量效应是等离子体流动控制确定的控制机理。借助射流效应向边界层注入动量，从而提高边界层抵抗逆压梯度的能力。图 4－19 给出了施加激励前后机翼绕流流场的速度剖面。其中拍摄截面的 $x=(0.06\sim0.36)C$（其中 C 表示平均气动弦长）。由图可知：①未施加控制时，在黏性力的作用下，边界层内的流体动能降低，以致边界层内的气流无法克服逆压梯度，从而在近壁区出现流动分离；②由非对称与对称两种布局激励器施加控制后，边界层内的速度增加，速度剖面变得"饱满"；③从第 2 章激励器激励特性研究结果可知，在相同激励参数下，非对称布局激励器诱导射流的速度大于对称布局激励器诱导射流的速度，因此，非对称控制下近壁区气流速度大于对称布局激励下壁面附近气流速度。

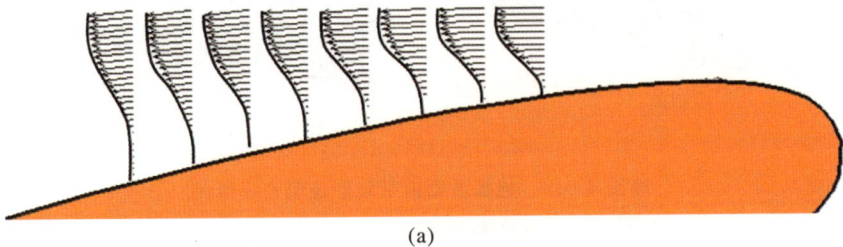

(a)

图 4－19　施加激励前后翼型绕流流场速度剖面

(a)未施加控制

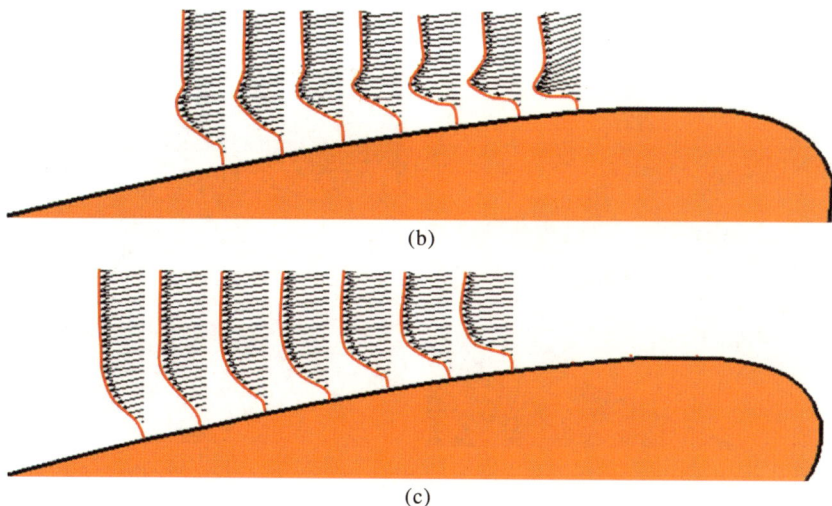

(b)

(c)

续图 4 - 19 施加激励前后翼型绕流流场速度剖面

(b)非对称控制;(c)对称控制

2. 转捩

雷诺应力最大值沿弦向的指数增长情况可以用于表征流场的转捩情况。图 4 - 20 给出了施加激励前后,雷诺应力最大值沿弦向变化情况。由图可知:未施加激励时,流场的转捩位置在 $x/c = 0.18$ 的位置,并且两次基本流场的转捩位置基本相同;施加非对称激励后,转捩位置变化较小,雷诺应力的最大值略有增加;施加对称控制后,转捩位置提前至 $x/c = 0.15$ 附近,并且雷诺应力的最大值显著增加。

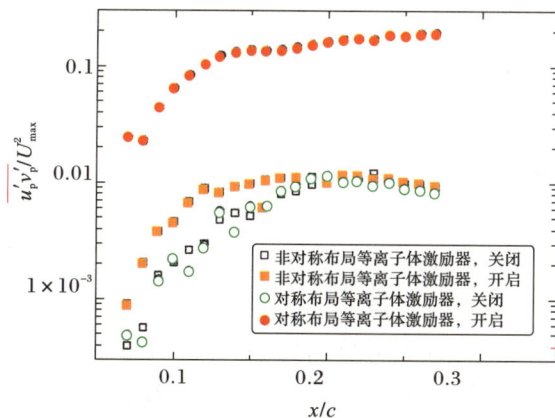

图 4 - 20 施加激励前后雷诺应力最大值沿翼型弦向变化情况

图 4 - 21 给出了施加激励前后雷诺应力分布情况。由图可知:未施加控制时,雷诺应力在气流分离后显著增加,并且集中在远离壁面的区域;施加非对称激励时,外流区域的雷诺应力减小,表明分离得到了抑制;施加对称控制时,在外流区域的雷诺应力减小,同时近壁区的雷诺应力增加,表明对称布局激励器提高了壁面附近的脉动速度,增强了近壁区气流与外流之间的掺混。

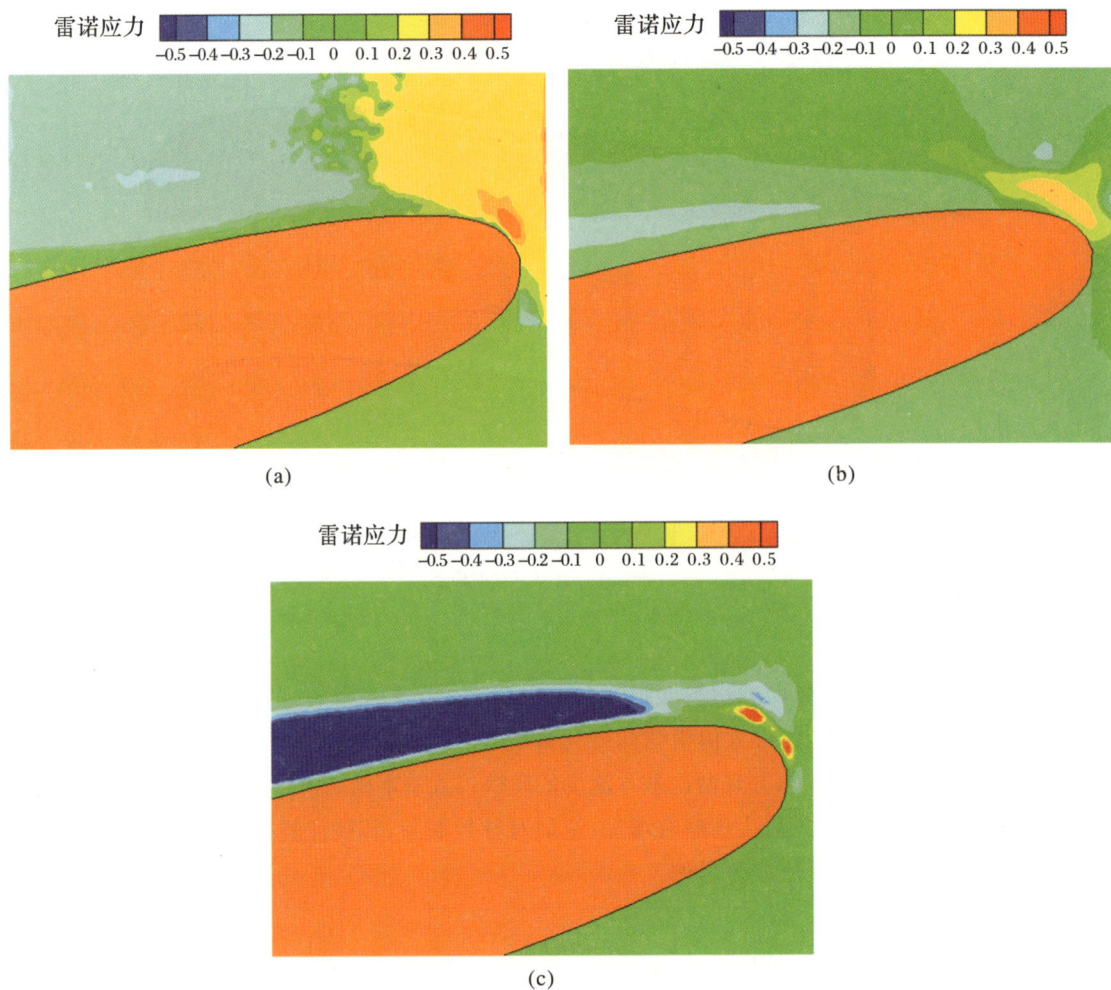

图 4-21　施加激励前后雷诺应力分布情况

(a)未施加激励;(b)非对称布局激励;(c)对称布局激励

3.掺混

(1)平均流场

从雷诺应力分布情况来看,施加对称激励能显著提升近壁区的雷诺应力,增强掺混。下面将从湍动能、旋涡强度以及速度场三个方面分析激励器掺混的流动控制机理。

图 4-22 给出了施加激励前后湍动能分布情况。由图可知:未施加激励时,分离区的湍动能较大;施加非对称激励时,分离区内湍动能降低,激励器附近的湍动能略有增加,气流分离被抑制;施加对称激励时,机翼前缘及激励器后缘近壁区的湍动能显著增加,外流区的湍动能降低,表明对称布局激励器通过掺混的方式抑制了气流分离。这里需要说明的是,由于对称布局激励器在上层电极两侧产生诱导射流,因此机翼前缘及激励器后缘近壁区的湍动能都显著提升。

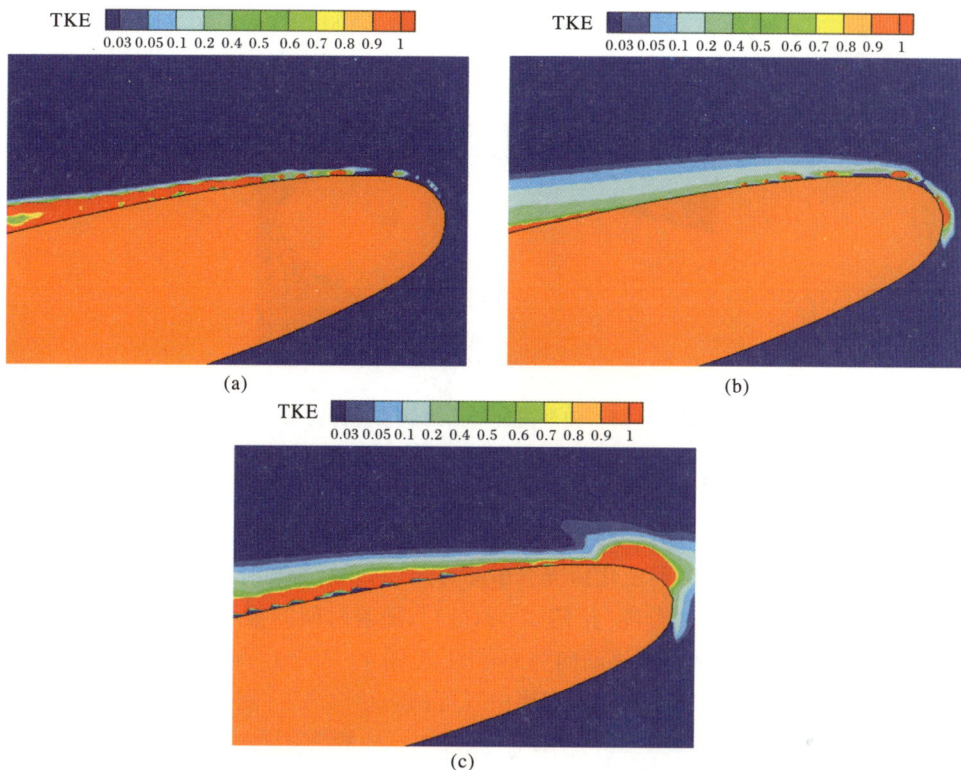

图 4 - 22　施加激励前后湍动能分布情况

(a)未施加激励;(b)非对称布局激励;(c)对称布局激励

　　图 4 - 23 给出了施加激励前后旋涡强度分布情况。由图可知:未施加激励时,旋涡从翼型前缘脱出,并逐渐向外流场发展,表明翼型绕流流场处于分离状态;施加非对称控制时,向外流运动的涡结构减少,激励器附近的涡结构略有增加,分离流被抑制;当施加对称布局激励时,激励器两侧的旋涡强度提高,激励器后缘的近壁区出现离散的旋涡结构,表明在激励器诱导流场与外流相互作用下,激励器通过这些展向涡结构,增强了近壁区与外流之间的掺混,提高了边界层内抵抗逆压梯度的能力,抑制了气流分离。

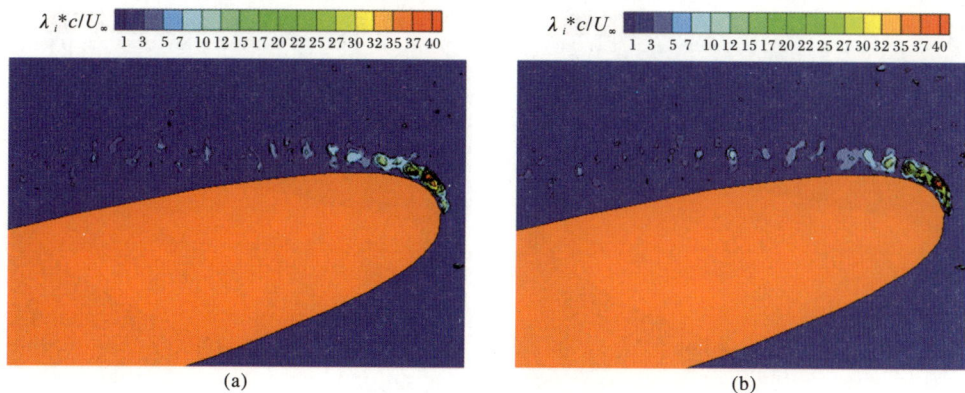

图 4 - 23　施加激励前后旋涡强度分布情况

(a)未施加激励;(b)非对称布局激励

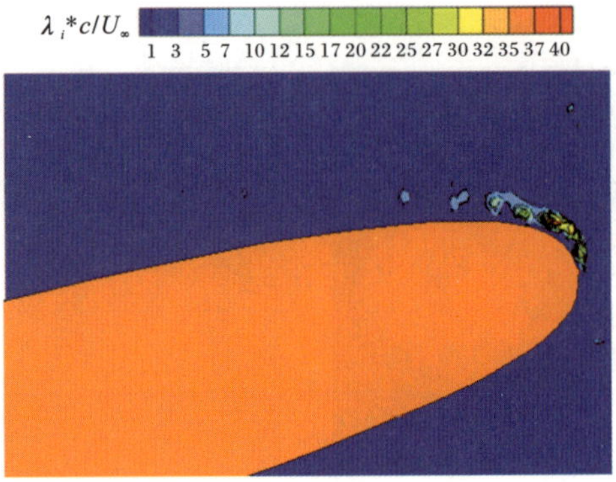

续图 4-23　施加激励前后旋涡强度分布情况

(c)对称布局激励

（2）瞬态流场

下面通过瞬时流场结构，深入分析激励器抑制气流分离的时间历程。图 4-24 给出了非对称激励下旋涡强度分布随时间变化情况。由图可知，刚开始激励时，旋涡从分离剪切层中脱落，向外流方向发展，流场发生分离[见图 4-24(a)]；随着时间的推移，在非对称激励的作用下，从分离剪切层中脱落的涡结构逐渐向壁面移动[见图 4-24(b)]；随着激励时间的进一步增加，翼型前缘的旋涡强度提高，由分离剪切层中脱落的涡结构消失，表明流场分离被抑制。

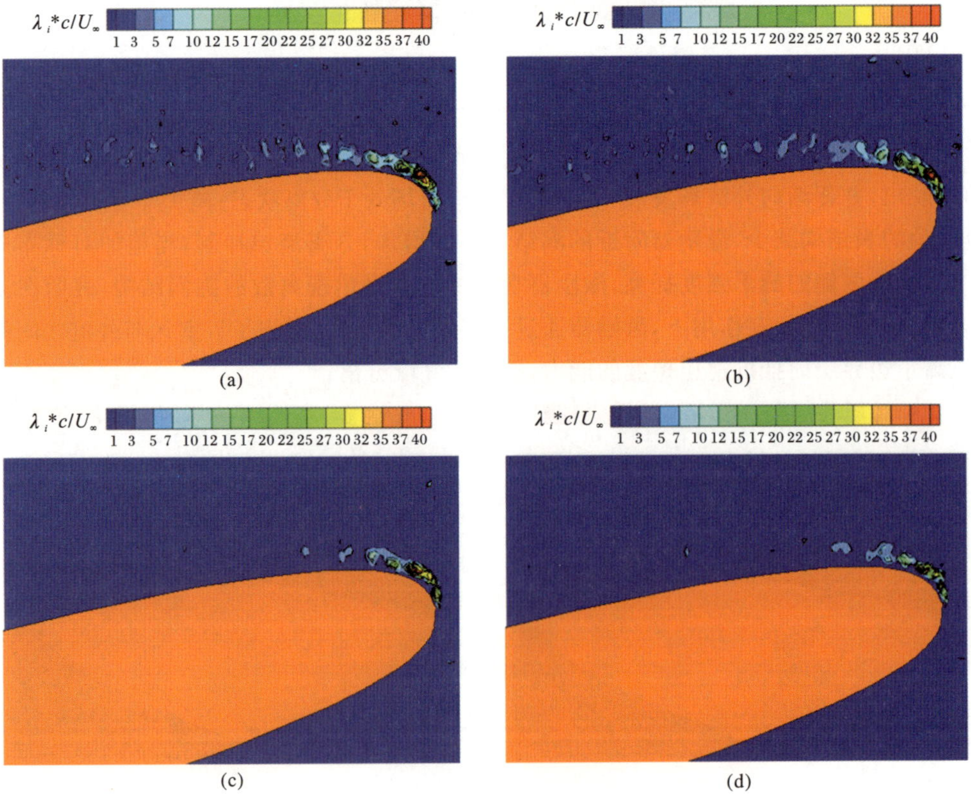

图 4-24　非对称激励下旋涡强度分布随时间变化情况

(a)25 ms；(b)50 ms；(c)100 ms；(d)200 ms

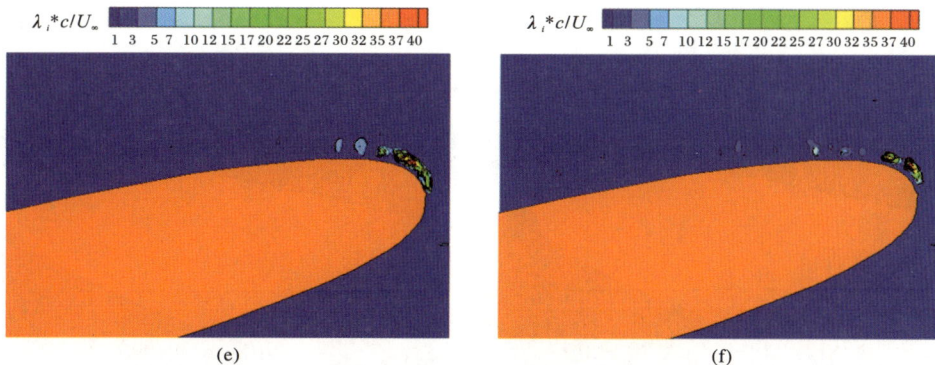

续图 4-24 非对称激励下旋涡强度分布随时间变化情况

(e)400 ms;(f)600 ms

图 4-25 给出了对称激励下,旋涡强度分布随时间变化情况。由图可知:与非对称激励情况类似,刚开始激励时,从分离剪切层中脱落的涡结构从外流方向发展,流场发生分离[见图 4-25(a)];随着时间的推移,脱落的涡结构逐渐向壁面靠近[见图 4-25(b)、图 4-25(c)];与非对称控制情况不同,随着激励时间的增加,翼型前缘的旋涡强度显著提高,近壁区出现一系列离散的涡结构。在这些涡结构的作用下,外流中较高能量的流体与近壁区低能量的流体相互作用,使边界层能量增加,抵抗逆压梯度的能力增强。

依靠这些涡结构,对称布局激励器实现了掺混的控制作用,抑制了边界层分离。而常规非对称布局激励器主要依靠射流效应向边界层注入动量。当来流风速较高时,这些诱导注入的动量耗散较快,较为容易地"淹没"在外流中,激励器的作用失效。

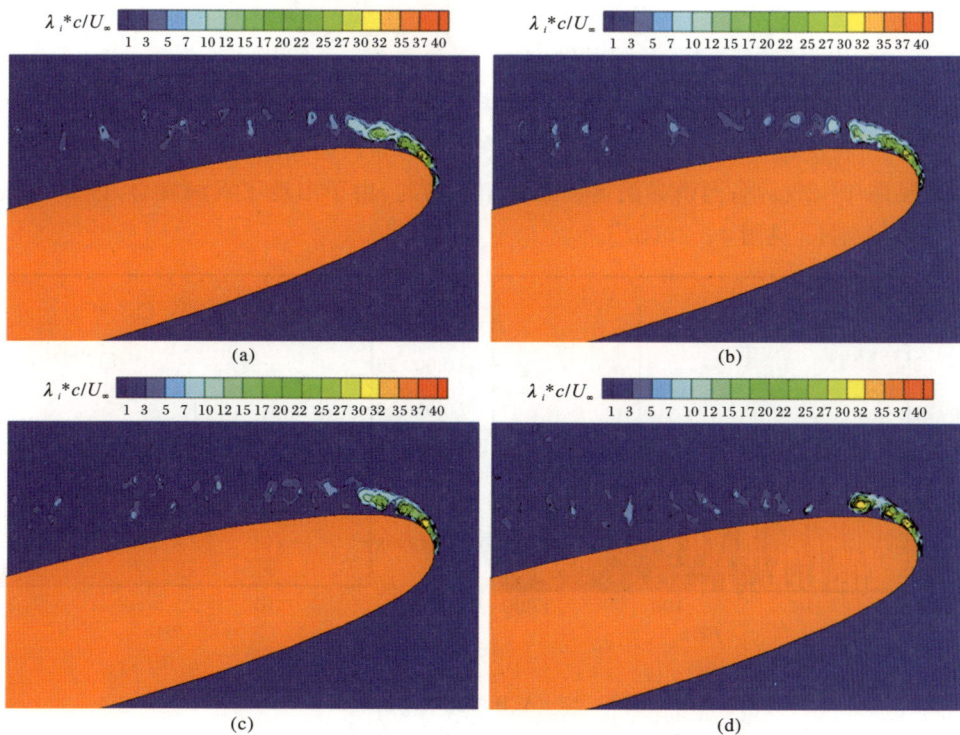

图 4-25 对称激励下旋涡强度分布随时间变化情况

(a)25 ms;(b)50 ms;(c)100 ms;(d)200 ms

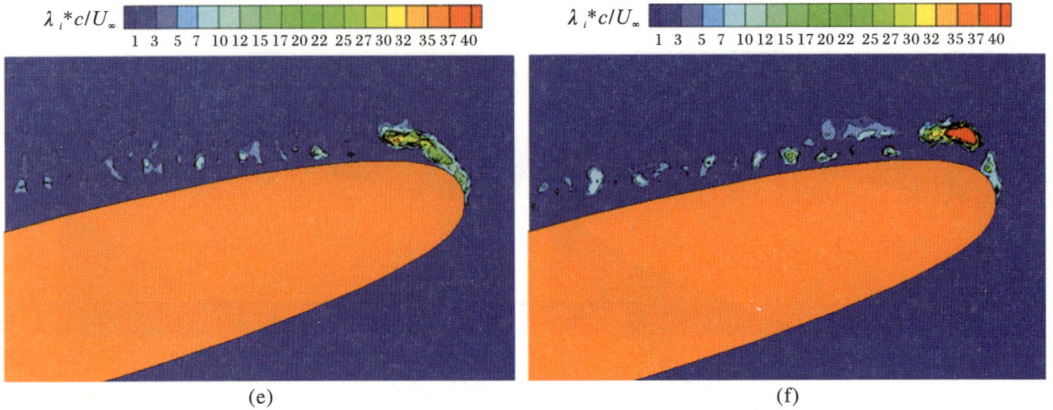

(e)　　　　　　　　　　　(f)

续图 4-25　对称激励下旋涡强度分布随时间变化情况

(e)400 ms；(f)600 ms

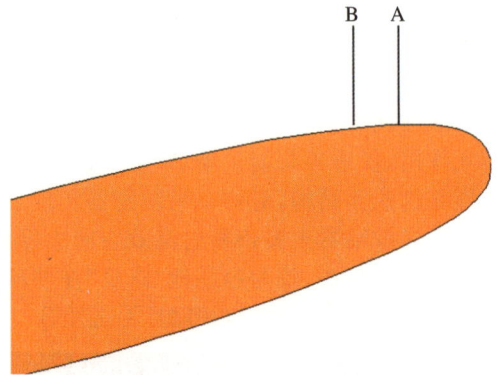

图 4-26　计算点选取位置($X_A=7\%C$,$X_B=11\%C$)

需要说明的是,这里的近壁区拟序结构并不是从分离剪切层中脱落的一系列涡结构,而是由对称布局激励器逆来流向射流与来流相互作用产生。下面通过选取关键点进行功率谱分析,进一步对这些近壁区诱导涡结构进行深入研究,探索控制机理。如图 4-26 所示,在机翼前缘选取 A、B 两点进行计算。

图 4-27 给出了 A、B 两点功率谱密度。计算时,在不同 x 位置取流向速度均方根最大值所在位置为计算点坐标。由图可知,在诱导涡起始阶段,诱导涡的脱落频率为 151 Hz[见图 4-27(a)];当诱导涡运动到翼型下游时,由于出现了涡的融合,因此,频谱内出现了半频 76 Hz[见图 4-27(b)]。

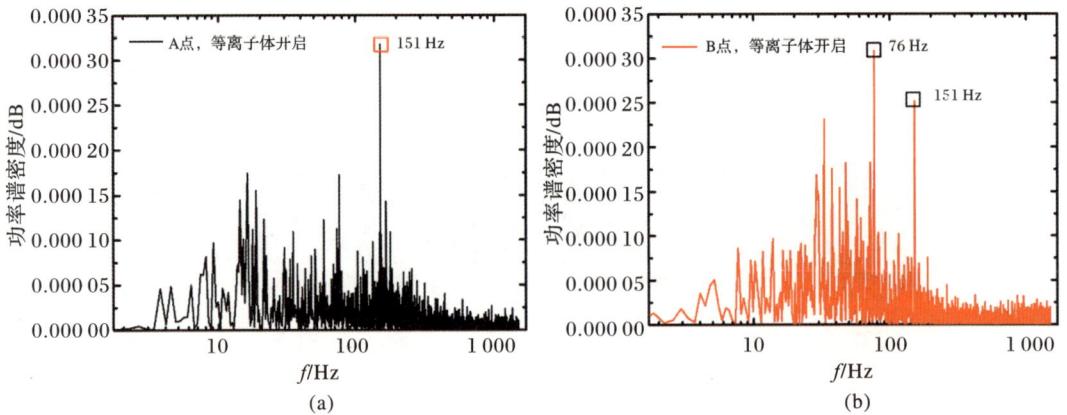

图 4-27　A、B 两点功率谱密度

(a)A 点功率谱密度；(b)B 点功率谱密度

根据主频,对对称布局激励器诱导流场进行相位分析。其中 Φ 表示相位角。图 4-28

给出了不同相位角下旋涡强度分布图。由图可知,在逆来流向诱导射流与外流之间的相互作用下,对称布局激励器产生诱导涡。这些涡结构从翼型前缘脱落,并逐渐向翼型后缘发展。诱导涡经历了形成、运动、融合、耗散等过程。在发展的过程中,诱导涡促进了卷吸掺混,抑制了翼型绕流流场分离。

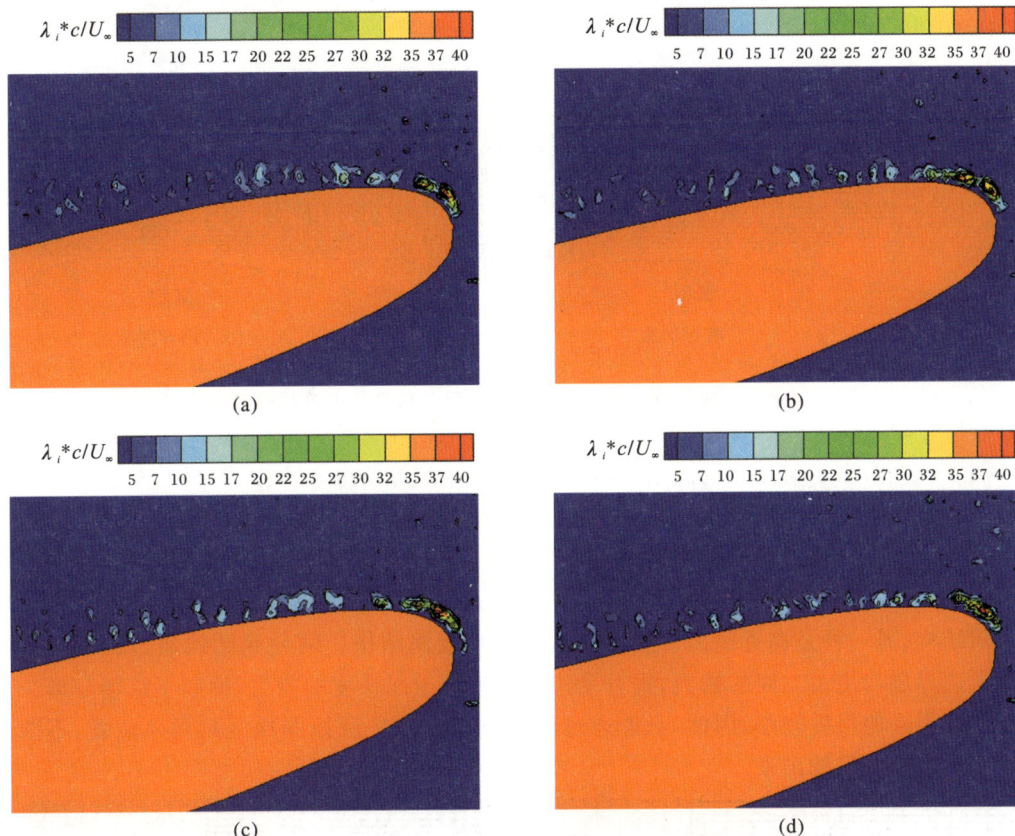

图 4-28 不同相位角下翼型上翼面绕流流场旋涡强度分布

(a)$\Phi = 90°$;(b)$\Phi = 180°$;(c)$\Phi = 270°$;(d)$\Phi = 360°$

接下来通过对瞬时速度场进行分析,进一步探索控制机理。图 4-29 给出了非对称布局激励器激励下速度场分布。由图可知,非对称布局激励器主要通过诱导射流向边界层内注入动量,从而抑制流场分离。

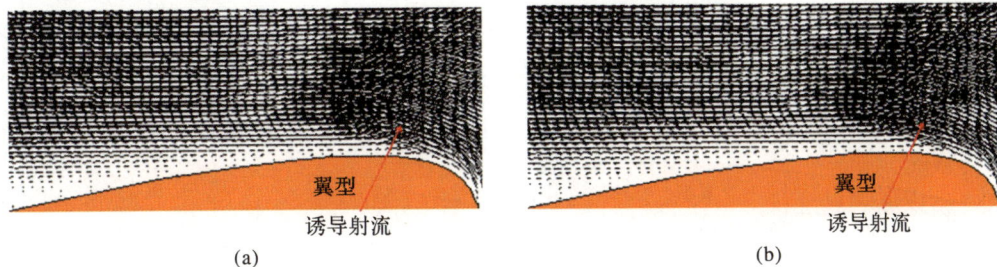

图 4-29 非对称布局激励器激励下翼型绕流流场分布

(a)25 ms;(b)50 ms

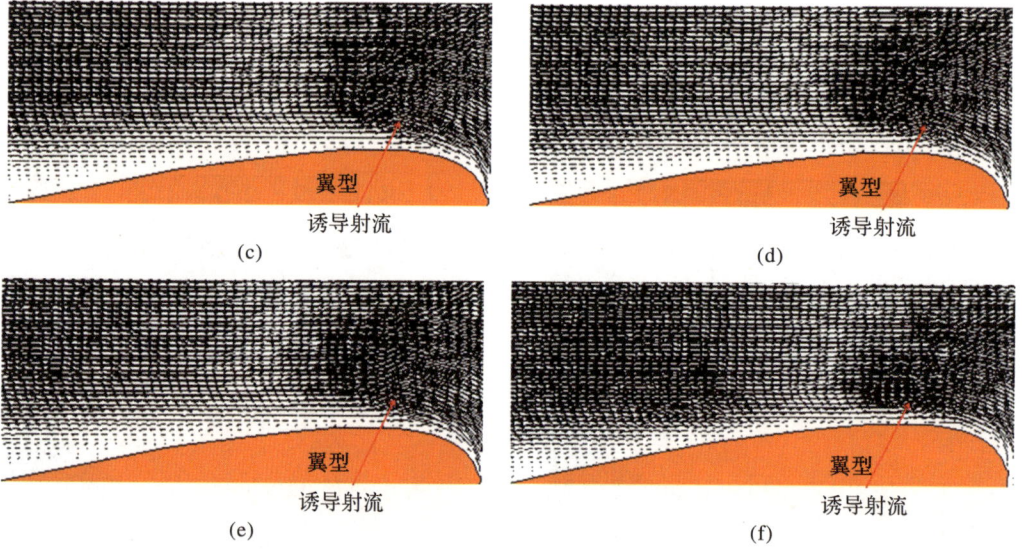

续图 4－29　非对称布局激励器激励下翼型绕流流场分布

(c)100 ms；(d)200 ms；(e)400 ms；(f)600 ms

　　图 4－30 给出了对称布局激励器激励下，翼型绕流流场分布。由图可知，与非对称布局激励器相似，顺流向诱导射流向边界层注入动量；逆流向诱导射流与来流相互作用，从而在翼型前缘产生大尺度诱导涡结构。

　　综上可知，对称布局激励器产生了两种诱导涡结构。一种是在翼型前缘产生的大尺度诱导涡结构；另一种是在近壁区产生的一系列小尺度涡结构。两种涡结构通过旋转、运动，促进了边界层与主流之间的掺混，提升了边界层抵抗逆压梯度的能力，抑制了流场分离。由于近壁区涡系的尺度较小，因此，只能通过旋涡强度与 PIV 原始图探测到具体位置，不能通过速度场或流线勾勒出来。

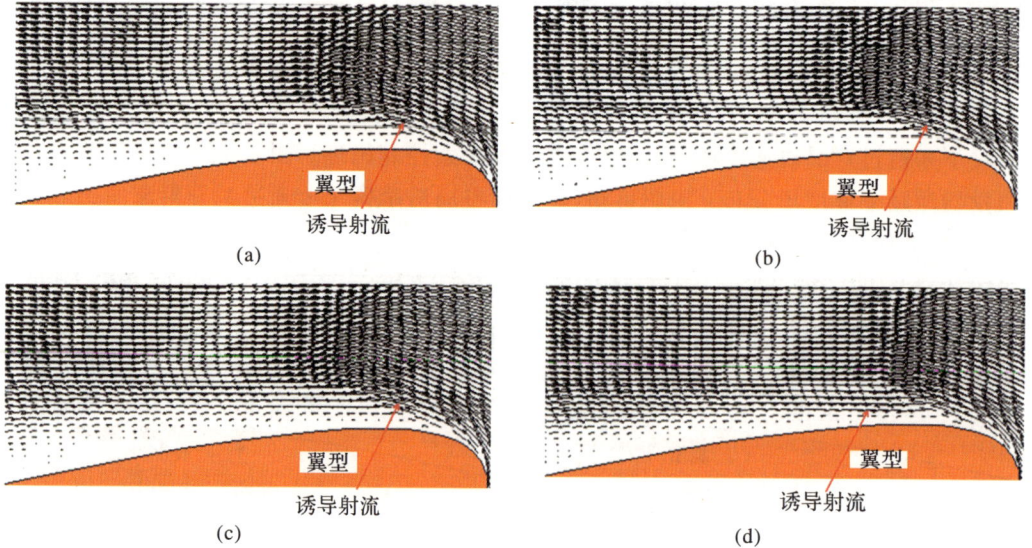

图 4－30　对称布局激励器激励下翼型绕流流场分布

(a)25 ms；(b)50 ms；(c)100 ms；(d)200 ms

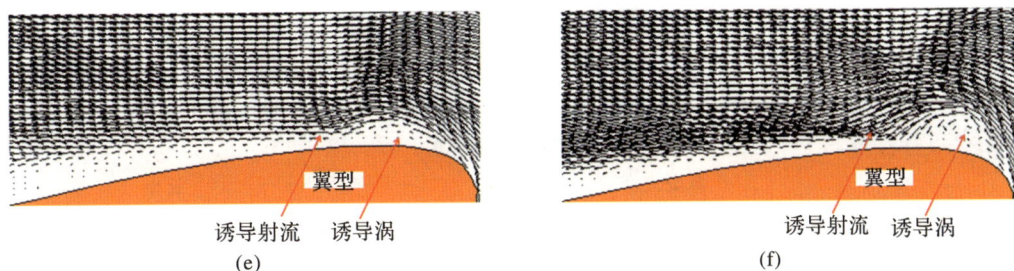

诱导射流　诱导涡
(e)

诱导射流　诱导涡
(f)

续图 4 - 30　对称布局激励器激励下翼型绕流流场分布
(e)400 ms；(f)600 ms

4. 虚拟滑移壁面

滑移壁面（即可动边界层 Moving surface boundary layer control）流动控制技术是一种典型的流动主动控制技术。该技术通过减小壁面与来流之间的相对运动，阻止边界层发展，增加边界层与外流之间的掺混，从而实现减缓分离的控制效果。早在 20 世纪 80 年代，国内外许多专家学者都对该技术进行了深入研究。该技术常采用转动圆柱代替翼型前缘或安装在翼型吸力面上方，通过圆柱旋转，降低了壁面与外流之间的相对运动，增加了掺混，实现了气动控制（见图 4 - 31）。但复杂的机电系统、额外的附加阻力等不足制约着该技术的发展与应用。

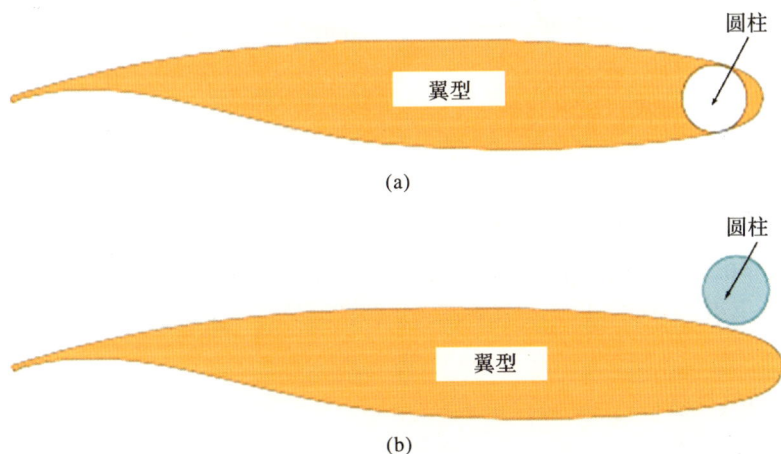

图 4 - 31　转动圆柱布置示意图
(a)转动圆柱代替翼型前缘；(b)转动圆柱安装在机翼上翼面

本书在开展机理研究时发现，对称布局激励器的逆来流向诱导射流与主流相互作用，能够诱导产生一个大尺度的涡结构，从而促进边界层与外流之间进行掺混。图 4 - 32 给出了不同时刻下翼型上翼面流场结构。由图可知，诱导涡能够较为稳定地出现在翼型前缘上翼面。根据兰金涡模型（Rankine vortex）可知，在次涡核半径内，诱导涡能产生类似于刚体旋转的作用。因此，对称布局激励器诱导涡在旋转的过程中，减小了壁面与来流之间的相互运动，实现了虚拟滑移壁面的功能。借助外流的作用，对称布局激励器在翼型前缘产生了大尺度诱导涡，实现了类似于滑移壁面的控制效果，但不带来附加阻力或需要复杂的机电系统，具有较好的应用前景。

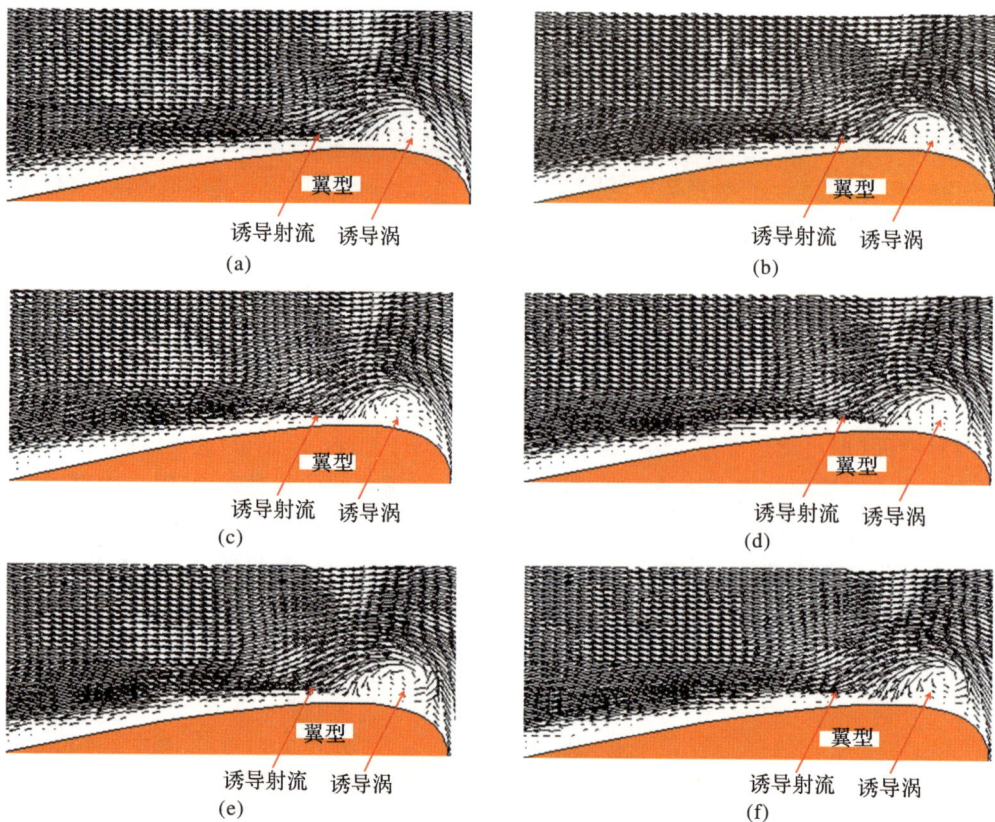

图 4 - 32 不同时刻下速度场分布

(a)650 ms;(b)700 ms;(c)750 ms;(d)800 ms;(e)850 ms;(f)900 ms

5. 控制关键点分析

为了深入分析对称布局激励器在抑制翼型失速分离过程中诱导涡与诱导射流哪种效应起主导作用,本书引入动量系数 $C\mu$,分析等离子体控制效果与雷诺数之间的关系。计算式为

$$C\mu = 2M_p / \rho U_\infty^2 \tag{4-1}$$

式中：$C\mu$——动量系数；

ρ——空气密度；

U_∞——来流风速；

M_p——等离子体诱导动量，$M_p = \rho \int_A U_{px} dA$； $\tag{4-2}$

A——等离子体诱导射流面积；

U_p——等离子体诱导射流切向速度。

根据激励器 PIV 实验结果,计算出动量系数 $C\mu$。图 4 - 33 给出了动量系数与风速之间的关系。从图中可以看出,由于在相同激励参数下,非对称激励器产生的诱导射流速度高于对称布局激励器的诱导射流速度,因此,在固定风速下,非对称布局激励器产生的射流动量系数高于对称布局激励器诱导产生的射流动量系数。在激励电压和激励频率固定不变的情况下,随着风速(即雷诺数)的增加,动量系数逐渐减小;而随着雷诺数(或风速)的提高,由对称布局激励器产生的控制效果没有显著降低,因此,由对称布局激励器产生的诱导涡是在较高雷诺数或较高风速下实现控制效果的关键。

从吹气控制的角度来看,一般认为动量系数的大小或射流速度的高低决定了控制效果的好坏。而对于等离子体激励器来说,即使在相同条件下,非对称布局激励器产生的动量系数大于对称布局激励器产生的动量系数,但对称布局激励器仍可以借助诱导涡的作用,产生优于非对称布局激励器的控制效果。这表明,动量效应只是等离子体流动控制中的一种控制机理。在较高风速或较高雷诺数下,如何依靠激励器去触发剪切层的不稳定性,产生较大的扰动,促进壁面低速流动与主流之间的掺混,是提高激励器控制效果,推动等离子体流动控制技术工程化应用的关键路径之一。

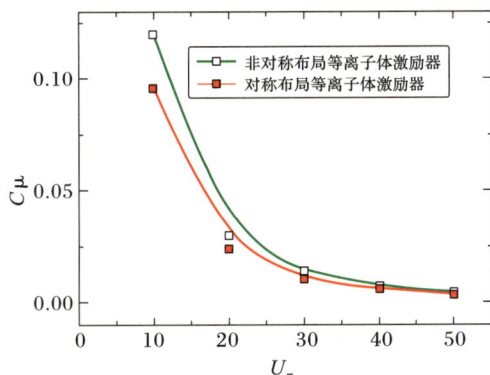

图 4-33 两种激励器诱导射流动量系数随风速变化情况

4.2.5 能耗比分析

能耗比(即获得的收益/消耗的功率)是评估激励器工作效率、考核流动控制技术成熟度的关键指标。如何提高激励器能耗比,是流动控制技术实现工程化应用的难点。而深入分析激励器能耗比是提升激励器工作效率的重点。目前,在等离子体流动控制研究领域还没有针对能耗比提出的无量纲参数。本书以文献[5]中描述的消耗功率系数为基础,针对分离流控制提出了等离子体激励器能耗比系数 η。$\eta = \Delta C_L / C_E$,其中 ΔC_L 表示升力系数增量,C_E 代表激励器消耗功率系数,公式如下:

$$C_E = \frac{P_{avg/m}}{q_\infty U_\infty C} \tag{4-3}$$

式中:$P_{avg/m}$——单位长度内激励器消耗功率;

　　　q_∞——速压;

　　　U_∞——来流风速。

下面着重分析对称布局激励器的能耗比情况。图 4-34、图 4-35 分别给出了固定激励参数下,两种能耗比系数随雷诺数的变化情况。其中 η_1 表示最大升力系数增量与 C_E 的比值,而 η_2 则代表升力系数的最大增量与 C_E 的比值。纵坐标为对数坐标,黑色实线为拟合曲线。由图可知,η_1、η_2 随雷诺数的变化规律近似相同,随着雷诺数的升高,η_1、η_2 迅速增大。这表明,雷诺数越高,激励器的工作效率越高。能耗比系数随雷诺数快速增加的原因主要有以下两点:一是依据对称布局激励器控制效果随雷诺数变化规律,在较高雷诺数下,该激励器的控制效果并没有显著降低,甚至升力系数的最大增量较低雷诺数下更大,这就决定了能耗比系数公式的分子项随雷诺数变化较小;二是随着雷诺数(即风速)的提高,式(4-3)中的分母项迅速降低,同时能耗比系数公式的分母项也快速降低。上述两点原因就决定了较高雷诺数下对称布局激励器具有较高的能耗比系数。这种变化规律提升了等离子体流动控制技术潜在的工程应用前景,为在更高雷诺数下实现流动控制积累了技术基础。

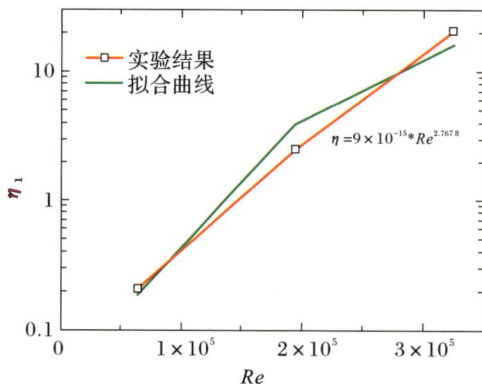

图 4-34　能耗比系数 1 随雷诺数变化情况(二维翼型)

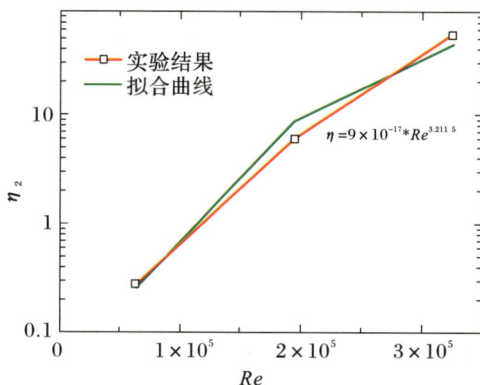

图 4-35　能耗比系数 2 随雷诺数变化情况(二维翼型)

4.3　小　　结

第一,当两种激励器布置在翼型前缘时,激励器能够较好地抑制翼型的失速分离,推迟失速迎角,实现"前缘缝翼"功能。

第二,通过测力、丝线及 PIV 实验结果可以看出,在低雷诺数下,两种激励器的控制效果相当。随着雷诺数(或风速)的提高,传统非对称布局激励器的控制效果明显降低,而对称布局激励器仍能产生较为显著的控制效果。

第三,动量注入是两种激励器在低雷诺数下抑制翼型绕流场分离共有的控制机理;与非对称布局激励器相比,对称布局激励器还能借助外流的作用,在逆来流方向产生较为稳定的诱导涡,诱导涡不断地旋转、拉伸,产生了虚拟滑移壁面的功能,促进了近壁区低速流动与主流之间的掺混,在较高雷诺数下实现了控制效果。此外,促进转捩也是对称布局激励器在低雷诺数下实现流动控制的机理之一。

第四,借助射流动量系数,对比了两种激励器产生的射流动量系数随风速变化情况,指出了诱导涡是对称布局激励器实现控制的关键,揭示了动量注入不是等离子体流动控制的唯一机理,打破了以射流大小"论英雄"、以体积力强弱"论成败"的思维,阐述了依靠对称布局激励器去激发剪切层的不稳定性,促进壁面低速流动与外流之间的掺混是提高激励器控制能力,实现"四两拨千斤"效果的一种关键途径。

第五,通过引入能耗比系数公式,揭示了对称布局激励器的两种能耗比系数随雷诺数逐渐升高的变化规律,增强了等离子体流动控制技术潜在的应用前景。

参 考 文 献

[1] HE C,CORKE T C,PATEL M P. Plasma flaps and slats:an application of weakly ionized plasma actuators[J]. J Aircr,2009,46(3):864 - 873.

[2] BURGMANN S,SCHRÖDER W. Investigation of the vortex induced unsteadiness of a separation bubble via time-resolved and scanning PIV measurements[J]. Exp Fluids,2008,45(4):675 - 691.

[3] MOKHTARIAN M. Fluid dynamics of airfoils with moving surface boundary layer control[C]//New York:AIAA Atmospheric flight mechanics conference,25(2):163 - 169.

[4] JUKES T N,CHOI K S. Control of unsteady flow separation over a circular cylinder using dielectric-barrier-discharge surface plasma[J]. Phys Fluids,2009,21(9):289.

[5] LITTLE J C. High-lift airfoil separation control with dielectric barrier discharge plasma actuators[D]. Columbus:The Ohio State University,2010.

第5章
三维超临界翼型等离子体流动控制

通过对二维翼型开展等离子体流动控制研究,本书对比了非对称布局与对称布局两种激励器的控制效果,摸清了施加激励前后翼型绕流流场结构,初步掌握了两种激励器控制机理,得出了诱导涡是对称布局激励器控制的关键。受电空气动力学研究型风洞性能指标的限制,二维翼型实验的雷诺数仅达 3.3×10^5。为了评估对称布局激励器在更高雷诺数下的控制能力,本章中进一步拓展了激励器的可控雷诺数范围,在 Φ3.2 m 风洞开展了三维机翼实验。

5.1 实 验 系 统

5.1.1 风洞

实验在气动中心 Φ3.2 m 低速风洞中进行。如图 5-1 所示,该风洞是一座单回流式低速风洞。风洞主体主要包括实验段、第一扩散段、第一拐角、风扇段、第二拐角、第二扩散段、第三拐角、第四拐角、稳定段和收缩段。实验段为开口射流区,直径为 3.2 m,长度为 5 m。实验段稳定风速范围为 10~115 m/s,湍流度小于 0.3%。

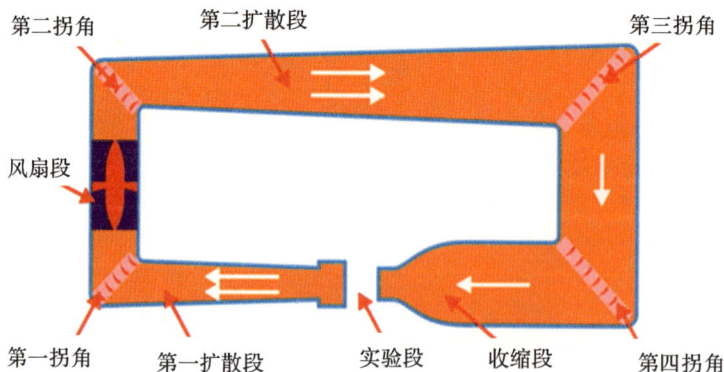

图 5-1 Φ3.2 m 风洞结构示意图

5.1.2 模型支撑系统

实验采用半模实验装置支撑模型。如图 5-2 所示,该装置由电动推杆、横梁、支撑平台、模型支撑架、下转盘以及移测架固定装置等组成。4 根电动推杆通过顶部、底部的法兰盘分别与横梁、风洞下转盘相连接,横梁与支撑平台连接。盒式天平固定端与模型支撑架连接,浮动端通过连接块与模型相连。在移测架固定装置的顶端及立柱上安装移测架,用于开展PIV实验。利用风洞下转盘实现迎角变化。该装置的迎角范围为 $0°\sim360°$,精度优于 $0.02°$。

为了克服支撑平台边界层的影响,采用 30 mm 厚的垫块将模型托起。垫块与模型之间采用迷宫槽进行密封,迷宫槽间隙 5 mm,垫块固定于支撑平台上。

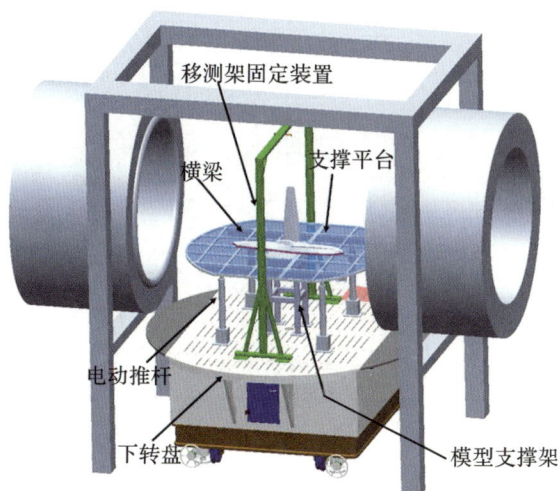

图 5 - 2 模型支撑系统示意图

如图 5 - 3 所示,在进行 PIV 实验时:在移测架固定装置的立柱上安装激光器,水平打光,片光垂直于机翼翼面,定位于选定位置;在移测架固定装置的顶端安装行程为 1 m 的移测架。CCD 相机通过连接件与移测架相连。摄像头轴线与片光垂直相交于测量平面。通过移动 CCD 相机的位置,可以获得沿机翼弦向指定位置区域的实验结果。

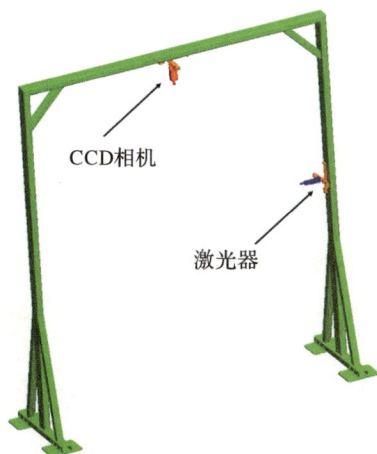

图 5 - 3 PIV 实验设备布局图

采用自制的大功率发烟器喷射示踪粒子。发烟器布置在试验段出口下方,通过软管将粒子布撒在风洞内。实验时,先释放示踪粒子,然后启动风洞。待粒子均匀后再开展实验。

5.1.3 天平

采用 BM500 半模盒式应变天平开展实验(见图 5-4)。实验前对该天平进行了静态校准,校准结果满足国军标规定。天平的设计、校准载荷见表 5-1。

图 5-4 BM500 半模盒式应变天平

表 5-1 BM500 半模盒式应变天平性能指标

分 量	Y	X	M_z	Z	M_y	M_x
设计载荷/(N·m)	10 000	3 300	6 000	13 000	3 000	14 000
校准载荷/(N·m)	10 000	3 750	6 000	13 000	3 240	13 500
精密度/(%)	0.05	0.05	0.05	0.05	0.05	0.05
准确度/(%)	0.03	0.03	0.05	0.05	0.10	0.10

备注:本表给出的载荷基于天平轴系。

5.1.4 测控设备

实验采用 $\Phi3.2$ m 风洞测控系统采集数据。该系统以计算机网络为基础,主要包括 PXI 数据采集系统、模型姿态角控制系统、速压控制系统、数据处理系统、实验调度系统、数据分析系统等。速压控制精度优于 0.3%,角度控制精度为 $3'$。

5.1.5 模型及激励器

半模模型主要包括超临界机翼[SC(2)-0714]、机身及边界层垫块等。模型由铝制成,机翼的平均气动弦长为 510 mm,展长为 1 890 mm。图 5-5 给出了半模实验照片。

通过二维翼型实验研究发现,在较高雷诺数下,对称布局激励器的控制效果优于非对称布局激励器。因此,本章主要研究对称布局激励器对三维机翼的控制效果。

快速改变激励器位置是适应不同飞行条件,实现全流域控制的关键。对称布局激励器除了拥有较好的控制效果外,还具有灵活改变激励位置的强大优势。对于传统的非对称布局激励器来说,要改变激励器位置,主要通过两大步骤:一是改变下层电极的位置;二是移动上层电极的位置。在改变下层电极位置时,需要将覆盖在模型表面的绝缘介质全部去掉,工作量较大。

图 5-5　半模实验照片

　　而对于对称布局激励器,如果以整个金属模型作为下层电极,只需移动上层电极位置就能快速改变激励器位置。实验时,将整个机翼作为下层电极。将三层厚度为 0.05 mm 的聚酰亚胺胶带包裹在模型表面。采用厚度为 0.05 mm、宽度为 5 mm 的铜箔胶带作为上层电极布置在模型表面。上层电极的位置直接决定了对称布局激励器的位置。实验时,铜箔电极的方向与机翼前缘平行,电极中心距翼型前缘 3.5 mm。为了防止尖端放电,铜箔电极并不覆盖整个机翼。电极的末端距翼梢、翼根的距离分别为 40 mm 及 50 mm。图 5-6 给出了实验时激励器放电情况。从图 5-6(a)可以看出,激励器在机翼前缘发出一条淡紫色的亮光。将图 5-6(a)放大可以看出,对称布局激励器仍然在上层电极两侧产生两条亮度近似相等的辉光亮线[见图 5-6(b)]。

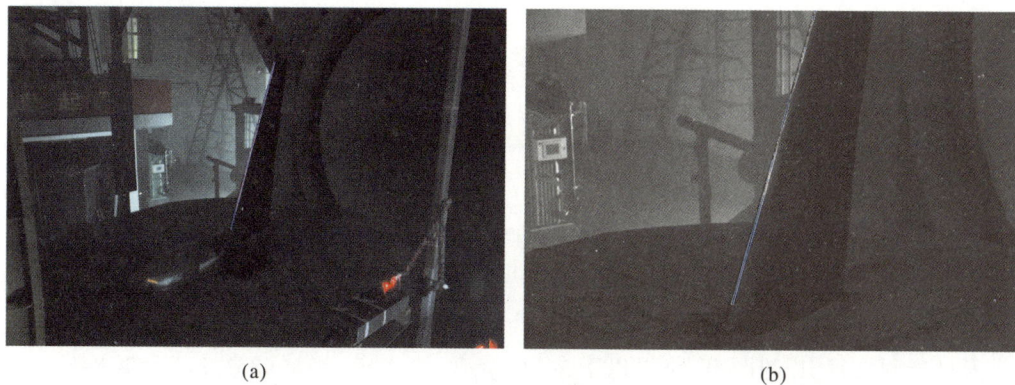

(a)　　　　　　　　　　　　　　　(b)

图 5-6　激励器发光照片
(a)整体;(b)局部

5.1.6　数据处理

　　数据处理按照常规测力实验数据处理流程进行,主要包括初读数的扣除、天平公式计算、力矩中心转换、气动系数转换、升力效应修正、轴系转换。根据文献[1],三维开口风洞的阻塞修正可以忽略不计。

　　由于实验模型不含平尾,因此垂尾力矩修正因子 $f_{mzp}=0$,其他升力效应修正参数计算公式如下:

$$f_\alpha = (1 + \tau_2)\,\delta S/C(57.3) \qquad\qquad (5-1)$$

$$f_{y1} = -\tau_2 \delta S/C(57.3)C_{L\alpha} \qquad\qquad (5-2)$$

$$f_{x1} = (1 + \tau_2)\,\delta S/C \qquad\qquad (5-3)$$

$$f_{mzk} = L'/c_A \tau_2 \delta S/C(57.3)C_{L\alpha} \qquad\qquad (5-4)$$

式中：f_α——迎角修正因子；

τ_2——修正系数；

δ——修正因子；

S——机翼参考面积；

C——2 倍的风洞截面积；

f_{y1}——升力系数修正因子；

$C_{L\alpha}$——升力线斜率；

f_{x1}——阻力系数修正因子；

f_{mzk}——俯仰力矩系数修正因子；

L'——模型参考中心到 1/2 平均气动弦长 C 的距离；

c_A——均气动弦长。

模型升力效应修正公式为

$$\alpha = \alpha + f_\alpha C_{Le} \qquad\qquad (5-5)$$

$$C_L = C_{Le} + f_{y1} C_{Le} \qquad\qquad (5-6)$$

$$C_D = C_{De} + f_{x1} C_{Le}{}^2 - \Delta C_{Dp} \qquad\qquad (5-7)$$

$$C_{m\alpha} = C_{m\alpha e} + (f_{mzk} + f_{mzp}) C_{Le} \qquad\qquad (5-8)$$

式中：α——迎角；

C_{Le}——阻塞修正后的升力系数；

C_L——升力系数；

C_D——阻力系数；

C_{De}——阻塞修正后的阻力系数；

ΔC_{Dp}——由风洞轴向静压梯度引起的阻力增量；

$C_{m\alpha}$——气流轴俯仰力矩系数；

$C_{m\alpha e}$——阻塞修正后的气流轴俯仰力矩系数。

通过查阅文献[1]的图表，获得以下参数：$\delta = 0.128$，$\tau_2 = 0.062\ 411$，$S = 1.843\ 2\ \mathrm{m}^2$，$C = 16.08\ \mathrm{m}^2$。取 $C_{L\alpha} = 0.11$，经计算，获得测力实验洞壁干扰修正系数，具体系数详见表5-2。

表 5-2　测力实验修正系数表

符　号	名　称	数　值
C_{xpnD}	无地板轴向静压梯度	0
f_{x1}	阻力系数修正因子	$-0.015\ 58$
f_{y1}	升力系数修正因子	$-0.005\ 77$
f_{mzk}	俯仰力矩系数修正因子	$-0.001\ 44$
f_α	迎角修正因子	$-0.892\ 92$
f_{mzp}	垂尾力矩修正因子	0

5.2 实验结果与分析

5.2.1 施加激励前的荧光丝线流场显示实验

与二维翼型实验步骤类似,先开展丝线流场显示研究,掌握机翼绕流流场随迎角变化情况。将气动中心低速所自主研制的荧光丝线胶带粘贴在模型表面。在紫光灯的照射下,丝线发出淡紫色的光。

首先,在 $U_\infty = 10 \sim 60$ m/s(基于机翼平均气动弦长的雷诺数范围为 $3.3 \times 10^5 \sim 2.0 \times 10^6$)的实验条件下,开展荧光丝线流场显示实验。丝线的直径为 0.12 mm、长度为 23 mm,丝线与丝线的间隔为 25 mm。图 5-7 给出了在 $Re = 2.0 \times 10^6$ 的情况下,机翼绕流流场随迎角变化情况。由图可知,三维机翼的丝线流动规律与二维翼型相似。小迎角时,丝线顺流向分布,并保持相对静止,表明流场附着在机翼表面[见图 5-7(a)];随着迎角增大,气流从翼梢开始分离,翼梢附近的丝线摆动[见图 5-7(b)];当迎角为 16°时,丝线发生抖动的区域扩大[见图 5-7(c)];当迎角为 18°时,分离区继续扩大,部分丝线向来流相反方向弯曲[见图 5-7(d)];当迎角为 20°、22°时,整个翼面上的丝线发生剧烈抖动,丝线图像模糊[见图 5-7(e)(f)]。

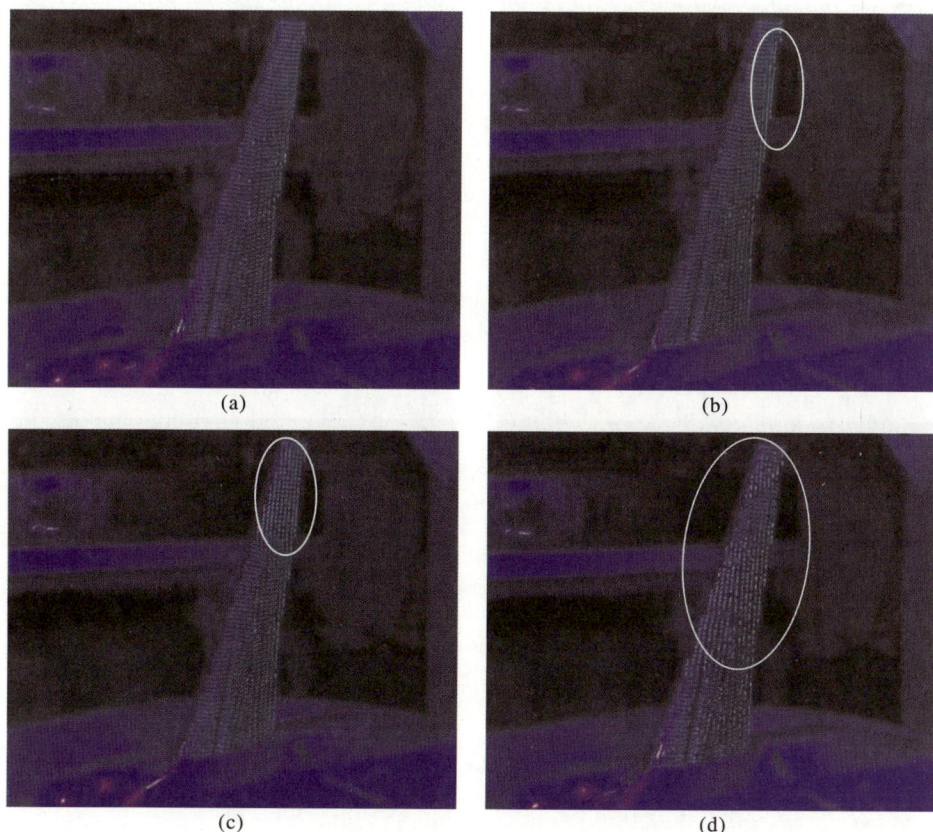

图 5-7　60 m/s 风速下三维机翼绕流流场随迎角变化情况
(a)α=14°;(b)α=15°;(c)α=16°;(d)α=18°

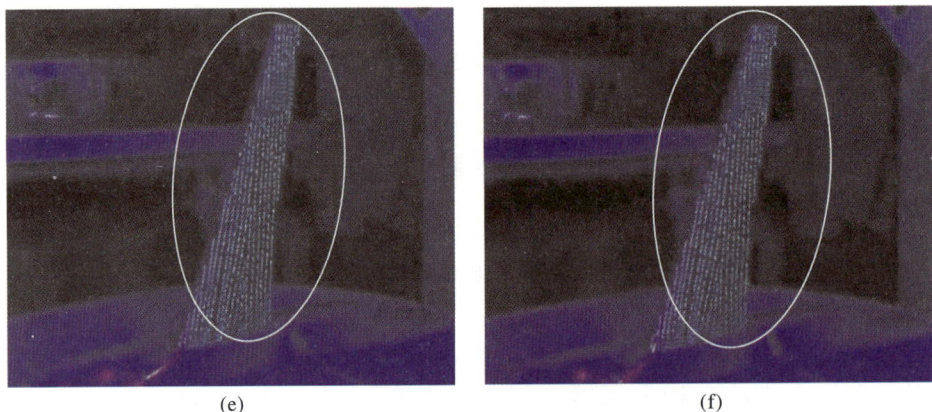

(e)
(f)

续图 5 - 7　60 m/s 风速下三维机翼绕流流场随迎角变化情况
(e)α＝20°；(f)α＝22°

　　其次,分析了不同风速下,机翼绕流流场随迎角变化情况。由图 5 - 8 可知：随着风速或雷诺数的增加,丝线开始出现摆动的角度推迟,表明失速迎角随风速或雷诺数增大而提高；不同风速下,机翼绕流流场随迎角变化的规律相似。刚开始时,气流从机翼翼梢开始分离；随着迎角的增大,分离区域逐渐从翼梢向翼根方向扩展。

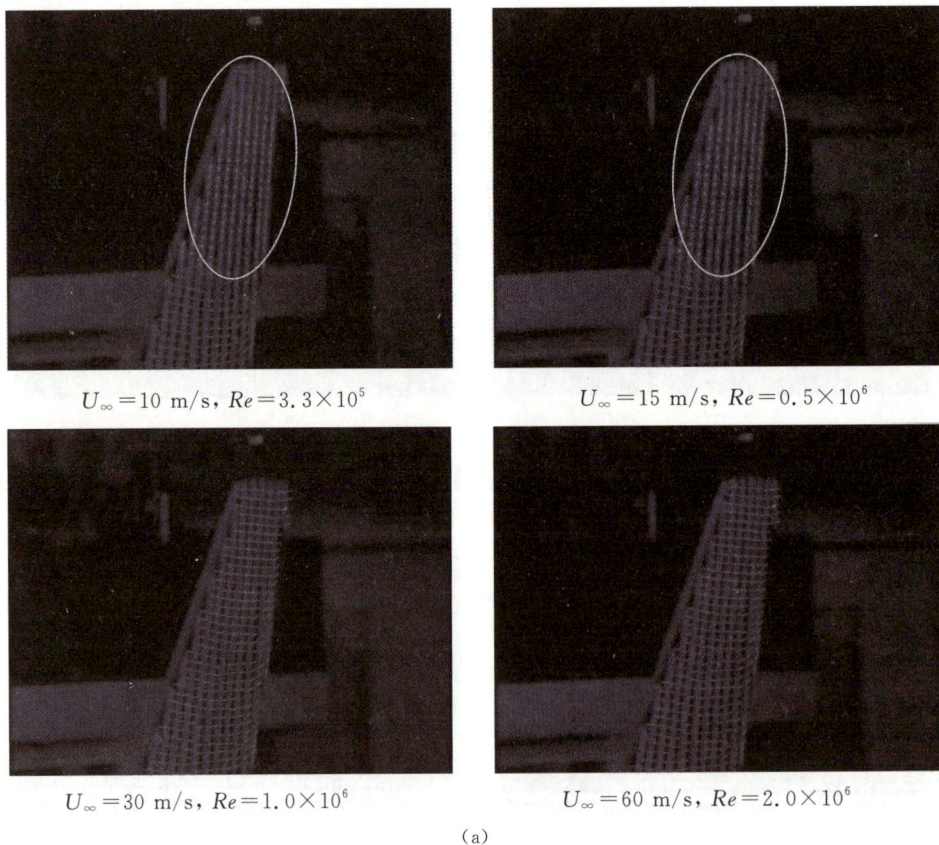

$U_\infty = 10$ m/s, $Re = 3.3 \times 10^5$
$U_\infty = 15$ m/s, $Re = 0.5 \times 10^6$

$U_\infty = 30$ m/s, $Re = 1.0 \times 10^6$
$U_\infty = 60$ m/s, $Re = 2.0 \times 10^6$

(a)

图 5 - 8　不同雷诺数下机翼绕流流场随迎角变化情况
(a)α＝12°

$U_\infty=10 \text{ m/s}, Re=3.3\times10^5$ $U_\infty=15 \text{ m/s}, Re=0.5\times10^6$

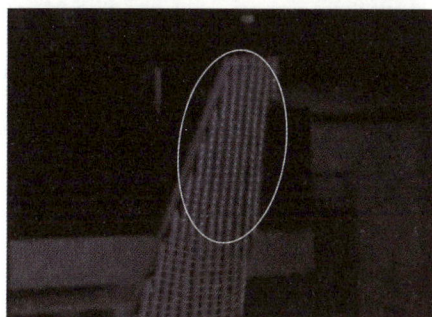

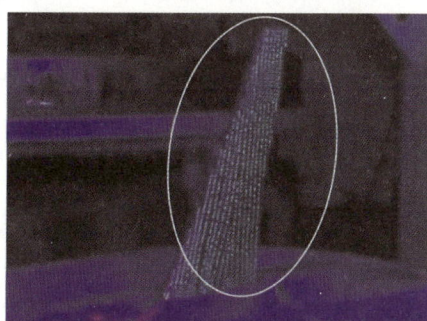

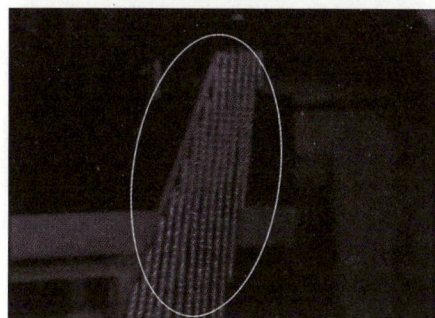

$U_\infty=30 \text{ m/s}, Re=1.0\times10^6$ $U_\infty=60 \text{ m/s}, Re=2.0\times10^6$

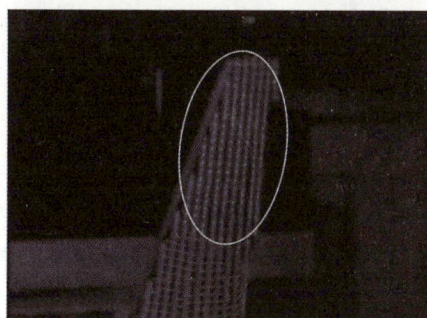

(b)

$U_\infty=10 \text{ m/s}, Re=3.3\times10^5$ $U_\infty=15 \text{ m/s}, Re=0.5\times10^6$

$U_\infty=30 \text{ m/s}, Re=1.0\times10^6$ $U_\infty=60 \text{ m/s}, Re=2.0\times10^6$

(c)

续图 5-8 不同雷诺数下机翼绕流流场随迎角变化情况

(b)$\alpha=14°$;(c)$\alpha=16°$

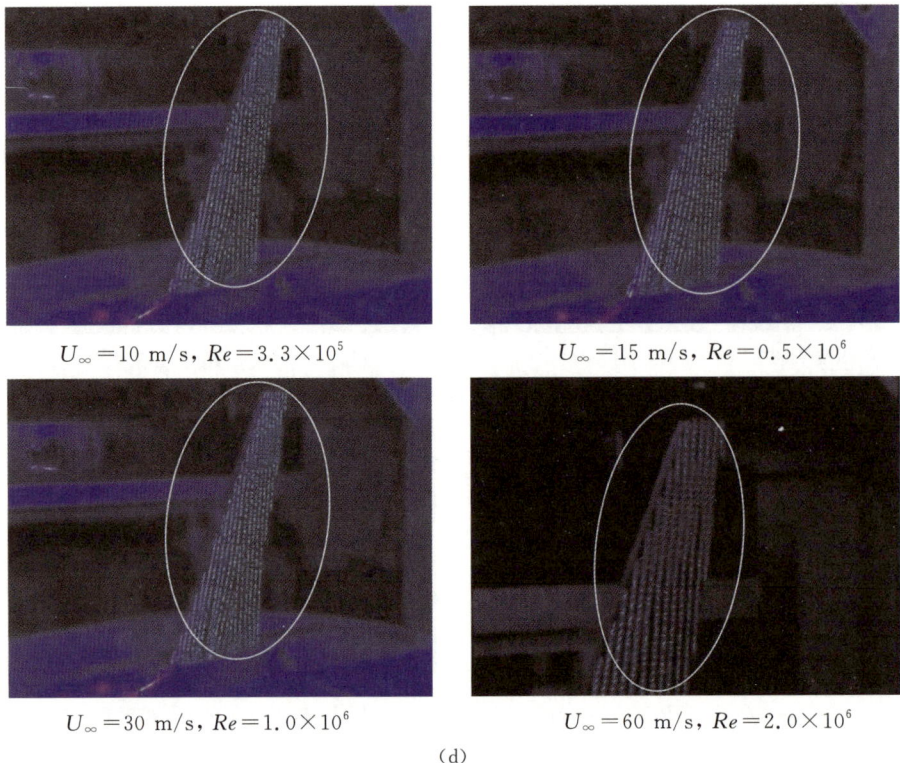

$U_\infty = 10 \text{ m/s}, Re = 3.3 \times 10^5$

$U_\infty = 15 \text{ m/s}, Re = 0.5 \times 10^6$

$U_\infty = 30 \text{ m/s}, Re = 1.0 \times 10^6$

$U_\infty = 60 \text{ m/s}, Re = 2.0 \times 10^6$

(d)

续图 5 - 8　不同雷诺数下机翼绕流流场随迎角变化情况

(d)$\alpha = 18°$

5.2.2　施加激励前后的测力实验

1. 雷诺数对控制效果的影响

在掌握了机翼绕流流场的情况下,下面将通过测力对激励器的控制效果进行评估。图 5 - 9 给出了在 10 m/s、15 m/s、30 m/s 以及 60 m/s 四种风速下,施加激励前后,机翼升力系数及阻力系数随迎角变化情况。四种风速对应的雷诺数分别为 3.3×10^5、0.5×10^6、1.0×10^6 以及 2.0×10^6。激励电压的峰峰值为 9.8 kV,激励频率为 3 kHz。由图可知,从未施加控制的数据来看,随着雷诺数的增加,升力线斜率逐渐增大,失速迎角逐渐提高。当 $Re = 0.5 \times 10^6$ 时,升力线斜率 $C_{L\alpha}$ 为 0.067,失速迎角为 12°;当 $Re = 2.0 \times 10^6$ 时,升力线斜率 $C_{L\alpha}$ 为 0.072,失速迎角为 16°。该结果与丝线流场显示结果吻合较好。此外,与二维翼型实验结果类似,在不同雷诺数下,施加控制后,激励器的控制效果主要表现在失速区域。在升力曲线的线性段,施加激励前后的变化较小;当迎角增大到失速附近,施加激励后,激励器推迟了机翼失速迎角,提高了最大升力系数,实现了类似于"前缘缝翼"的功能。同时,激励器大幅度减小了失速附近的阻力。值得注意的是,在 $Re = 2.0 \times 10^6$ 下,通过对称布局激励器成功抑制了机翼大迎角失速分离,极大地拓展了激励器可控雷诺数范围。从公开文献来看,目前,只有美国圣母大学 Corke 教授带领的团队在两百万雷诺数下,通过正弦交流放电,实现了对二维翼型失速分离的流动控制,而在相同量级雷诺数下,针对三维机翼的等离子体流动控制却鲜有发现。

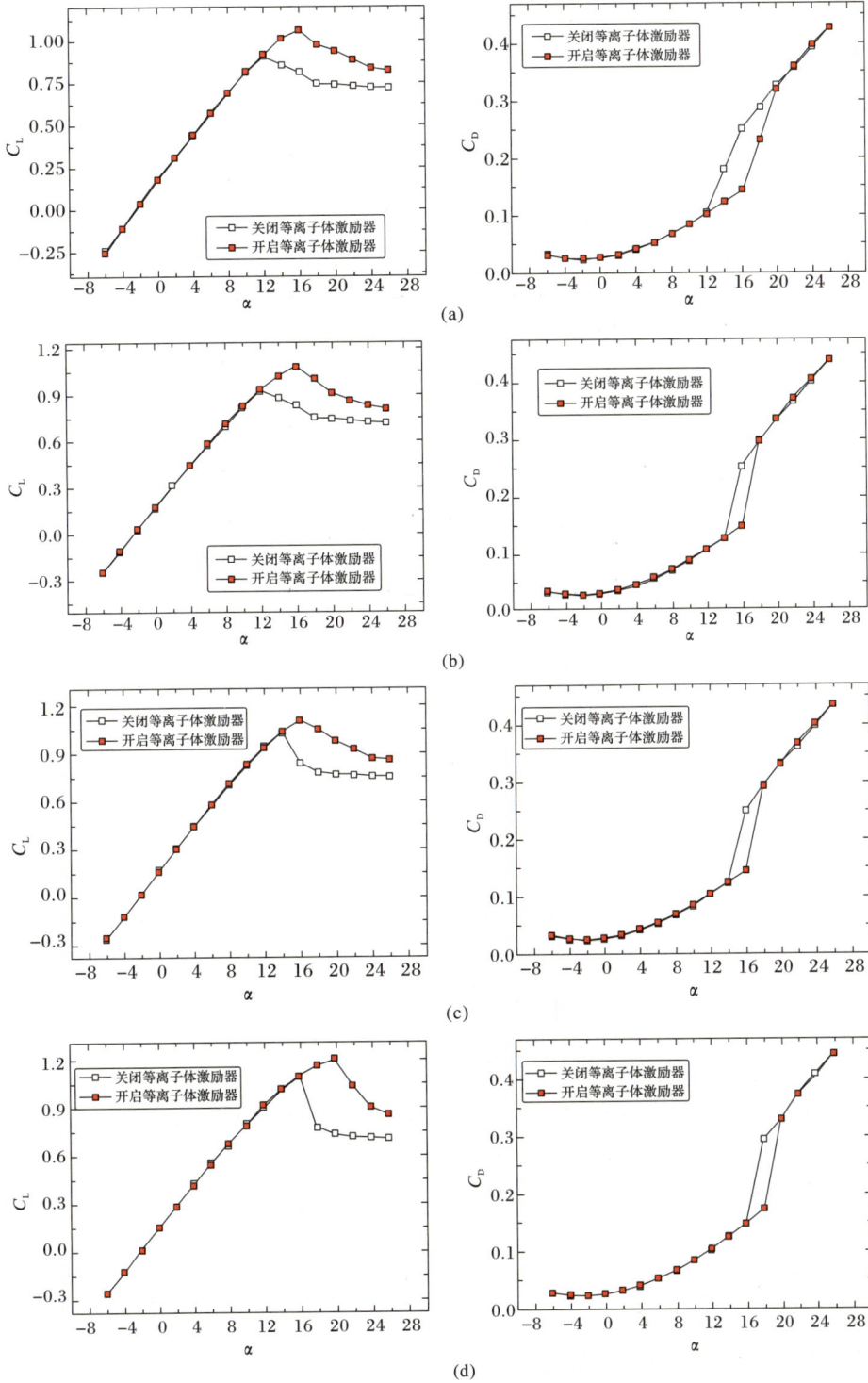

图 5 - 9　不同雷诺数下施加激励前后三维机翼升力系数与阻力系数随迎角变化情况

(a)$U_\infty = 10$ m/s,$Re = 3.3 \times 10^5$;(b)$U_\infty = 15$ m/s,$Re = 0.5 \times 10^6$;

(c)$U_\infty = 30$ m/s,$Re = 1.0 \times 10^6$;(d)$U_\infty = 60$ m/s,$Re = 2.0 \times 10^6$

为了检验 $Re=2.0×10^6$ 时，实验结果的准确性，排除系统误差，开展了重复性实验。以 $α=18°$、$Re=2.0×10^6$ 为研究工况开展研究。实验时，连续采集 300 个样本点进行分析。由图 5-10 可知，当未施加控制时，机翼绕流流场处于失速状态，因此，升力系数出现小幅振荡，振荡幅值小于 0.04。而当对称布局激励器工作时，由于激励器较好地抑制了机翼绕流流场失速分离，因此，升力系数处于相对稳定的状态。平均增量达到了 0.42，远大于控制前升力系数的振荡量。由此看出，实验系统是稳定的，对称布局激励器在 $Re=2.0×10^6$ 情况下产生的增量是可靠的。

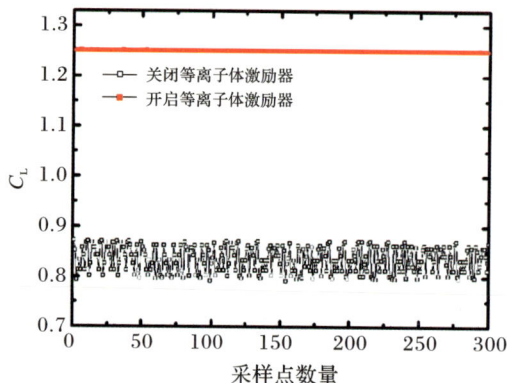

图 5-10　升力系数随采样点变化情况（$α=18°$，$Re=2.0×10^6$）

在验证了数据结果准确性的基础上，下面对本章结果与 Corke 教授的实验结果进行简单对比。表 5-3 给出了两次实验的主要参数及控制结果。其中 EET 表示 NASA 自主研制的运输机机翼翼型。由表 5-3 可知，两次实验的控制效果相当。首先，Corke 教授的研究结果表明，施加控制后，翼型最大升力系数提高了 10%，失速迎角推迟了 1°；而本章施加对称激励后，机翼的最大升力系数提高了 8.98%，失速迎角推迟了 2°。其次，激励器消耗功率存在差异。Corke 教授在开展此项研究时，采用陶瓷作为模型前缘及绝缘介质，对激励器施加了 30 kV 的高电压，在两百万雷诺数下获得了较好的控制效果。激励电压已超出了传统介质阻挡放电激励器所承受的高电压，激励器消耗的功率较大。而本章采用常规的聚酰亚胺胶带作为绝缘介质，对激励器只施加了 9.8 kV 的电压。与 Corke 教授的研究相比，大大降低了激励器消耗的功率，并且实现了近似相同的控制效果。

总的来看，Corke 教授已经将传统非对称布局激励器的控制效果推向了极致，通过改变绝缘介质厚度，增加激励电压幅值，提高了激励器诱导射流速度，增强了激励器的诱导体积力。由诱导射流向边界层注入的动量高低绝大程度上决定了非对称布局激励器的控制效果。而这种依靠提升外界输入能量来提高控制效果的方式，绝非流动控制的初衷。较高的激励电压，较厚的绝缘介质，定制的模型材料，这些都大大限制了等离子体流动控制技术的工程化应用。

对称布局激励器能在相对较低的激励电压下，产生与较高电压激励下非对称布局激励器相当的控制效果，大大降低了激励器消耗功率，减少了工程应用的限制条件。这表明对称布局激励器具有较强的工程应用前景，是推动等离子体流动控制技术发展，提高技术成熟度的关键一招。

表 5 - 3   测力实验结果与文献实验结果对比表

模　型	激励器布局方式	模型材料	绝缘介质厚度/mm	雷诺数	电压/kV	频率/kHz	升力系数增量/(%)	推迟的失速迎角/(°)
EET（二维翼型）	非对称布局	陶瓷	3.175	2.2×10^6	30	2.3	10.0	1
SC(2)-071（三维机翼）	对称布局	金属	0.15	2.0×10^6	9.8	3	8.98	2

为了更为直观地研究雷诺数对对称布局激励器控制效果的影响,图 5 - 11、图 5 - 12 分别给出了施加控制后,机翼最大升力系数增量及激励器推迟的失速迎角随雷诺数变化情况。由图可知,随着雷诺数的增加,最大升力系数的增量变化较小。当 $Re=1.0\times10^6$ 时,最大升力系数的增量为 7.20%;当 $Re=2.0\times10^6$ 时,最大升力系数的增量为 8.98%。其次,随着雷诺数的提高,激励器推迟的失速迎角有所降低。当 $Re=3.3\times10^5$、0.5×10^6 时,激励器推迟的失速迎角为 4°;当 $Re=1.0\times10^6$、2.0×10^6 时,激励器推迟的失速迎角为 2°。结合二维翼型流动控制实验结果来看,在 $Re=0.5\times10^6$ 以下,随着雷诺数的增加,对称布局激励器产生的控制效果没有明显降低;而当 $Re>0.5\times10^6$ 时,与低雷诺数的情况相比,对称布局激励器实现的控制效果有所降低,但在 $Re=1.0\times10^6$ 与 $Re=2.0\times10^6$ 两种情况下,激励器的控制效果维持在同一水平。

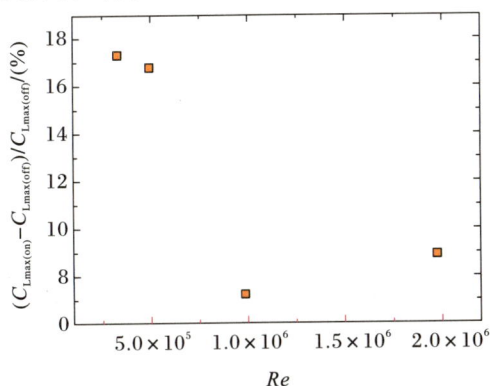

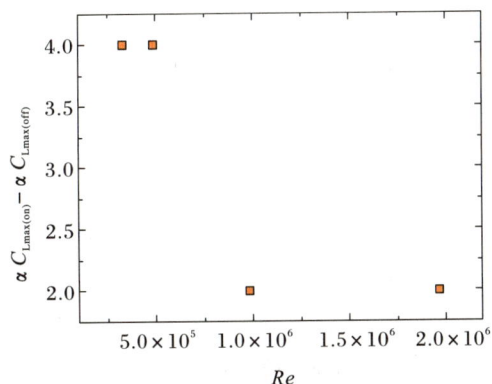

图 5 - 11　机翼最大升力系数增量随雷诺数变化情况　　图 5 - 12　激励器推迟的失速迎角随雷诺数变化情况

由二维翼型、三维机翼测力实验结果可知(见图 4 - 9、图 5 - 9),除了推迟失速迎角、提高最大升力系数以外,对称布局激励器还能在大迎角区域(即迎角超过失速迎角)提高升力系数。图 5 - 13、图 5 - 14 分别给出了四种雷诺数下,升力系数最大增量以及最大增量对应的迎角随雷诺数变化情况。其中,最大增量对应的迎角扣除了当地雷诺数下施加控制后的失速迎角。由图可知,随着雷诺数的增加,施加控制后,升力系数的最大增量在增加;在较高雷诺数下,升力系数最大增量对应的迎角已超过了施加控制后的失速迎角。这对于大迎角下,改善飞行器失速特性,提升飞行器机动性能具有重要意义。

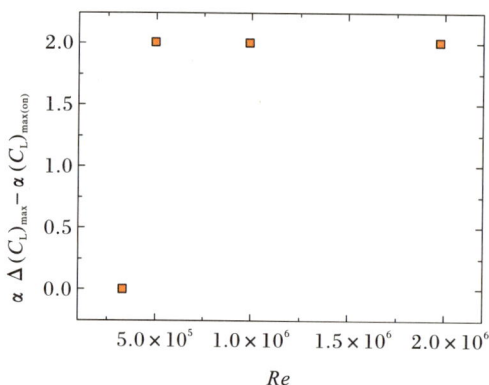

图 5-13 升力系数最大增量随雷诺数变化情况　图 5-14 升力系数最大增量对应的迎角随雷诺数变化情况

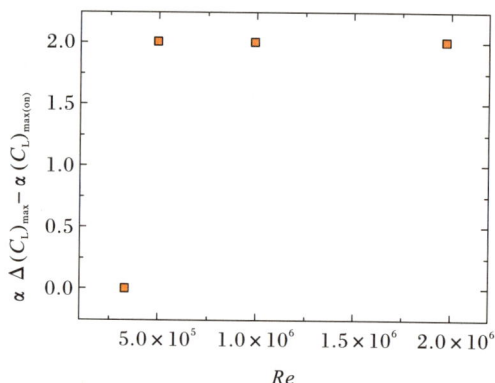

2. 激励电压对控制效果的影响

图 5-15、图 5-16 分别给出了在不同雷诺数（或风速）下，激励电压对最大升力系数及失速迎角的影响。由图可知，随着激励电压的升高，激励器的控制效果增强。这一变化规律与文献[3]一致。此外，随着雷诺数的增加，产生控制效果的电压"门槛"提高，当 $Re=1.0\times10^6$、2.0×10^6 时，激励器在 $U_{AC}=6.4$ kV 电压激励下失效。

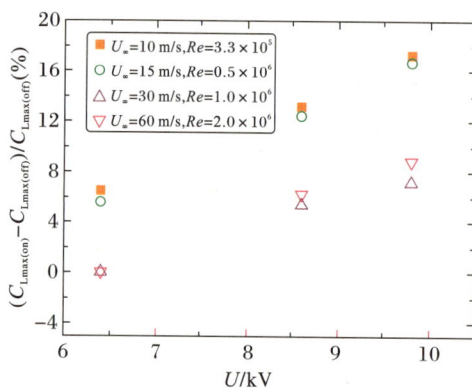

图 5-15 激励电压对最大升力系数的影响　图 5-16 激励电压对失速迎角的影响

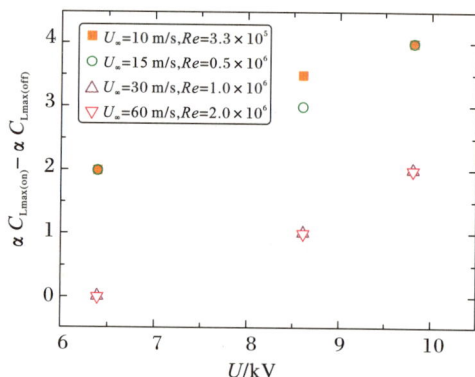

5.2.3　施加激励前后的流场显示与测量研究

1. 荧光丝线流场显示

下面将通过荧光丝线流场显示及 PIV 实验，对测力数据进行进一步验证，探索控制机理。以 $U_\infty=60$ m/s、$Re=2.0\times10^6$ 工况为例，首先开展了丝线流场显示实验。图 5-17 给出了不同迎角下，施加激励前后，机翼表面丝线变化情况。由图可知：当 $\alpha=16°$，未施加激励时，机翼翼梢处气流发生分离，荧光丝线图像模糊，升力系数达到最大，此时迎角为失速迎角（见图 5-9）；施加激励后，机翼翼梢处丝线顺流向附着，最大升力系数提高（见图 5-9）；当 $\alpha=18°$，未施加激励时，机翼表面的大部分丝线出现弯曲、摆动，机翼处于深失速状态；施加激励后，气流重新附着在机翼表面，失速迎角推迟，升力系数增加（见图 5-9）。当 $\alpha=20°$，未施加激励时，机翼表面的全部丝线出现扰动；施加控制后，激励器虽不能完全抑制机翼表面气流分离,但能减小气流分离区面积。这也是超过失速迎角后,激励器仍能提高升力系数的主要原因。图 5-17 中虚线区域表示气流附着区。

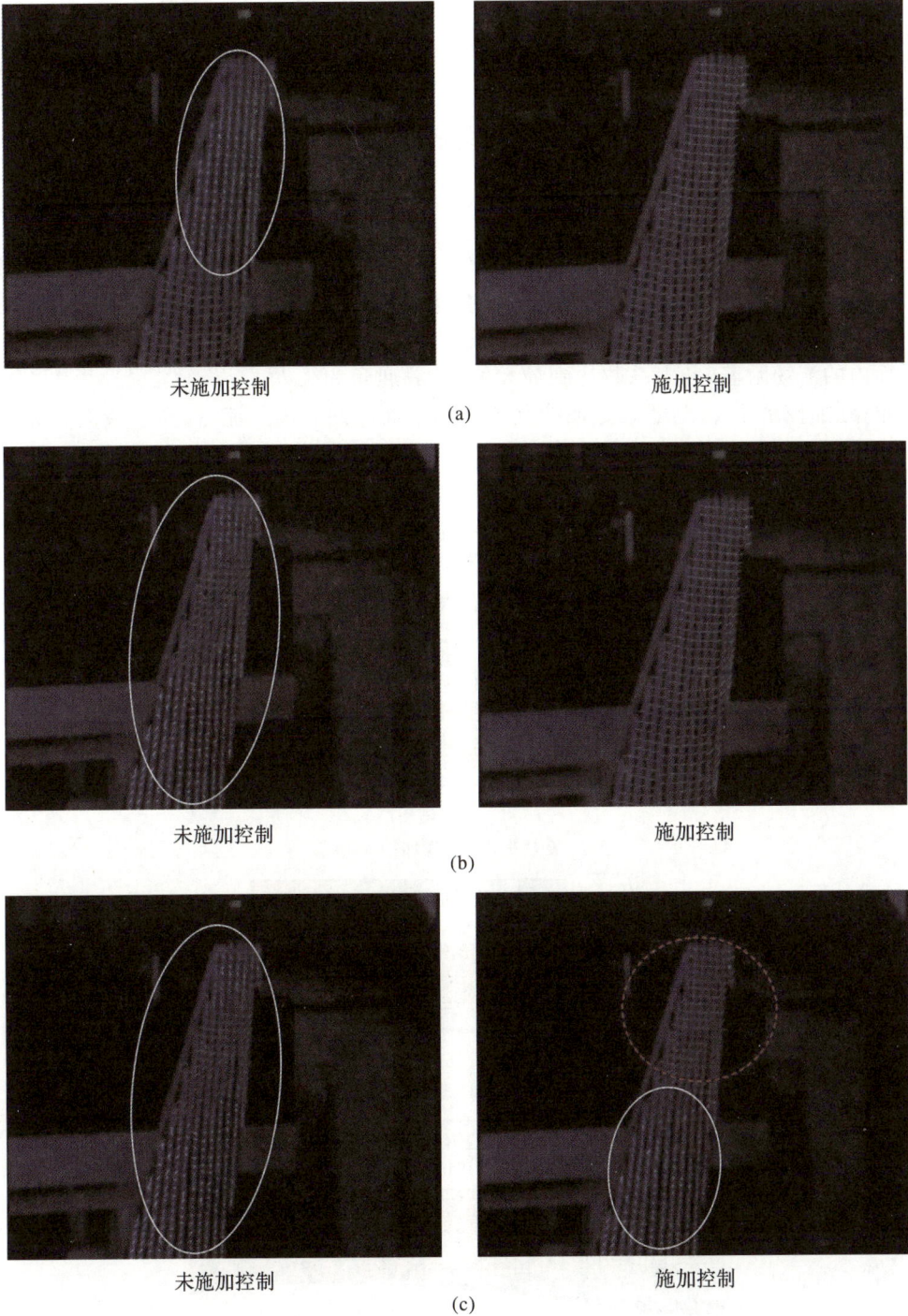

未施加控制　　　　　　　　　施加控制

(a)

未施加控制　　　　　　　　　施加控制

(b)

未施加控制　　　　　　　　　施加控制

(c)

图 5-17　施加激励前后机翼绕流流场随迎角变化($U_\infty = 60$ m/s, $Re = 2.0 \times 10^6$)

(a)$\alpha = 16°$;(b)$\alpha = 18°$;(c)$\alpha = 20°$

2. PIV 实验

为了分析施加控制前后机翼不同部段流场的变化情况，沿机翼展向选取三个剖面开展 PIV 实验研究。三个剖面分别是翼梢平面（距离翼尖 100 mm）、机翼中段（机翼展向中点平面）、翼根平面（距离翼根 200 mm）（见图 5－18）。由于镜头焦距大小、镜头距拍摄面距离以及模型后掠角等，机翼中段平面内的 PIV 图像只有当地翼型弦长的 90％，翼根平面内的 PIV 数据只有当地弦长的 9％。

图 5－19 给出了在 $U_\infty=60$ m/s，$Re=2.0\times10^6$ 的情况下，施加控制前后机翼不同部段绕流流场变化情况。由图可知：当 $\alpha=16°$ 时，翼梢平面内的绕流流场先开始分离，其余两个平面内的流场附着，升力系数达到最大值，机翼迎角为失速迎角；施加控制后，激励器较好地抑制了翼梢平面内的分离气流，提高了最大升力系数。当 $\alpha=18°$ 时，翼梢平面及机翼中段平面的流场均处于分离状态；施加控制后，两个平面内的气流重新附着，激励器推迟了失速迎角。当 $\alpha=20°$ 时，三个平面内的气流均从机翼表面分离，机翼处于深失速状态；施加控制后，激励器能够抑制翼梢平面内的流场分离，减小机翼中段平面内的分离区域，一定程度上提升升力系数，但并不能将失速迎角继续推迟。PIV 实验结果与荧光丝线流场显示实验、测力实验的结果吻合较好。

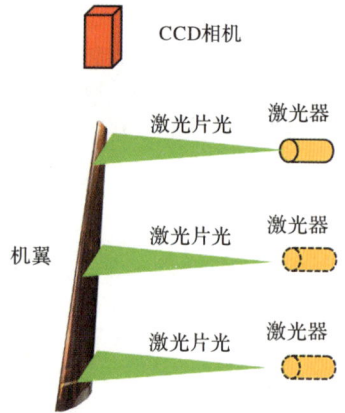

图 5－18　机翼 PIV 实验拍摄平面

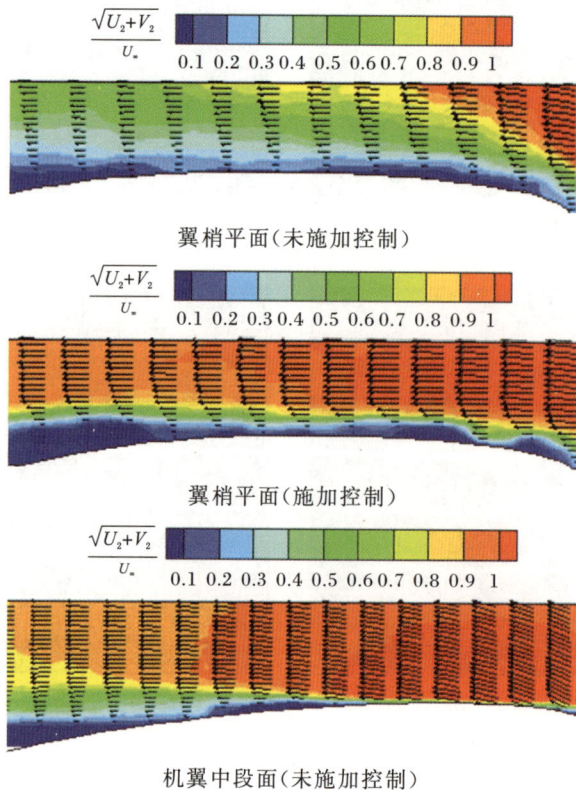

翼梢平面（未施加控制）

翼梢平面（施加控制）

机翼中段面（未施加控制）

图 5－19　施加控制前后机翼不同部段绕流流场情况

$$\frac{\sqrt{U_2+V_2}}{U_*}$$

0.1 0.2 0.3 0.4 0.5 0.6 0.7 0.8 0.9 1

机翼中段面（施加控制）

$$\frac{\sqrt{U_2+V_2}}{U_*}$$

0.1 0.2 0.3 0.4 0.5 0.6 0.7 0.8 0.9 1

翼根平面（未施加控制）

$$\frac{\sqrt{U_2+V_2}}{U_*}$$

0.1 0.2 0.3 0.4 0.5 0.6 0.7 0.8 0.9 1

翼根平面（未施加控制）

（a）

$$\frac{\sqrt{U_2+V_2}}{U_*}$$

0.1 0.2 0.3 0.4 0.5 0.6 0.7 0.8 0.9 1

翼梢平面（未施加控制）

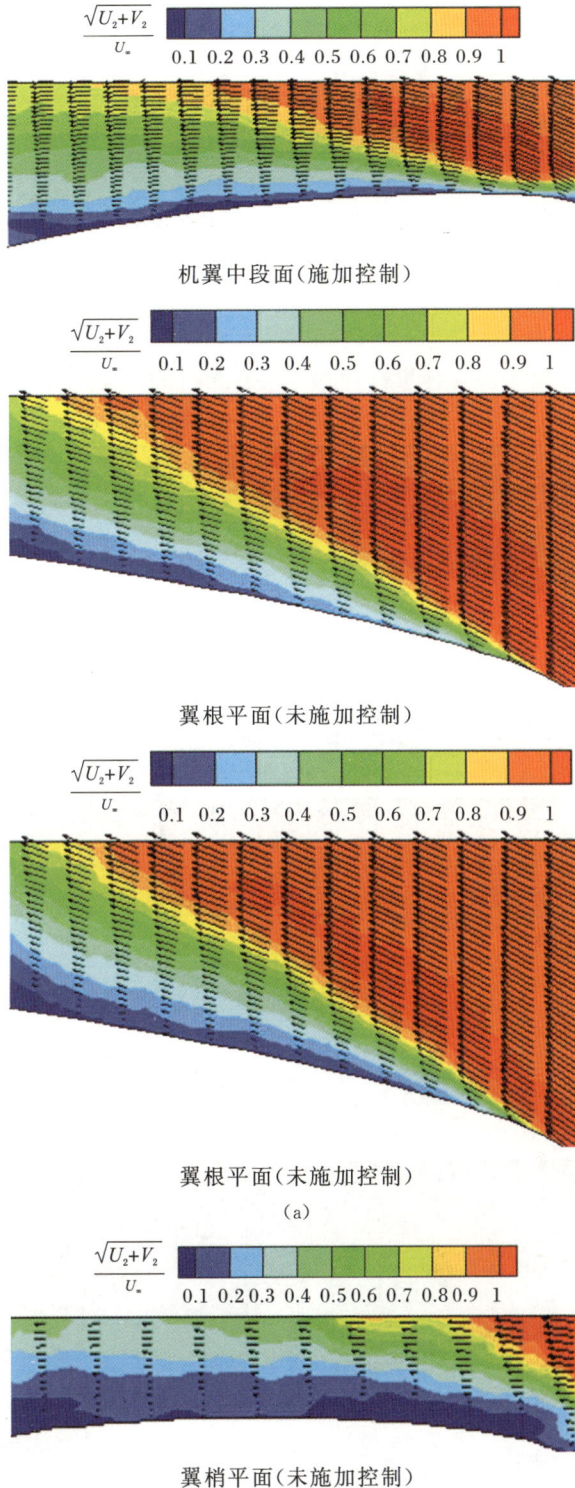

续图 5 - 19 施加激励前后机翼不同部段绕流流场情况

（a）$\alpha = 16°$

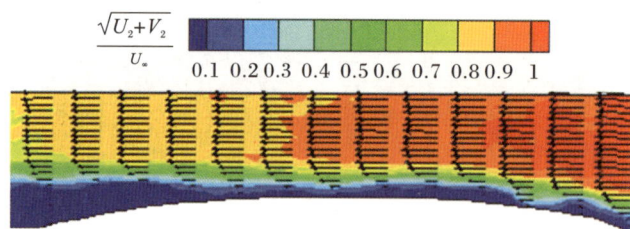

翼梢平面（施加控制）

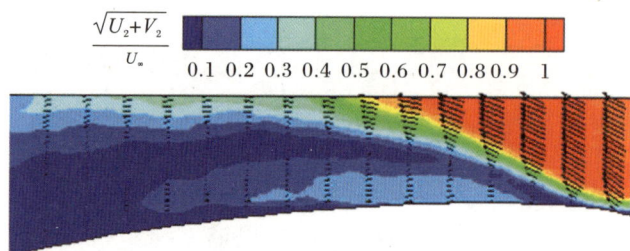

机翼中段面（未施加控制）

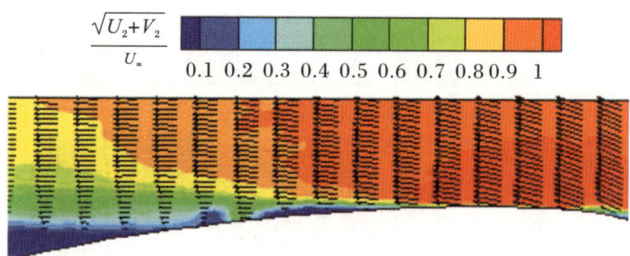

机翼中段面（施加控制）

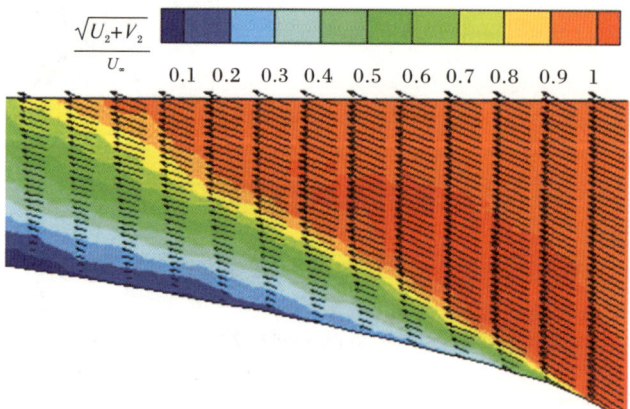

翼根平面（未施加控制）

续图 5－19　施加激励前后机翼不同部段绕流流场情况

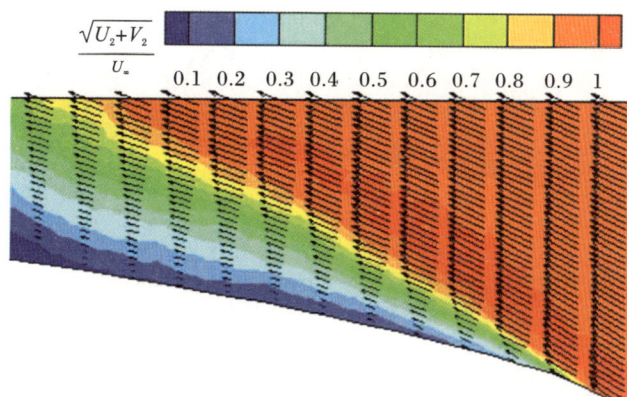

翼根平面（施加控制）

（b）

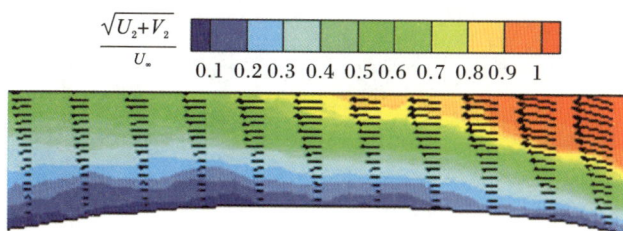

翼梢平面（未施加控制）

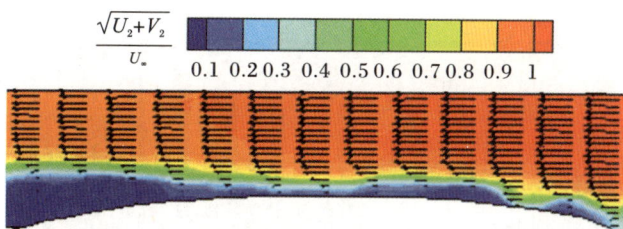

翼梢平面（施加控制）

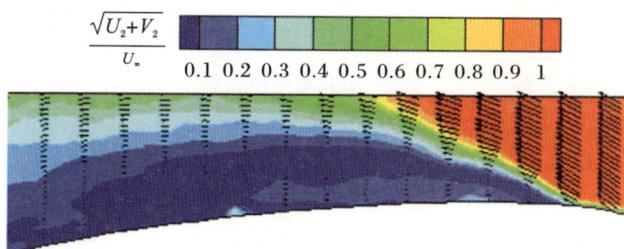

机翼中段面（未施加控制）

续图 5-19 施加激励前后机翼不同部段绕流流场情况

（b）$\alpha = 18°$

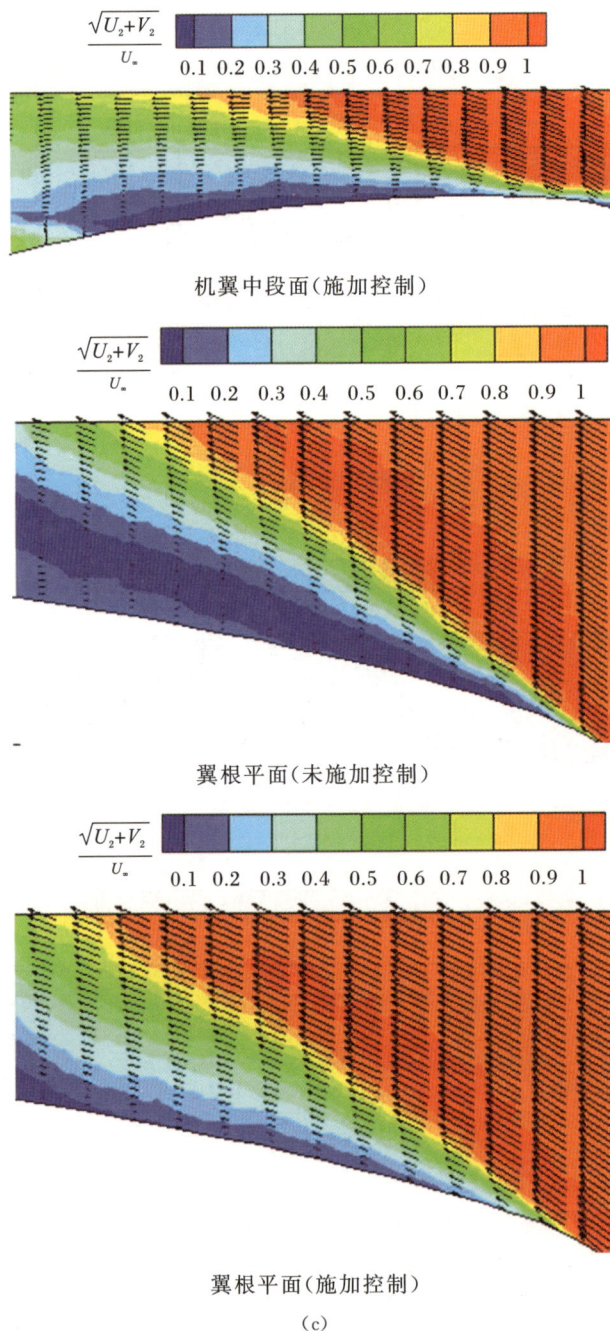

机翼中段面(施加控制)

翼根平面(未施加控制)

翼根平面(施加控制)

(c)

续图 5-19　施加激励前后机翼不同部段绕流流场情况

(c)α=20°

5.2.4　机理研究

下面通过烟流实验,对控制机理进行进一步探索。图 5-20 给出了不同时刻下,机翼绕流流场结构。由图可知:在顺来流向,对称布局激励器通过诱导射流向边界层注入动量;在逆来流向,借助外流的作用,激励器产生诱导涡。诱导涡不停地旋转运动,促进了近壁区低能量流体与主流之间进行掺混,实现抑制分离的控制效果。该结果与二维翼型 PIV 实验结果吻合。

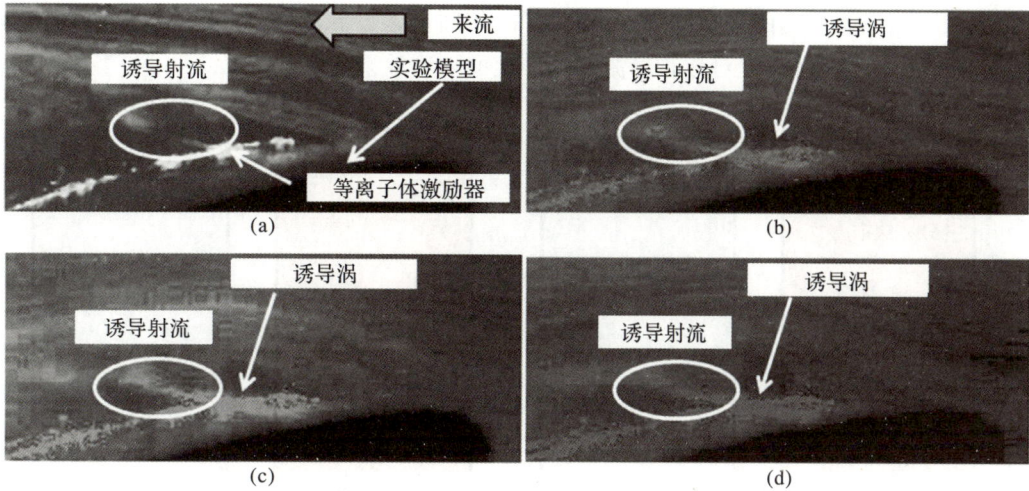

图 5‑20　不同时刻下机翼绕流流场结构

(a)$t=0.002$ s;(b)$t=0.004$ s;(c)$t=0.006$ s;(d)$t=0.008$ s

5.2.5　能耗比分析

与二维翼型流动控制实验类似,针对三维机翼开展激励器能耗比研究。图 5‑21、图 5‑22 分别给出了两种能耗比系数随雷诺数变化情况。η_1、η_2 的定义与第 4 章相同。由图可知,与二维翼型实验结果类似,两种能耗比系数的变化规律相似;此外,与二维翼型实验结果对比(见图 4‑34、图 4‑35)发现,两次实验对应的 η_1、η_2 具有近似相等的指数项,表明在使用同一种激励器进行流动控制时,二维、三维模型风洞实验结果之间存在内在联系。

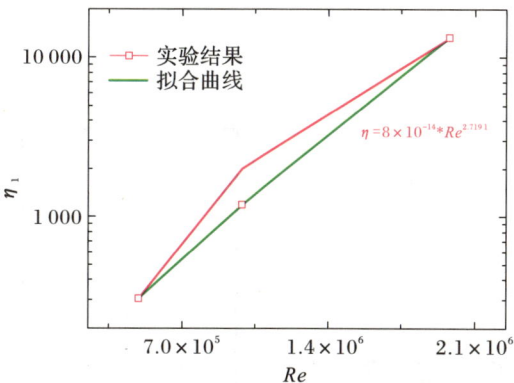

图 5‑21　能耗比系数 1 随雷诺数变化情况(三维半模)　**图 5‑22　能耗比系数 2 随雷诺数变化情况(三维半模)**

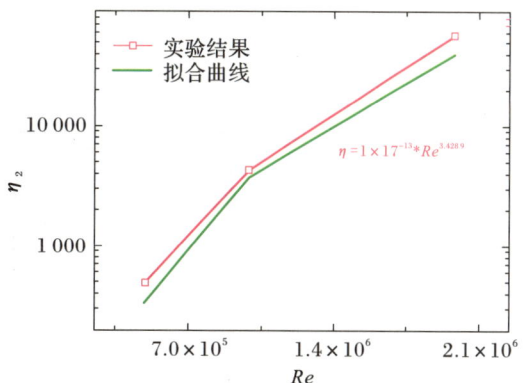

5.2.6　尺度效应分析

下面将结合二维翼型、三维机翼两次风洞实验结果,针对模型尺度效应对控制效果的影响规律进行分析。对二维翼型 $U_\infty = 50$ m/s、$Re = 3.30 \times 10^5$ 及三维机翼 $U_\infty = 10$ m/s、$Re = 3.30 \times 10^5$ 两个工况的实验结果进行分析。在相同雷诺数的条件下,两次实验的模型尺度不同。图 5-23、图 5-24 分别给出了由对称布局激励器施加控制后,两种情况下,最大升力系数增量以及推迟的失速迎角。由图可知,相同雷诺数下,对称布局激励器的控制效果几乎相同,表明尺度效应对对称布局激励器产生的控制效果影响较小。

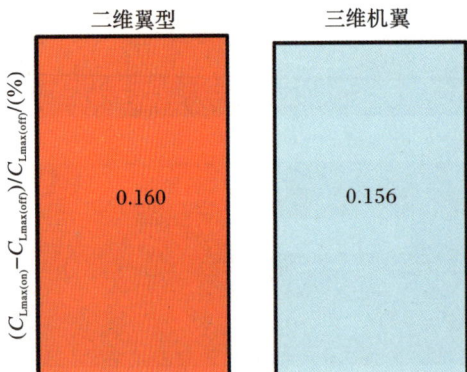

图 5-23 两种工况下最大升力系数增量

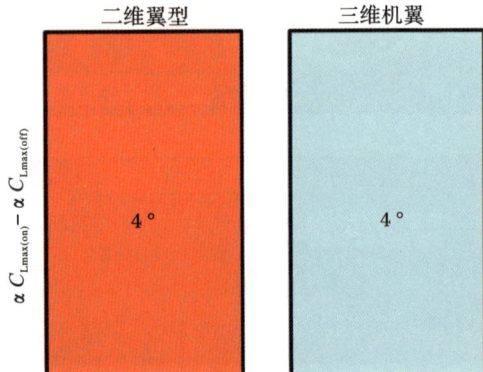

图 5-24 两种工况下推迟的失速迎角

图 5-25、图 5-26 分别给出了两种工况下的两种能耗比系数。由图可知,激励器针对大尺度模型的流动控制效率更高。从能耗比系数公式的分子、分母项来看,激励器的这种表现主要由以下两点原因造成:一是在两种工况下,激励器的控制效果接近(见图 5-23、图 5-24),因此,能耗比系数公式中分子项近似相等;二是从激励器消耗功率系数来看,结合单位长度内激励器消耗的平均功率、模型弦长以及风速三个因素,对于大尺度模型,激励器消耗的功率系数小于小尺度模型下激励器消耗的功率系数,即大尺度模型下,激励器能耗比系数公式的分母项小于小尺度模型下激励器能耗比系数公式的分母项。因此,综合上述两点原因得出,大尺度模型等离子体流动控制的效率更高。此外,从电学特性研究结果(见图 2-12)来看,随着电极长度的增加,单位长度内激励器消耗功率在不断降低。这些结果都预示着,对称布局激励器有望对真实飞机实现流动控制。

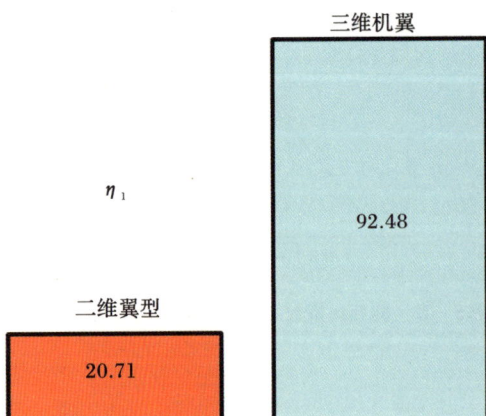

图 5-25 两种工况下的能耗比系数 1

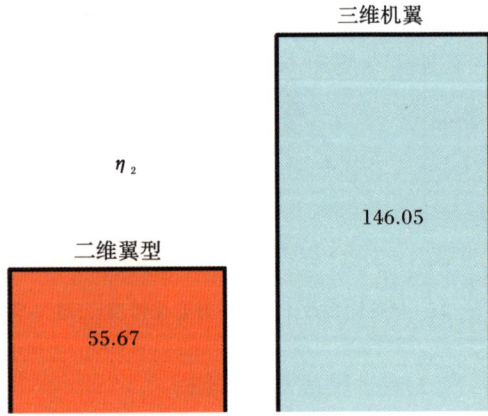

图 5-26 两种工况下的能耗比系数 2

5.3 小 结

本章在二维翼型分离流控制实验研究的基础上,以三维机翼为研究对象,采用测力、荧光丝线及 PIV 相结合的研究手段,开展了较高雷诺数下三维机翼分离流控制研究,进一步验证了控制机理,对比了二维翼型、三维半模流动控制的能耗比系数,分析了尺度效应。结果表明:

第一,对称布局激励器借助诱导涡的作用,在 200 万雷诺数下实现了对三维机翼分离流的控制,进一步推动了等离子体流动控制技术的发展;

第二,通过与 Corke 教授的研究结果相比发现,对称布局激励器能够在较小的激励电压下取得与较高电压激励下非对称布局激励器近似相同的控制效果,大大降低了激励器消耗功率,减少了工程应用的限制条件;

第三,三维机翼流动控制的能耗比系数随雷诺数变化规律与二维翼型的实验结果相似;

第四,结合二维翼型实验结果发现,在相同雷诺数下,三维机翼的能耗比系数优于二维翼型的能耗比系数。该结果为在真实环境下全尺寸飞机等离子体流动控制提供了重要支撑。

参 考 文 献

[1] 王铁城. 空气动力学实验技术[M]. 2 版. 北京:航空工业出版社,1995.

[2] KELLEY C L,BOWLES P O,COONEY J,et al. Leading-edge separation control using alternating-current and nanosecond-pulse plasma actuators[J]. AIAA J,2014,52(9): 1871-1884.

[3] HE C,CORKE T C,PATEL M P. Plasma flaps and slats:an application of weakly ionized plasma actuators[J]. J Aircr,2009,46(3):864-873.

第6章

无人机飞行验证

　　飞行验证是评估流动控制技术成熟度,在真实大气环境下考核激励器控制效果,实现工程应用的关键途径。深入开展飞行验证,解决电源搭载、激励器布置等实际问题,发现控制技术的不足与发展突破口,为推动技术发展、挖掘技术的潜在应用前景积累技术基础。自1998年,Roth教授将介质阻挡放电等离子体应用到翼型流动控制以来,经过10年漫长的研究与积淀,2008年,莫斯科理论与应用力学研究所率先开展了滑翔机等离子体飞行验证。如图6-1所示,该飞机的翼展达到了15 m,机翼面积为10.66 m²,机翼失速速度为17.78 m/s。采用非对称布局方式开展实验,如图6-2所示,激励器布置在机翼前缘,诱导射流方向与来流方向相反。实验时,通过观察机翼表面的丝线流动情况,评估流动控制效果。如图6-3所示,施加激励前,丝线出现弯曲摆动;施加激励后,激励器较好地抑制了机翼失速分离。

图6-1　滑翔机飞行验证照片

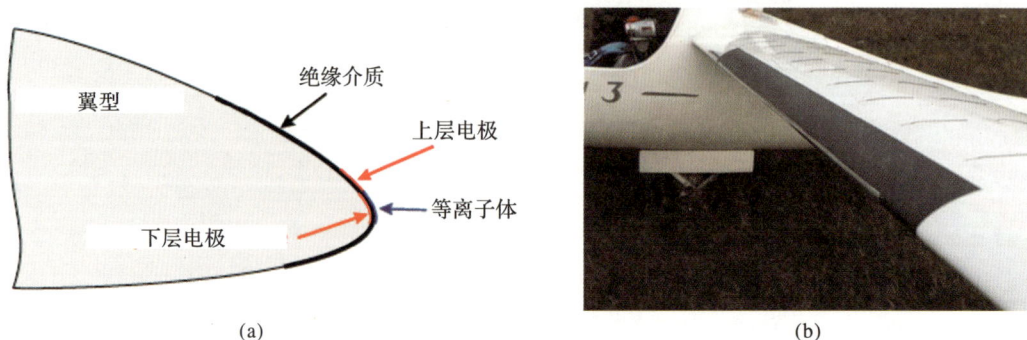

（a）

（b）

图6-2　激励器布置方式

（a）激励器布置示意图;（b）实验照片

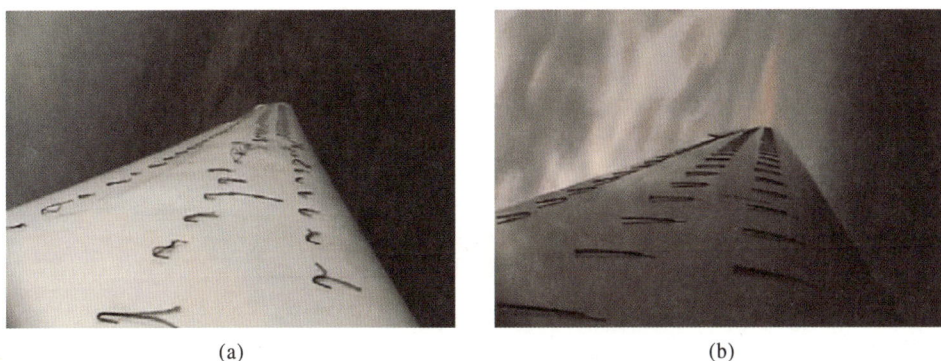

(a)   (b)

图 6 - 3   施加激励前后流场丝线变化情况

(a)施加控制前；(b)施加控制后

  莫斯科理论与应用力学研究所开展的飞行验证实验是等离子体流动控制研究领域的一次大胆尝试及重大壮举，验证了等离子体流动控制技术在大尺度飞行器上应用的可行性，揭示了等离子体流动控制研究的新篇章。但遗憾的是，该次实验并没有获得任何实测数据，只能通过丝线流场显示结果定性地支撑研究结论。

  2009 年，德国达姆斯塔特工业大学借助德国 GBS Elektronik 公司研制的小型激励电源，开展了无人机飞行验证实验。与俄罗斯开展的飞行验证实验目的相同，该次实验的目的也是考核激励器抑制流场分离的能力。图 6-4 给出了无人机模型。该模型的翼展为 1.8 m，平均气动弦长为 180 mm，激励器布置在机翼外侧，长度为 450 mm。图 6-5 给出了机身内部激励设备与测试设备的布置情况。实验时，通过皮托管测量飞机的飞行速度，考核激励器控制效果。结果表明，施加控制后，飞机失速速度的平均值从 10.2 m/s 降低到 6.6 m/s，激励器起到了抑制机翼失速分离的作用(见图 6-6)。实际上，该项数据的准度有待提高。文中也提到，当迎角较大时，皮托管测量的数据误差较大，而机翼失速常发生在较大迎角下，因此，数据结果只能作为定性分析。

图 6 - 4   无人机模型

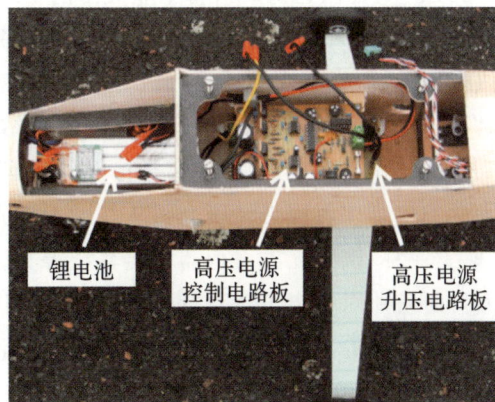

图 6 - 5   无人机内部结构

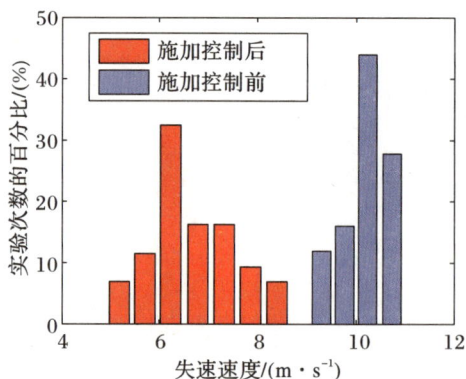

图 6-6　控制前后失速速度变化情况

2010 年,美国斯坦福大学的 Chirayath 等人在 NASA 的支持下,开展了无人机等离子体飞行验证实验,力争通过激励器实现滚转力矩的控制。如图 6-7 所示,采用大展弦比无人机模型开展飞行验证。实验时,通过 3 个加速度计测量 3 个方向的加速情况。结果表明,激励器能够引起加速度变化,实现力矩控制的功能(见图 6-8)。但由于测试设备的限制,文中并未给出施加控制后的模型姿态角,因此,只能根据统计数据对激励器控制效果进行定性描述。

图 6-7　大展弦比无人机模型

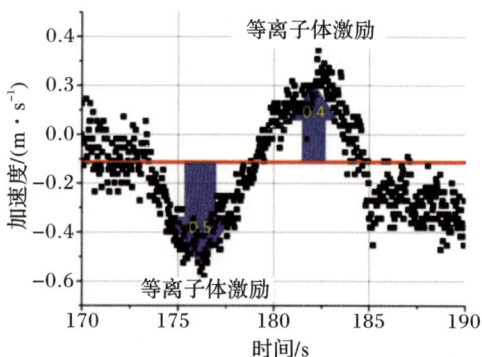

图 6-8　施加激励后加速度变化

2014 年,德国达姆斯塔特工业大学的 Friedrichs 博士以等离子体抑制机翼失速分离为研究目的,从无人机设计到激励电源搭接,从激励器安装到高压线布置,从风洞实验评估到数值模拟计算,详细介绍了无人机等离子体飞行验证平台的搭建过程(见图 6-9)。但遗憾的是,文章中没有给出任何飞行验证的实验结果。

与国外研究相比,国内等离子体飞行验证实验还属于起步阶段。2013 年,南京航空航天大学的史志伟教授带领研究团队在国内率先开展了等离子体飞行演示,并获得了第二届“中航工业杯”国际无人飞行器大奖赛特等奖。但从公开发表的文献来看,目前,国内还没有一家科研院所对等离子体飞行验证实验进行详细介绍与描述。

鉴于国内等离子体飞行验证的研究现状,为了在真实环境下考核对称布局激励器的控制效果,本章将在外场开展无人机等离子体飞行验证实验,解决制约等离子体流动控制技术工程化应用的实际问题,搭建飞机验证平台,在真实环境下评估激励器的控制能力,进一步推动该技术发展。

图 6 - 9　无人机飞行验证模型

6.1　实　验　系　统

实验系统主要包括无人机模型、操控系统、数据采集系统、等离子体激励系统等。

6.1.1　无人机模型

如图 6 - 10 所示,采用常规布局无人机开展实验。该飞机的翼展为 2.7 m,平均气动弦长为 0.275 m。飞机载重为 10 kg,起飞速度为 60 km/h。基于以下几点原因,选择该布局飞机开展实验:一是该布局简单,便于操控;二是采用双垂尾布局,飞机的航向稳定性较好,采用上单翼机翼,飞机的横向稳定性较好;三是机翼前方无任何遮挡,减少了其他因素对控制效果的影响;四是推进系统位于机翼后方,减少了螺旋桨滑流对等离子体气动激励的干扰。

图 6 - 10　无人机模型

此外,为了在飞行实验时监测机翼表面流动情况,评估激励器控制效果,在两侧机翼前缘都分别布置 3 个测压孔,其中定义右侧机翼从前缘至后缘的 3 个测压孔为 p_1、p_2、p_3,而左侧机翼从前缘至后缘的 3 个测压孔为 p_4、p_5、p_6。如图 6 - 11 所示,测压孔的直径为 0.8 mm,孔与孔之间的流向距离为 5 mm。

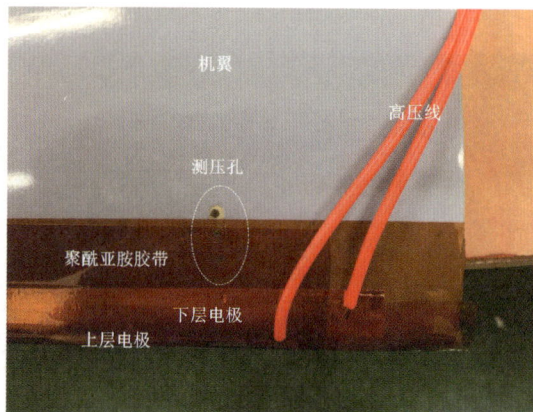

图 6 - 11　模型表面测压孔

6.1.2　操控系统

采用由 Futaba 公司生产的 T10CG 遥控器操控无人机。该设备的发射通道数为 10 个，通信频率为 2.4 GHz，降低了外界环境对遥控器操作的干扰（见图 6 - 12）。采用型号为 Platinum - 120A HV 的无刷电子调速器改变发动机的转速（见图 6 - 13）。该调速器的质量为 125 g，持续电流为 120 A，瞬间电流可达到 180 A。采用由 FMS 公司生产的舵机控制模型舵面（见图 6 - 14）。采用双天公司生产的 XM6350EA 无刷电机驱动螺旋桨（见图 6 - 15）。该电机的直径为 62.4 mm，长度为 49 mm，质量为 469 g，KV 值为 370 r/(min·V)。

图 6 - 12　航模遥控器

图 6 - 13　无刷电子调速器

图 6 - 14　舵机

图 6 - 15　无刷电机

采用由格氏公司生产的锂电池给螺旋桨电机供电(见图 6-16)。该电池的容量为 16 000 mAH,电压为 22.2 V,持续放电倍率为 15 C,峰值放电倍率为 30 C,尺寸(长宽高)为 184 mm×76 mm×67 mm,质量为 1 915 g。

图 6-16　螺旋桨供电电池

6.1.3　数据采集系统

通过两方面考核激励器控制效果:一是模型姿态角,通过获得施加激励前后无人机的姿态角,考核激励器对飞机俯仰角、滚转角以及偏航角的影响;二是压力系数,通过采集控制前后模型表面压力系数,评价激励器对无人机机翼上翼面压力峰值的影响。为了建立上述两项评价措施,研制了数据采集电路板,如图 6-17 所示,该数据采集板由 CPU、姿态角传感器、压力传感器及无线串口接入端等部分组成。压力传感器为差压传感器,主要用于测量模型表面的静压与机舱内压力的差值;该传感器的量程为 500 Pa,精度优于 2.5 Pa,采集频率为 10 Hz。姿态角传感器用于获得无人机姿态。该传感器的测试精度优于 0.2°,采集频率为 5 Hz。采用格氏 2 000 mAH 锂电池给采集电路板供电。该电池的电压为 22.2 V,尺寸(长宽高)为 90 mm×28 mm×16 mm,质量为 94 g。如图 6-18 所示,采用由成都亿佰特电子科技有限公司生产的 E31-TTL-500 无线收发天线与采集电路板中的无线串口接入端相连。通过无线收发设备,实时获得测量数据。

图 6-17　研制的数据采集电路板及供电电池

图 6-18　无线收发天线

6.1.4 等离子体激励系统

等离子体激励系统主要包括激励器、激励电源以及控制系统等。采用对称布局激励器开展飞行验证(见图 6 - 19)。该激励器的下层电极宽度为 35 mm,上层电极的宽度为 5 mm。上层电极前缘距机翼前缘约 2 mm。上、下两层电极均为 0.05 mm 厚的铜箔胶带。采用 1 层聚酰亚胺胶带作为绝缘介质。该绝缘胶带的厚度为 0.1 mm。

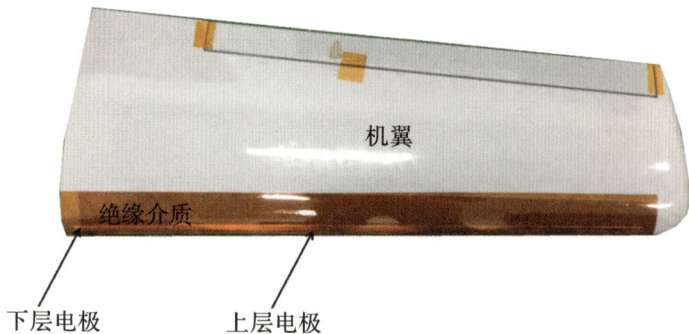

图 6 - 19 机翼照片

采用由德国 GBS Elektronik 公司研制的 Minipuls 0.1 高压电源作为激励电源。该电源主要由升压电路板、驱动电路板以及两块锂电池组成(见图 6 - 20)。该电源的性能指标见表 6 - 1。升压电路板的尺寸(长宽高)为 150 mm×86 mm×21 mm,驱动电路板的尺寸(长宽高)为 115 mm×64 mm×30 mm,单块锂电池的尺寸(长宽高)为 90 mm×35 mm×65 mm。该电源首先将锂电池与驱动电路板连接,通过驱动电路板中的桥式转换器产生低电压方波。然后在 6 个串联变压器的作用下,通过升压电路板将低电压方波转换为高压方波,最后通过滤波的方式输出正弦波。

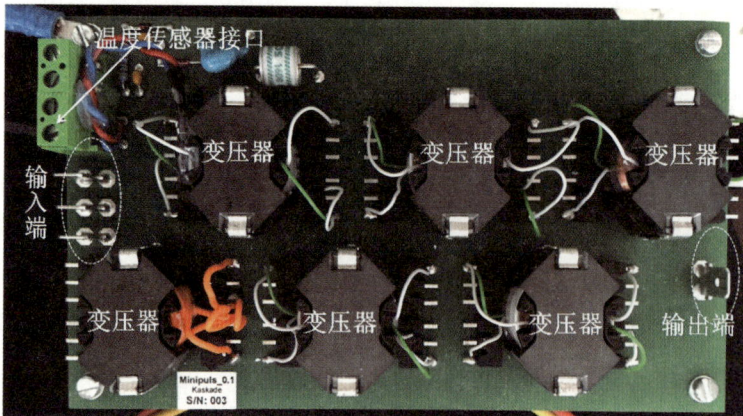

(a)

图 6 - 20 Minipuls 0.1 高压电源

(a)升压电路

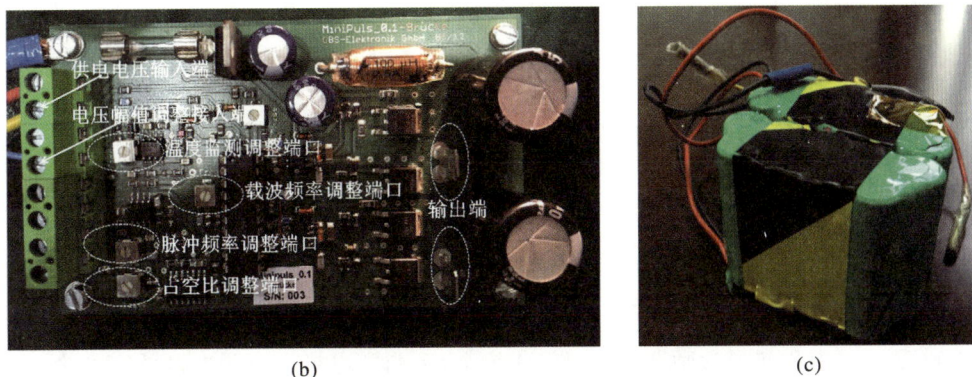

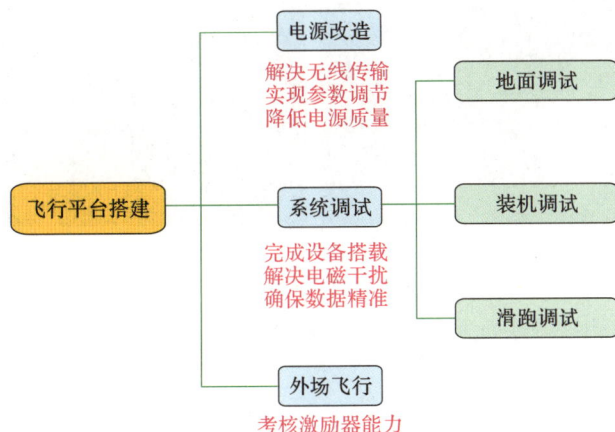

(b)   (c)

续图 6-20   Minipuls 0.1 高压电源

（b）驱动电路；（c）锂电池

表 6-1   Minipuls 0.1 高压电源性能指标

电压峰值范围/kV_{p-p}	0～12
激励频率范围/kHz	5～20
占空比/（%）	0～100
脉冲频率/Hz	0～250
电源功率/W	30
质量/g	340

6.2 　飞行平台搭建

本节主要描述飞行平台搭建情况。图 6-21 给出了搭建飞行平台的具体思路。搭建过程主要分为三步：一是电源改造，主要解决电源无线控制、参数程序调节等问题；二是系统调试，完成激励系统、测试系统的联调以及机载设备的搭载；三是外场飞行，测试飞行平台，考核激励器控制能力。

```
                          ┌──────────┐
                          │  电源改造 │
                          └──────────┘
                           解决无线传输              ┌──────────┐
                           实现参数调节              │ 地面调试 │
                           降低电源质量              └──────────┘

┌──────────────┐          ┌──────────┐              ┌──────────┐
│  飞行平台搭建 │          │  系统调试 │              │ 装机调试 │
└──────────────┘          └──────────┘              └──────────┘
                           完成设备搭载
                           解决电磁干扰              ┌──────────┐
                           确保数据精准              │ 滑跑调试 │
                                                     └──────────┘
                          ┌──────────┐
                          │  外场飞行 │
                          └──────────┘
                           考核激励器能力
```

图 6-21 　飞行平台搭建思路

本节从激励电源改造到采集电路研制,从控制软件编写到模型拼接,详细描述飞行平台的搭建过程,介绍飞行前的实验准备情况。

6.2.1 高压激励电源改造

1.电源调试

深刻认识 Minipuls 0.1 电源是改造、升级电源的第一步。依据 GBS Elektronik 公司提供的操作手册,用导线将输入的低压电源、升压电路板、驱动电路板以及激励器连接起来,如图 6-22 所示。对称布局激励器采用铜箔作为上、下两层电极。上层电极的宽度为 2 mm,厚度为 0.05 mm。下层电极的宽度为 35 mm,厚度为 0.05 mm。两层电极的长度均为 400 mm。采用厚度为 0.05 mm 的聚酰亚胺胶带作为绝缘介质。

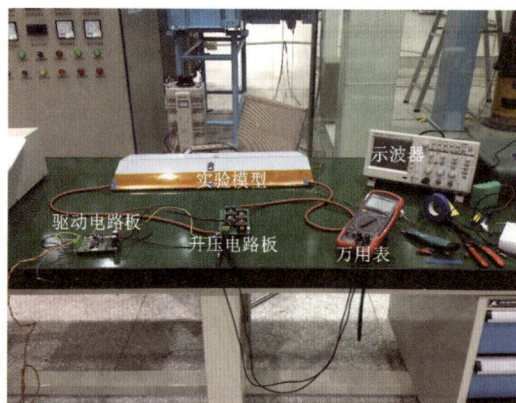

(a)

(b)   (c)

图 6-22　电源调试

(a)调试现场照片;(b)升降电路板线路布置图;(c)驱动电路板线路布置图

(1)发光

图 6-23 给出了激励器辉光放电图。由图可知:对称布局激励器在上层电极两侧产生两条辉光亮线,与先前的实验结果吻合;与第 2 章中的放电实验结果相比,在相同激励电压

下,由 Minipuls 0.1 电源产生的辉光亮度较弱。这是因为 Minipuls 0.1 电源的输出功率较低。当电极较长时,该电源无法满足激励器所需功率,因此,激励器无法正常工作。GBS Elektronik 公司在对激励电源进行小型化的同时,也降低了电源的输出功率。

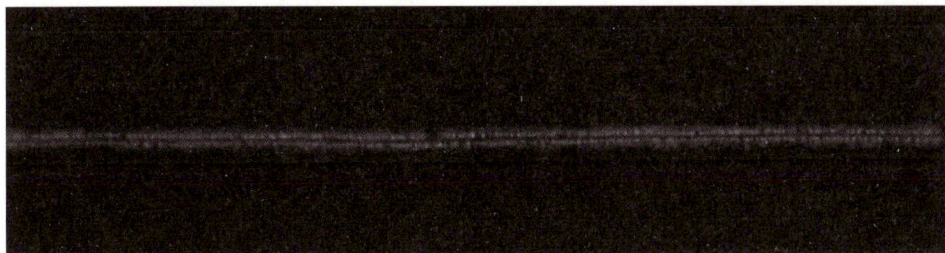

图 6 - 23　Minipuls 0.1 电源激励下激励器的放电图像($U_{\mathrm{AC(p-p)}} = 9.8\ \mathrm{kV}, f_{\mathrm{AC}} = 10\ \mathrm{kHz}$)

(2)电压波形

图 6 - 24 给出了激励器放电波形图。由图可知:在 Minipuls 0.1 电源,激励器两端输出了标准的正弦波;在峰值位置,放电波形出现微小的畸变。

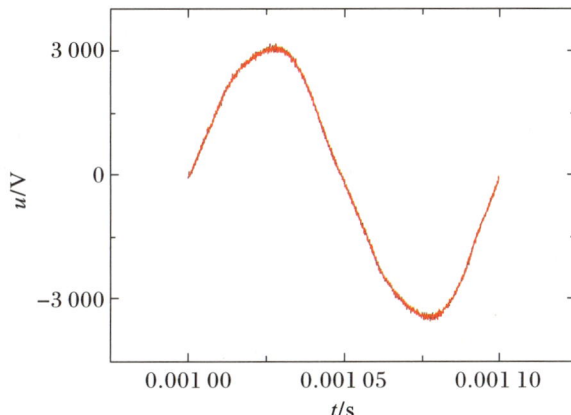

图 6 - 24　Minipuls 0.1 电源激励下激励器的放电波形($U_{\mathrm{AC(p-p)}} = 6.5\ \mathrm{kV}, f_{\mathrm{AC}} = 10\ \mathrm{kHz}$)

(3)质量

采用量程为 2 kg 的电子秤对 Minipuls 0.1 电源进行测量,发现该电源的质量主要来自于锂电池。升压电路板的质量为 250 g,驱动电路板的质量为 90 g,两块锂电池的质量为 870 g。因此,如何降低锂电池质量,是减小该电源质量的关键。

(4)参数调整方式

可以通过两种方式调整该电源的电压幅值、频率及占空比等参数:一种是用螺丝刀直接旋转驱动电路板中的旋钮,实现参数调整;另一种是通过改变外接电源参数,实现对该电源参数的调整。第一种方法虽然简单易行,但无法精确获得理想参数;另一种方法虽然能实时获得电源参数,但增加了整个电源系统的质量。

2. 电源改造

通过调试电源,发现该电源存在两点不足:一是电源的供电电池质量较大;二是电源参

数调整的方式有待提高。针对该电源的供电电池重量较大问题,通过反复调研,采用由
BUILD POWER 公司产生的一块 1 400 mAH 锂电池替换原有的两块锂电池。该电池的充
满电压为 4.2 V,额定容量为 1 400 mAH,额定倍率为 25 C,质量仅为 242 g。通过采用
1 400 mAH 锂电池驱动激励电源,降低了激励电源系统的质量;此外,通过自行研制的驱动
电路板解决了电源参数调整问题(见图 6-25)。在该驱动电路板上,嵌入研制的 CPU 芯
片。通过 CPU 输出不同的电压波形,实现电源参数的改变。此外,通过与采集电路板连
接,实现无线通信。

图 6-25 研制的驱动电路板及供电电池

　　在无线通信的基础上,通过自主研制的采集控制软件,实现电源的程序控制以及姿态角、压
力等实验数据的采集传输,为等离子体闭环控制积累技术基础。软件在 visual studio 6.0 的编程
环境下开发,主要功能包括电源参数调整与控制、数据采集以及数据显示和存储。通过无线通
讯,搭接起上位机与激励电源、传感器的"桥梁",实现数据传输。工作界面如图 6-26 所示,
在电源控制窗口,可以通过"发送参数",实现电源的通断、载波频率、电压幅值、调制频率以
及占空比的改变;同时,可以通过"读取参数",核对输入参数值。这里需要说明的是,在地面
实验时,可以通过激励器放电的滋滋声或辉光,迅速判断出激励器是否工作。而在无人机飞
行实验中,研究人员在地面无法通过直接观测的方法,判断出机载的激励器是否正在施加控
制。并且有时由于电磁干扰或通讯阻塞等原因,上位机与电源无法正常通讯。因此,需要在
软件中增加读取参数的功能,以便工作人员迅速判断出激励器是否工作。数据采集窗口主
要有三个功能:一是连接无线串口,保持上位机与电路板的正常通信;二是通过"发送校准命
令"对压力及姿态角传感器进行校准;三是通过"发送采集命令",对压力数据及姿态角数据
进行采集。在"数据显示窗口",将采集的数据按照时间顺序进行显示。在"图形显示窗口",
将获得的数据以曲线的形式进行显示。

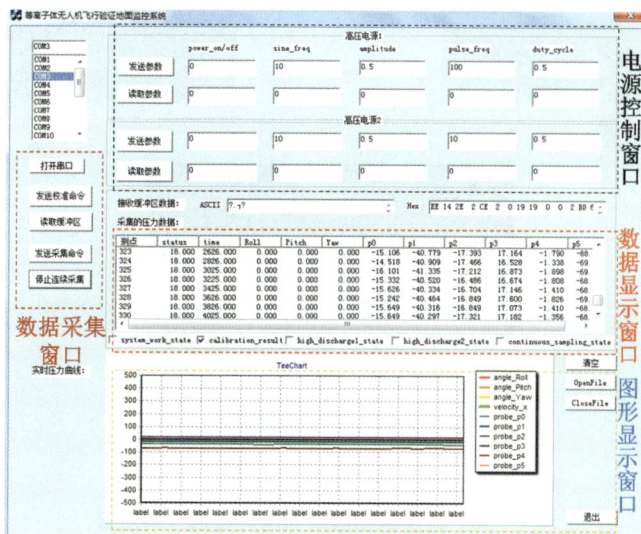

图 6-26 采集控制软件

在研制了驱动电路板,编写了采集控制软件的基础上,对整个激励器系统进行联调。如图 6-27 所示,采用直流电源对采集电路板进行供电,采用稳压稳流电源对驱动电路板进行供电。采用两个布局相同的对称激励器作为调试对象。采用厚度为 0.05 mm 的铜箔作为激励电极。上层电极的宽度为 8 mm,下层电极的宽度为 35 mm。绝缘介质为一层聚酰亚胺胶带。在飞行实验时,为了让两侧机翼的两个激励器能够单独或同时工作,采用两块升压电路板、两块驱动电路板的方式,对两个激励器进行分别供电。图 6-28 给出了两个激励器单独及同时工作的放光图像。从图中可以看出:两个激励器单独工作时,放光强度近似相同;此外,两个激励器同时作用时,放电强度与单独工作时基本相同,表明两台电源同时工作时,相互之间没有干扰。

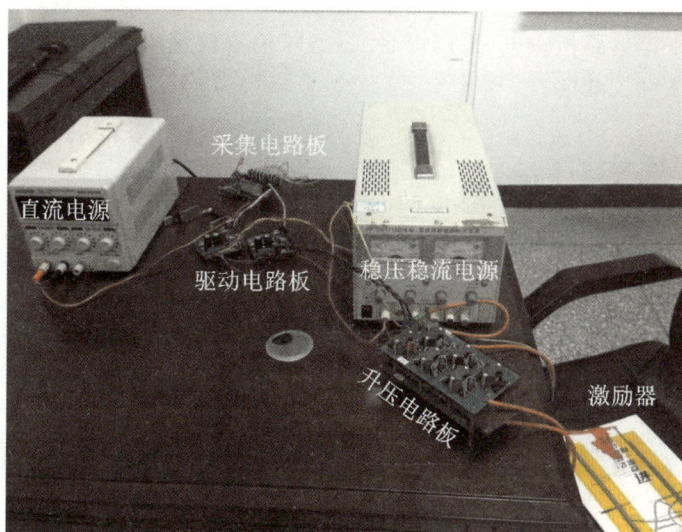

图 6-27 电源调试

(a)

(b)

(c)

图 6 - 28 两组激励器单独与同时放电的图像

(a)激励器 1 放电图像；(b)激励器 2 放电图像；(c)两个激励器同时工作的放电图像

经过调试可以得出，整个激励器系统性能稳定，能够分别或同时给两个激励器供电；采集控制软件能够通过无线通讯正常控制、读取电源参数，两块驱动电路板或两块升压电路板之间没有干扰，电源改造顺利完成。

6.2.2 系统调试

系统调试工作主要包括三部分：一是地面调试，主要是指装机前，对激励系统及数据采集系统进行联调；二是装机调试，主要是将调试好的设备安装到机身内部，做好试飞前的准备；三是地面滑跑测试，主要测试无线通讯的距离与无线数据传输的效果。

1.地面调试

如图 6 - 29 所示，将机翼前缘的激励器与升压电路板的输出端连接。采用 2 000 mAH 的格氏锂电池给采集电路板供电，采用 1 400 mAH 的格氏锂电池给两块驱动电路板供电。电压探针连接在激励器两端。

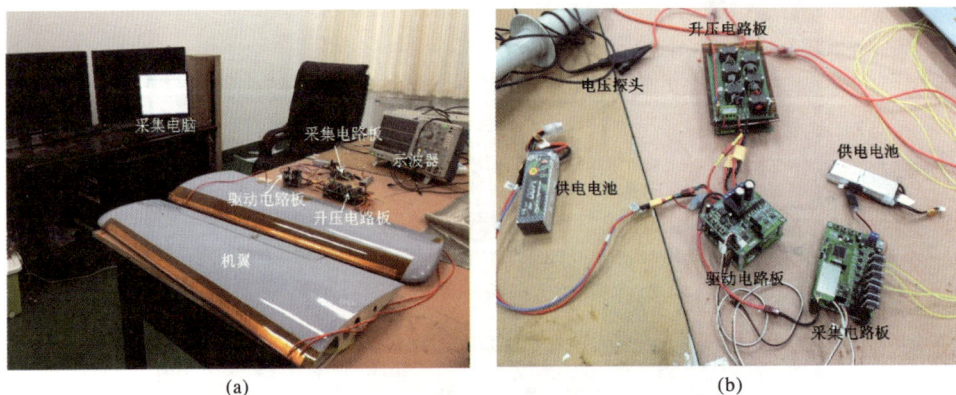

(a)

(b)

图 6 - 29 系统调试现场照片

(a)全局图；(b)局部图

如图 6-30 所示,在给电路板供电时,需要用手持式电压计对锂电池的电压进行测量,确保电池的输出电压在正常范围内,以免产生过压现象,降低电池寿命,出现安全隐患。

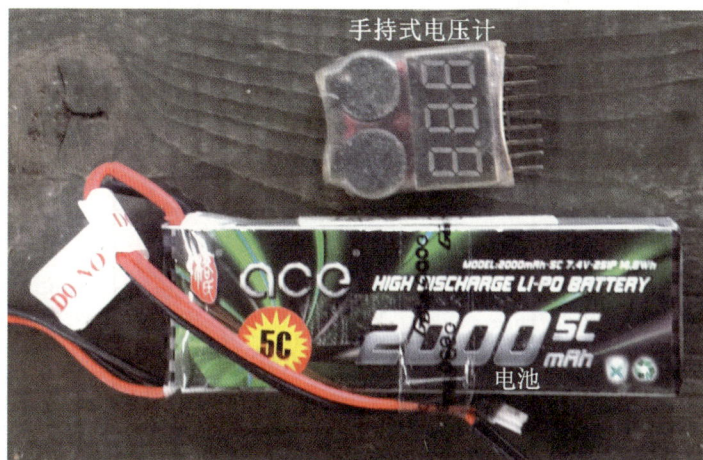

图 6-30　手持式电压计

在调试时,当用 1 400 mAH 电池给驱动电路板供电时,激励器不能正常工作。通过检查发现,在单独对激励系统进行调试时,采用的是稳压稳流电源对驱动电路板进行供电。与锂电池相比,稳压稳流电源的内阻较大,瞬间电流较小;而采用锂电池对电路板进行供电时,由于电池的内阻较小,产生的瞬间电流较大,因此电池在启动瞬间,对驱动电路板的损伤较大。为了解决这个问题,在连接导线上设置了一个通断开关(见图 6-31),并在通断开关两侧并联了一个电阻。电池在与驱动电路板连接时,首先将开关断开,让电流与电阻相连,通过电阻减小瞬间电流;然后再把开关合上,让连接电阻的导线短路,电流通过通断开关一侧直接流向驱动电路。通过上述方法,解决了锂电池供电时,瞬间电流过大,从而损害电路板的问题。

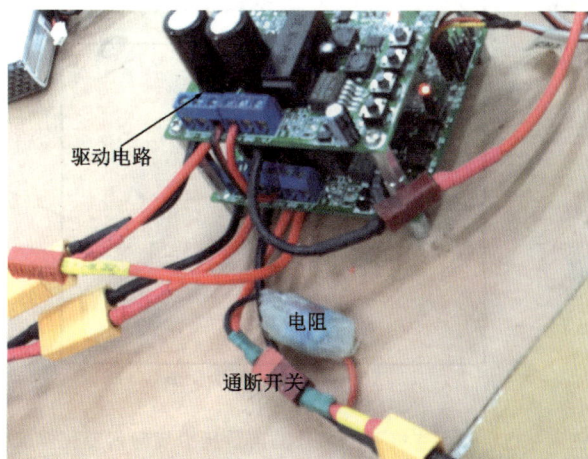

图 6-31　供电电池瞬间电流过大的解决方案

在解决了锂电池供电问题的基础上,对数据采集系统进行了调试。首先,对测压孔的气密性及通气性进行检查；其次，为了进一步考核测压系统与采集控制软件，采用小型风机简易模拟有风的情况。图 6-32 给出了有/无来流情况下，压力的变化情况。由图可知：与静止空气相比，在有来流时，压力有一个跃升；当有来流时，压力在一定范围内波动，主要原因是由小型风机产生的来流均匀性较差。总的来看，测压系统与采集控制软件工作正常。

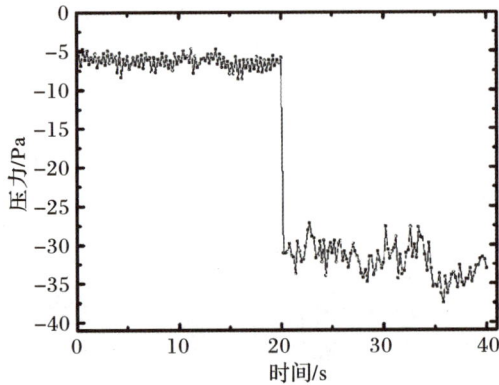

图 6-32　有/无来流情况下压力随时间变化情况

在完成了激励系统及数据采集系统调试的基础上，对两个系统进行联调。首先，在静止空气下，开展了激励器气动激励对压力的影响研究。图 6-33 给出了静止空气下施加激励前后，压力随时间变化情况。通过软件中"读取参数"与发光情况来看，激励器工作正常。但由图可知，施加激励前后，压力没有显著变化。

从公开文献来看，目前，大部分学者认为激励器气动激励对壁面压力分布影响较小，可以忽略；另一部分研究人员认为激励器对壁面压力分布影响较小，但对体积力的分布有一定影响。但无论是哪一方都肯定了激励器气动激励对壁面压力影响较小的观点。因此，本书的实验结果与文献吻合较好。未捕捉到压力变化的原因有以下几点：一是压力传感器的最小分辨率大于诱导流场的压力变化；二是采集频率较低，未能捕捉到重要的流场信息。

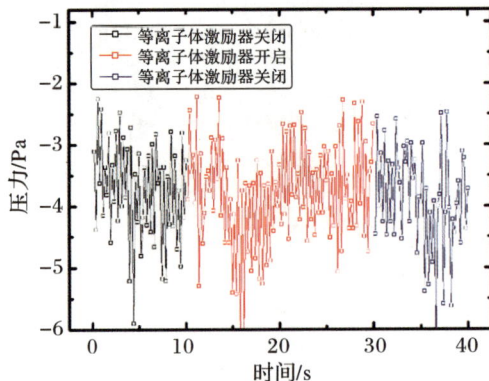

图 6-33　静止空气下施加激励前后压力随时间变化情况

此外，在有来流的情况下，开展了激励器诱导气流对压力的影响研究。同样，通过小型风机模拟有来流的情况。图 6-34 给出了来流情况下，施加激励前后，压力随时间变化情况。从图中可以看出:在来流情况下,施加控制后,压力没有显著变化。但通过软件中"读取参数"与发光情况来看,激励器工作正常。主要原因是小型风机模拟流场的能力不足,来流区域较窄,不能较为准确地进行全流场模拟。

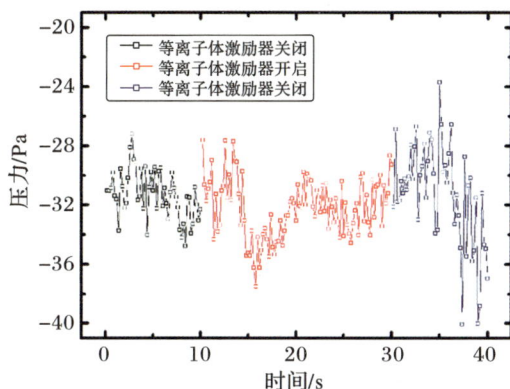

图 6-34　来流情况下施加激励前后压力随时间变化情况

2.装机调试

在完成地面系统联调的基础上,开始进行装机调试。首先,将高压导线、数据线等接头全部改成可插拔的快速接头,便于拆装(见图 6-35)。

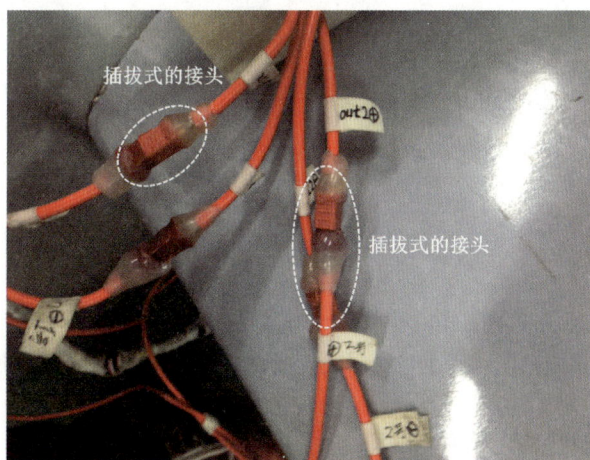

图 6-35　插拔式快速接头

其次,在中机身、机翼中段两侧布置走线孔,便于将高压导线从机身内部引到机翼表面。如图 6-36 所示,走线时,首先将升压电路板的输出导线从机身内部引到中机身;然后将导线通过从中机身的走线孔,引到机翼中段;再将导线从机翼中段内部引到机翼中段外侧;最后将引出的导线与机翼中段外侧的电极连接,完成高压导线的布置(见图 6-37)。通过开孔的方式,将较粗的导线预埋到机体内部,尽可能地减小了高压导线对飞机气动特性的干扰,解决了激励电源安装、高压线缆搭载等问题,提高了技术成熟度。

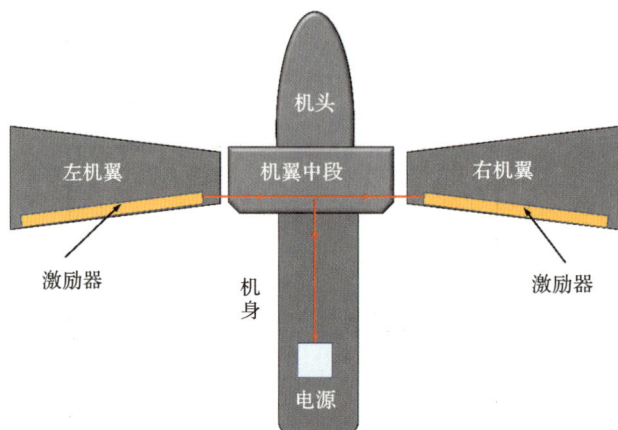

图 6-36　导线搭载示意图

图 6-37　激励器安装照片

等离子体飞行验证具有一定的风险,为了保护机载电子设备,降低飞行风险,设计加工了 3 个保护壳对升压电路板、采集电路板以及驱动电路板进行保护。在保护壳上预留走线孔,便于走线。

将电路板放置在保护壳内,再依次将采集电路板、驱动电路板以及升压电路板按机头至机身后缘的顺序安装在机身里(见图 6-38)。无线收发天线穿过机身底部的小孔,指向地面(见图 6-39)。

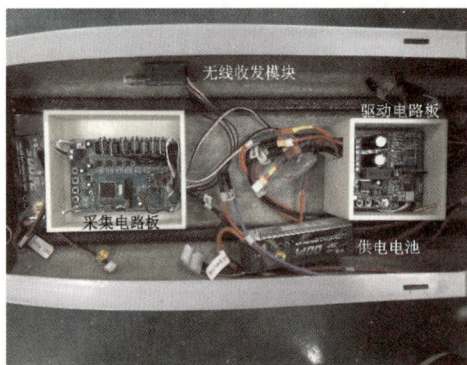

图 6-38　机载电子设备

图 6-39　无线收发天线安装图

图 6-40 给出了完成装机调试之后的无人机模型。表 6-2 给出了各部件的质量情况。从表 6-2 可得,所有机载设备的质量小于 4.5 kg,而该款飞机的载重为 10 kg,因此,机载设备的质量远小于飞机载重,满足飞行条件。

图 6-40　等离子体飞行验证无人机

表 6-2　各部件质量情况

部件名称	质量/g
发动机电子调速器	125
发动机	469
发动机供电电池	1 915
保护壳	1 290
驱动电路板供电电池	94
采集电路板供电电池	243
驱动电路板(两块)	92
升压电路板	90
采集电路板	93
合计	4 411

3.滑跑调试

在完成装机调试的基础上,开展了滑跑调试。图 6-41 给出了滑跑现场的测试照片。通过测试得出:无线传输天线的控制距离为 2 km,指令的收发正常、程序对电源的控制正常;激励器工作对飞机的操控系统没有任何影响。

(a)

(b)

(c)

(d)

图 6-41　不同时刻的滑跑调试图

(a)$t=1$ s;(b)$t=3$ s;(c)$t=5$ s;(d)$t=10$ s

6.2.3　外场飞行

在完成滑跑调试的基础上,开展了外场飞行实验(见图 6-42)。首先,通过改变 16 000 mAH 电池的位置,将飞机重心调整到 1/4 弦长处;其次,检查操控系统及激励器激励系统是否正常工作。

图 6-42　外场飞行实验照片

在完成了所有准备工作后,开始了外场飞行实验。图 6-43 给出了无人机飞行的实验照片,描述了无人机从起飞、爬升、平飞、转弯、大迎角飞行到着陆的整个过程。

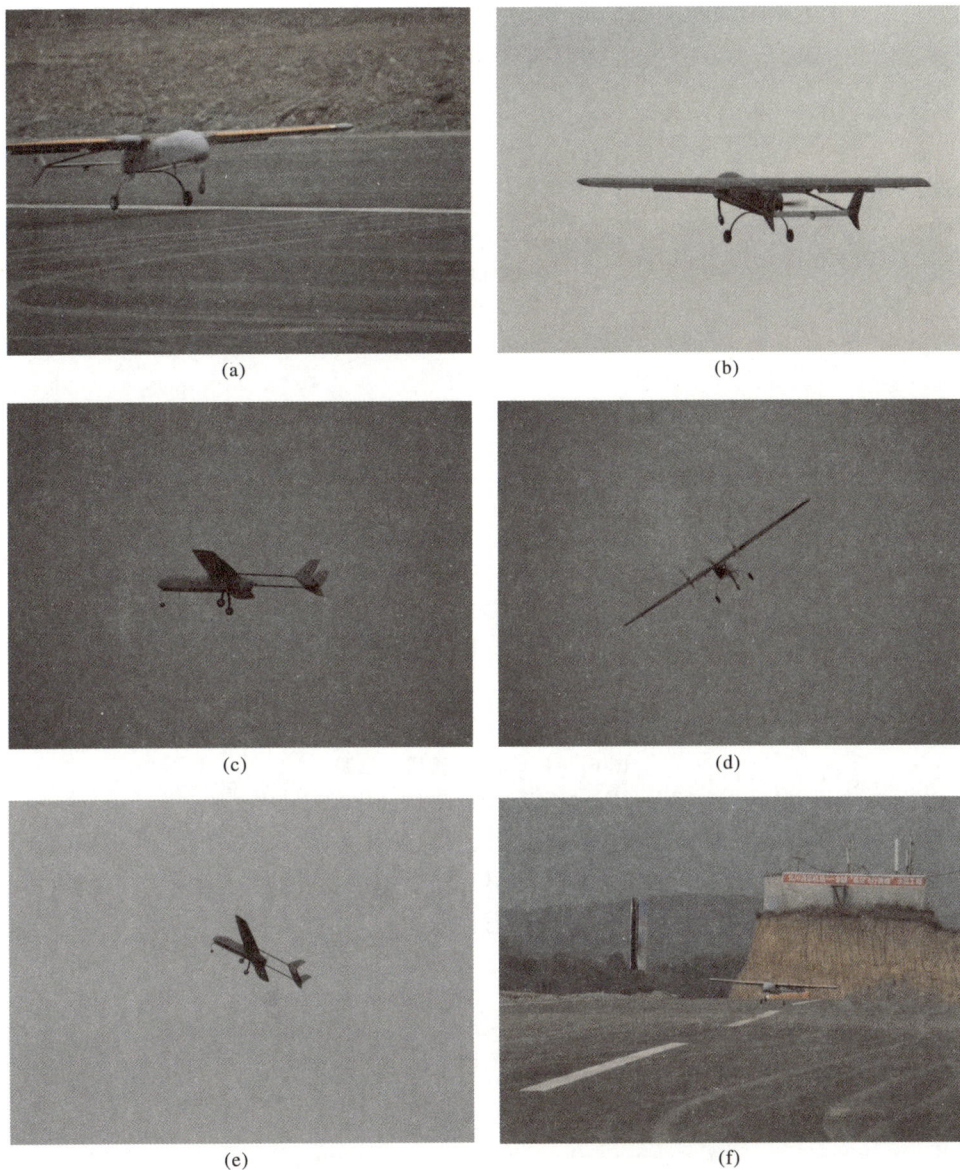

(a)

(b)

(c)

(d)

(e)

(f)

图 6-43　无人机飞行照片
(a)起飞;(b)爬升;(c)平飞;(d)转弯;(e)大迎角飞行;(f)着陆

6.3　实验方案

根据第 4 章及第 5 章的实验结果得出,当等离子体激励器布置在机翼前缘时,控制效果主要表现在大迎角失速区域。因此,在飞行验证时,将无人机调整到失速状态。分为两种情况验证控制效果。一是单侧机翼上的激励器工作,当开启一侧机翼上的激励器时,由于激励器抑制了单侧机翼的失速分离,两侧机翼产生了升力差,从而使得无人机产生较为显著的滚转力矩。通过检测施加激励前后滚转角的变化情况,评估激励器控制效果[见图 6-44(a)]。二是两侧机翼上的激励器同时工作,当同时触发两侧机翼上的激励器时,激励器抑制了机翼失速分离,机翼上表面压力峰值恢复[见图 6-44(b)]。

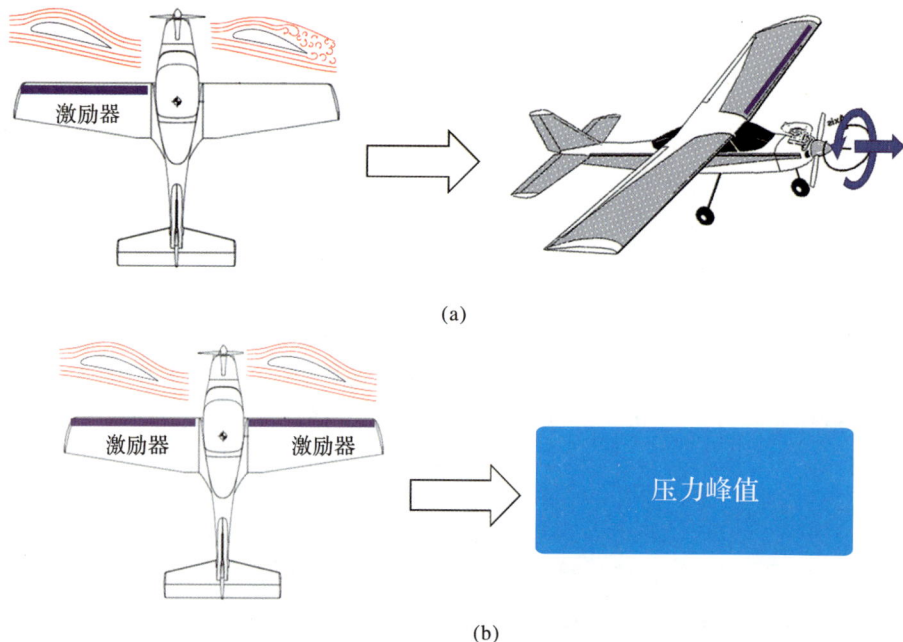

(a)

(b)

图 6-44 飞行实验研究思路
(a)通过滚转角验证控制效果;(b)通过压力峰值验证控制效果

实验开始时,首先飞机处于平飞状态,待所有设备准备就绪后,飞机进入缓慢爬升阶段。当飞机接近失速区时,模型表面压力发生明显变化。激励器开始启动,采集控制软件记录压力及姿态角信息。当数据采集完毕时,激励器停止工作,飞机立即恢复到平飞状态,等待下一次实验(见图 6-45)。

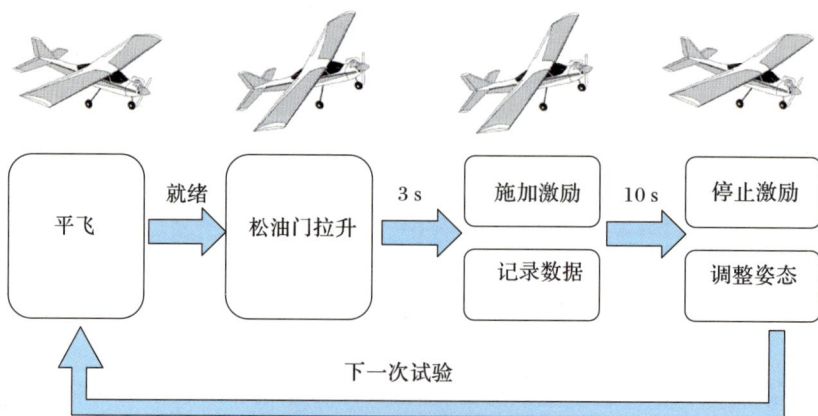

图 6-45 飞行验证实施方案

6.4 实验结果与分析

6.4.1 未施加控制

图 6-46 给出了在飞行条件下,由右侧机翼 p1 测压孔获得的压力数据随时间变化情况。由图可知:在起飞、爬升阶段,随着时间的推移,机翼吸力面的负压在增加;随着无人机不断拉升,当迎角达到失速迎角时,压力的绝对值达到最大;当飞行迎角超过失速迎角时,压力的绝对值急剧减小;通过改变无人机舵面,将无人机调整到巡航状态,机翼吸力面的压力趋于稳定;当无人机着落时,压力的绝对值逐渐降低;当无人机落地时,压力值逐渐稳定。

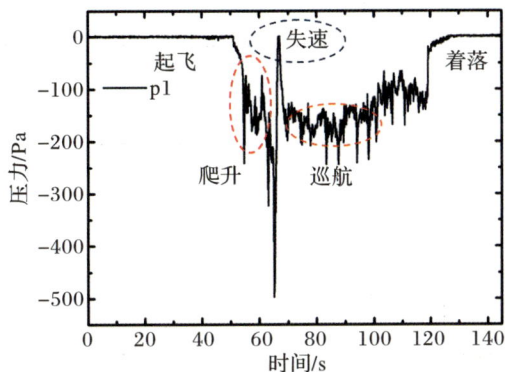

图 6-46 飞行条件下压力数据随时间变化情况

图 6-47 给出了三次大迎角飞行状态时,p1~p6 的压力峰值变化情况。由图可知,三次飞行时,同一个测压孔获得的压力数据不尽相同,这是由于飞行实验时,无法精确控制无人机的飞行迎角。从三次飞行数据来看,与其他测压孔相比,右侧机翼的 p2 测压孔与左侧机翼的 p4 测压孔接近吸力峰位置。

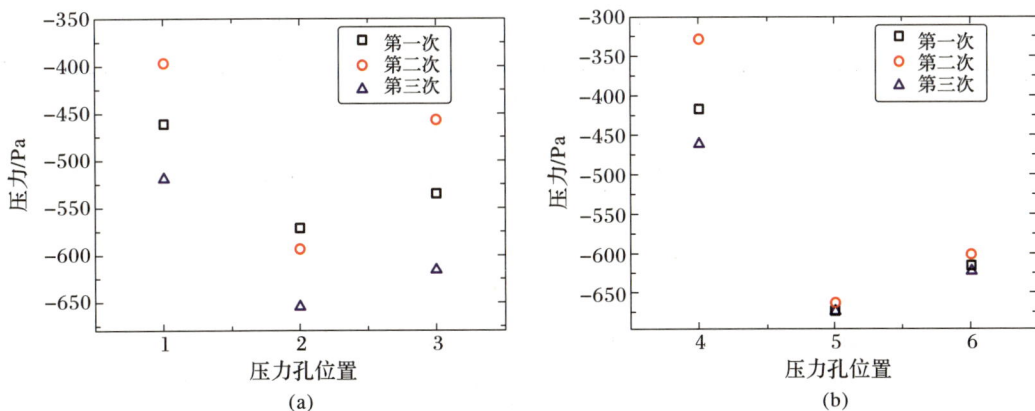

图 6-47 两侧机翼测压孔捕捉到的压力峰值情况

(a)右侧机翼;(b)左侧机翼

图 6-48 给出了两次大迎角飞行时,压力及姿态角数据随时间变化情况。由图可知:6 条压力曲线的形态近似相同,压力达到峰值的时间相同,表明两侧机翼的流场基本相同;

负压力峰到正压力峰的时间约 1.8 s。这表明在未施加控制时,无人机从大迎角飞行状态到失速状态的时间非常短;在无人机爬升阶段,负压值不断增加;在两次大迎角飞行下,俯仰角出现了两次峰值。由于俯仰角与迎角有一定区别,因此,俯仰角达到峰值的时间与压力达到峰值的时间不尽相同;但从俯仰角数据上能反映出飞机的飞行状态。由于两侧机翼的绕流流场近似相同,因此滚转角较小;同时,在大迎角飞行时,受飞机滚转的影响,偏航角出现了一定变化。

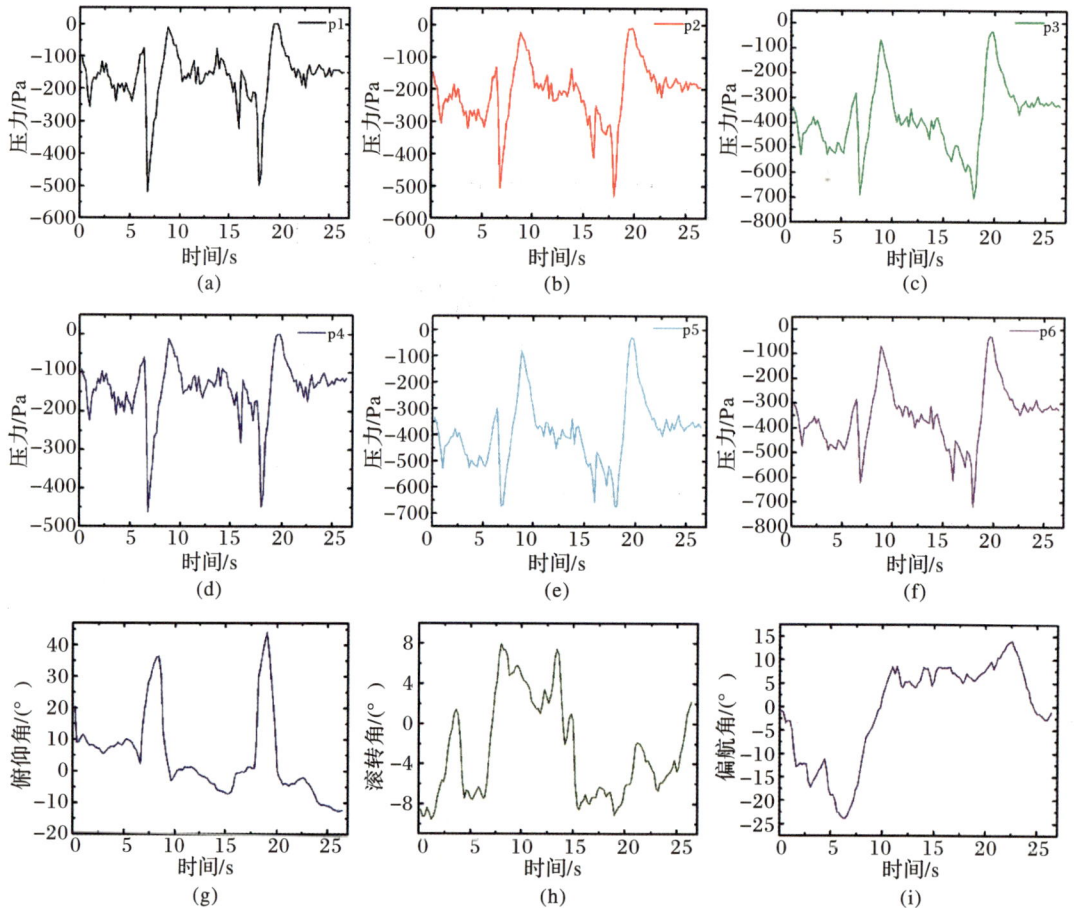

图 6-48　大迎角飞行时压力及姿态角数据随时间变化情况(未施加控制)

(a)p1;(b)p2;(c)p3;(d)p4;(e)p5;(f)p6;(g)俯仰角;(h)滚转角;(i)偏航角

6.4.2　单侧机翼施加控制

图 6-49 给出了左侧机翼施加控制时,压力及姿态角数据随时间变化情况。由图可知:在机翼右侧,由于未施加激励,当无人机失速后,压力峰值急剧降低;在机翼左侧,由于施加了等离子体控制,压力峰值在一定范围内波动;此外,实验验证了等离子体气动激励的迟滞效应。施加控制的时间约为 1.4 s,而压力峰值振荡的时间为 2.6 s,因此,激励器的迟滞效应时间约为 1.2 s。激励器的迟滞效应是降低激励器消耗功率,实现闭环控制的关键;在激励器的作用下,两侧机翼出现升力差,该飞机出现了较大滚转[见图 6-49(h)];同时,由于

无人机处于大迎角飞行状态,因此,俯仰角曲线出现了峰值,偏航角出现了跃升。

总的来看,通过单侧机翼流动控制的方式,能够较为显著地改变飞机的滚转角,实现无人机姿态控制。研究结果为替代飞机舵面,增强舵面操控能力积累了基础。

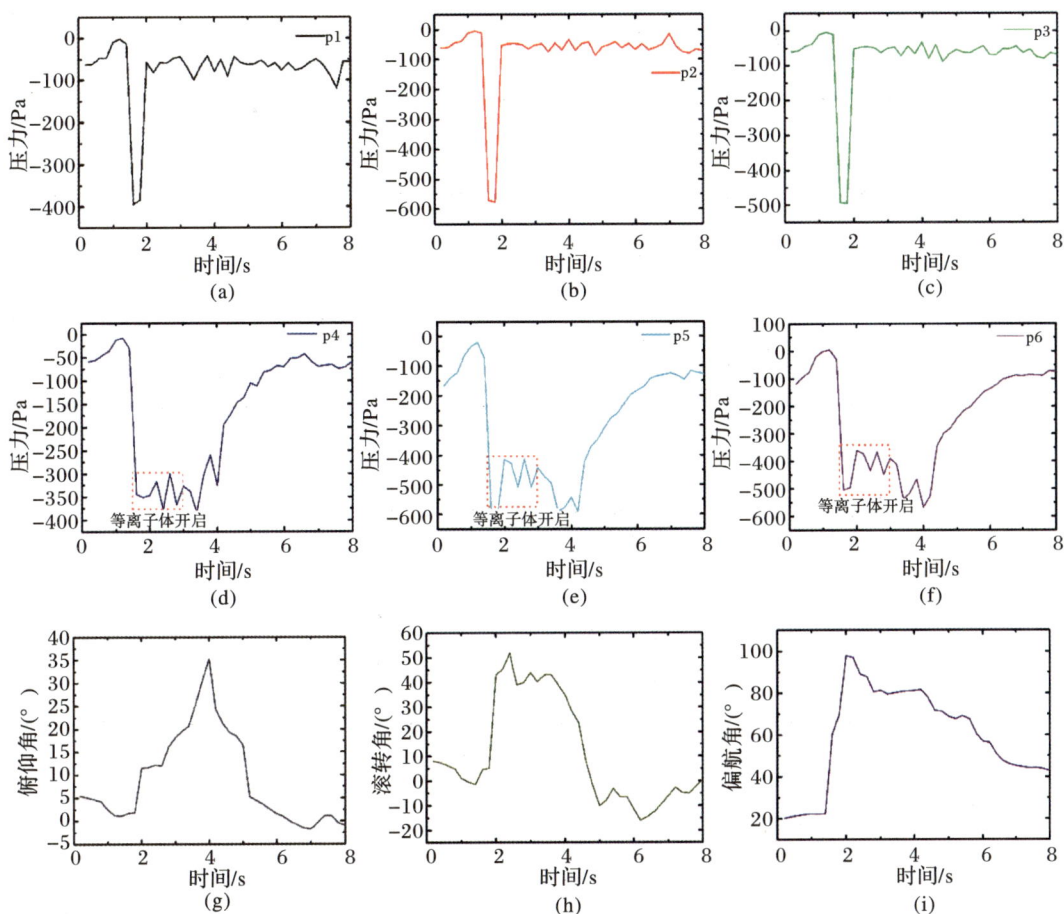

图 6 - 49 压力及姿态角数据随时间变化情况(单侧机翼施加控制)
(a)p1;(b)p2;(c)p3;(d)p4;(e)p5;(f)p6;(g)俯仰角;(h)滚转角;(i)偏航角

6.4.3 两侧机翼同时施加控制

图 6 - 50 给出了两次大迎角飞行条件下,施加激励前后,压力及姿态角随时间变化情况。由图可知,施加激励后,压力峰值在一定范围内震荡,表明激励器抑制了两侧机翼的失速分离;与单侧机翼流动控制情况相似,当两个激励器对两侧机翼进行流动控制时,出现了约 1.4 s 的迟滞效应;由于两侧机翼的绕流流场情况基本相同,因此,滚转角随时间变化较小;同时,由于两次大迎角飞行,俯仰角曲线出现了两次峰值;在滚转的影响下,偏航角出现了正的阶跃;随着时间的推移,偏航角逐渐降低。

通过对两侧机翼进行流动控制,抑制了两侧机翼的失速分离,增加了机翼可用迎角,提高了飞机大迎角气动性能,实现了"前缘缝翼"的功能,为提升飞机机动性,提高了起飞迎角,缩短滑跑距离奠定了基础。

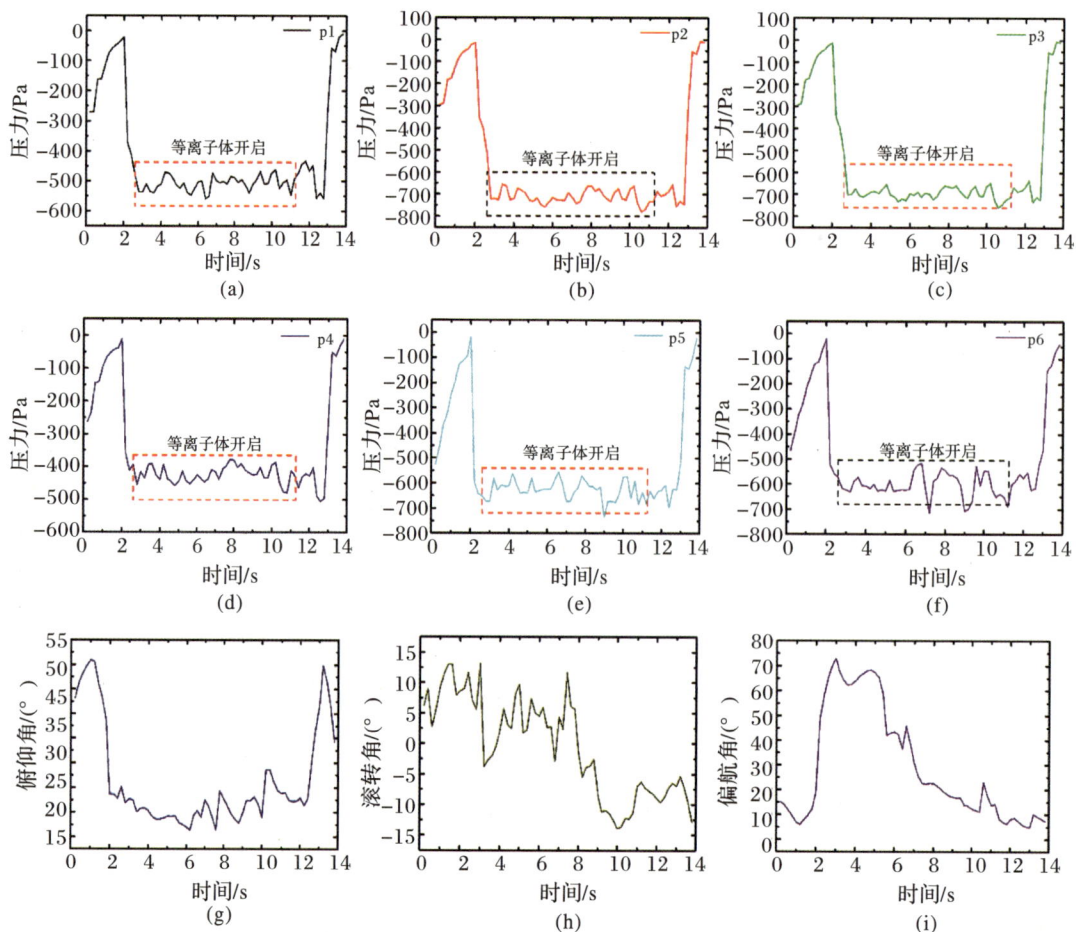

图 6-50　压力及姿态角数据随时间变化情况(两侧机翼同时施加控制)

(a)p1;(b)p2;(c)p3;(d)p4;(e)p5;(f)p6;(g)俯仰角;(h)滚转角;(i)偏航角

6.5　小　　结

本章主要分为两部分内容:

一是飞行平台搭建。通过编写采集控制软件、研制采集电路板以及安装无线通讯天线,实现了对激励电源的远程控制,为压力及姿态角数据的实时采集积累了技术基础;通过对激励电源的改造,减轻了电源重量,实现了对电源参数的实时调整;通过预埋走线孔,制作快速接头,解决了高压线缆布置、电源搭载等问题。

二是飞行实验结果分析。通过单侧机翼流动控制及两侧机翼流动控制的方式,考核了对称布局激励器在真实环境下的控制能力,获得了施加激励前后压力及姿态角数据随时间变化情况,分析了激励器气动激励对压力峰值及 3 个姿态角的影响,证明了对称布局激励器在大气环境下同样具有较好的控制效果,提升了该技术的工程应用前景。

参 考 文 献

[1] SIDORENKO A,BUDOVSKY A,PUSHKAREV A,et al. Flight testing of DBD plasma separation control system[C]//46th AIAA Aerospace Sciences Meeting and Exhibit. Reno:AIAA,2008:AIAA2008 − 373.

[2] GRUNDMANN S,FREY M,TROPEA C. Unmanned aerial vehicle (UAV) with plasma actuators for separation control[C]//47th AIAA Aerospace Sciences Meeting including The New Horizons Forum and Aerospace Exposition. Orlando:AIAA,2009:AIAA2009 − 698.

[3] CHIRAYATH V,ALONSO J. Plasma actuated Unmanned Aerial Vehicle-the first plasma controlled fight in history[R]. Palo Alto:Stanford University,2011.

[4] FRIEDRICHS W. Unmanned Aerial Vehicle for flow control experiments with dielectric barrier discharge plasma actuators[D]. Darmstadt:Technical University of Darmstadt, 2014.

[5] KOTSONIS M,VELDHUIS L,GHAEMI S,et al. Experimental study on the body force field of dielectric barrier discharge actuators[C]//41st Plasmadynamics and Lasers Conference. Chicago:AIAA,2010:AIAA2010 − 4630.

[6] 王健磊. AC/NS-DBD 对细长体分离涡的控制及其机理研究[D]. 西安:西北工业大学,2016.